Anika Großhennig

Genetisch-epidemiologische Methoden

Anika Großhennig

Genetisch-epidemiologische Methoden

zur Analyse komplexer kardiovaskulärer Phänotypen

Südwestdeutscher Verlag für Hochschulschriften

Imprint
Any brand names and product names mentioned in this book are subject to trademark, brand or patent protection and are trademarks or registered trademarks of their respective holders. The use of brand names, product names, common names, trade names, product descriptions etc. even without a particular marking in this work is in no way to be construed to mean that such names may be regarded as unrestricted in respect of trademark and brand protection legislation and could thus be used by anyone.

Cover image: www.ingimage.com

Publisher:
Südwestdeutscher Verlag für Hochschulschriften
is a trademark of
Dodo Books Indian Ocean Ltd., member of the OmniScriptum S.R.L Publishing group
str. A.Russo 15, of. 61, Chisinau-2068, Republic of Moldova Europe
Printed at: see last page
ISBN: 978-3-8381-2480-3

Zugl. / Approved by: Lübeck, Universität zu Lübeck, Dissertation, 2010

Copyright © Anika Großhennig
Copyright © 2011 Dodo Books Indian Ocean Ltd., member of the OmniScriptum S.R.L Publishing group

Zusammenfassung

Einleitung:
Kardiovaskuläre Erkrankungen stellen in den Industrienationen die dominierende Todesursache dar. Folglich sind sie von so großer medizinischer und gesundheitspolitischer Bedeutung, dass die Entwicklung neuer Präventionsstrategien unumgänglich ist. Seit Anfang der neunziger Jahre werden zu diesem Zweck unter anderem die genetischen Ursachen kardiovaskulärer Erkrankungen gezielt untersucht. Diese Arbeit gibt eine Übersicht über wichtige Studiendesigns und Methoden der genetischen Epidemiologie zur Identifizierung der genetischen Ursachen komplexer kardiovaskulärer Phänotypen.

Methoden:
In dieser Arbeit werden auf der einen Seite mit Segregations- und Kopplungsanalysen die klassischen Verfahren der genetischen Epidemiogie vorgestellt. Insbesondere wird sich mit der Umsetzung der Verfahren auf Mehrgenerationen-Stammbäume befasst. Auf der anderen Seite gibt die Arbeit eine Übersicht über neuere Verfahren wie genetisch-epidemiologische Meta-Analysen und genomweite Assoziationsstudien. Unter anderem werden Verfahren zur Bestimmung des zugrunde liegenden genetischen Modells dargestellt. Darüber hinaus werden die Vor- und Nachteile der einzelnen Verfahren diskutiert und miteinander verglichen.

Ergebnisse:
Die einzelnen genetisch-epidemiologischen Verfahren werden anhand von Anwendungsbeispielen aus dem kardiovaskulären Bereich veranschaulicht. Es wird beispielsweise dargestellt, wie, mittels komplexer Segregationsanalysen in einem Mehrgenerationen-Stammbaum eines Isolates, das plausibelste Vererbungsmuster für Herzfrequenzvariabilitätsparameter geschätzt werden kann. Ferner werden Kopplungsanalysen in Mehrgenerationen-Stammbäumen mit Herzinfarkt beschrie-

ben. Die meta-analytischen Verfahren zur Analyse genetisch-epidemiologischer Studien werden anhand von Beispielstudien, die Kandidatengenregionen zur koronaren Herzkrankheit und Serum Cholesterinwerten untersuchen, veranschaulicht. Abschließend werden wichtige Aspekte bezüglich des Studiendesigns, der Qualitätskontrolle und den Analysemethoden anhand einer genomweiten Assoziationsstudie zur koronaren Herzkrankheit illustriert.

Diskussion:
Mit den hier dargestellten Verfahren konnten neue Erkenntnisse über die Ätiologie von kardiovaskulären Erkrankungen gewonnen werden. Mittels komplexer Segregations- und Kopplungsanalysen konnten monogene genetische Ursachen identifiziert werden. Ferner wurden für komplexe kardiovaskuläre Phänotypen anhand von Meta-Analysen und genomweiten Assoziationsstudien krankheitsfördernde und krankheitsauslösende genetische Varianten entdeckt und charakterisiert. Insgesamt wird deutlich, dass vor allem Meta-Analysen und genomweite Assoziationsstudien zu neuen Erkenntnissen über die zugrunde liegenden genetischen Mechanismen führen.

Danksagung

An erster Stelle möchte ich mich recht herzlich bei Herrn Prof. Dr. rer. nat. Andreas Ziegler dafür bedanken, dass er mir als Fachhochschulabsolventin die Möglichkeit geboten hat, diese Dissertation anzufertigen. Ich bin ihm sehr dankbar für die hervorragende Betreuung und Unterstützung während der gesamten Zeit.
Für die vielen fruchtbaren Diskussionen, sowie ihr unermütliches Engagement bei all unseren gemeinsamen Projekten möchte ich mich ganz herzlich bei Frau Prof. Dr. rer. biol. hum. Inke R. König bedanken.
Weiterhin bedanke ich mich bei Herrn Prof. Dr. med. Heribert Schunkert und bei Frau Prof. Dr. rer. nat. Jeanette Erdmann, für die Möglichkeit mit Ihnen gemeinsam viele spannende Projekte zu bearbeiten. Dankbar bin ich außerdem Herrn Dr. med. Wolfgang Lieb, Herrn Dr. med. Patrick Linsel-Nitschke und Herrn Dr. med. Björn Mayer, vor allem für ihre Geduld mir medizinische Vorgänge zu erklären und die vielen hilfreichen Diskussionen zu unseren gemeinsamen Studien.
Bedanken möchte ich mich darüber hinaus bei allen Kooperationspartnern in Deutschland, Europa, und Amerika, die ihre Daten für die hier beschriebenen Studien zur Verfügung gestellt haben.
Für die vielen kleinen und großen Hilfen im Alltag möchte ich mich bei allen Mitarbeitern des Molekulargenetischen Labors der Medizinischen Klinik II und des Instituts für Medizinische Biometrie und Statistik recht herzlich bedanken. Stellvertretend seien Frau Dipl.-Biol. Anja Medack und Frau M. Sc. Maren Vens genannt, die sich jederzeit meiner Probleme angenommen haben.
Nicht zuletzt geht mein Dank an die Menschen, die mir am nächsten stehen. Ich danke meinen Schwestern, Eltern, und Großeltern dafür, dass sie nie aufgehört haben mich zu motivieren und zu unterstützen und meinem Ehemann Clemens dafür, dass er in allen Lebenslagen an meiner Seite ist.

Lübeck, im Oktober 2009

Inhaltsverzeichnis

Danksagung	3
Abbildungsverzeichnis	9
Tabellenverzeichnis	13

1 Einleitung   **15**
    1.1 Motivation 16
    1.2 Überblick zu genetisch-epidemiologischen Methoden 17
    1.3 Genetik kardiovaskulärer Erkrankungen 22
    1.4 Aufbau der Arbeit 27

2 Komplexe Segregationsanalysen   **29**
    2.1 Motivation 30
    2.2 Methoden 30
        2.2.1 Basismodell 31
        2.2.2 Segregationsmodelle 32
        2.2.3 Schätzung der Heritabilität 35
        2.2.4 Phänotypmodellierung mit fraktionellen Polynomen 36
    2.3 Anwendungsbeispiel 37
        2.3.1 Beschreibung der Studienpopulation 37
        2.3.2 Zeit- und frequenzbezogene Parameter der Herzfrequenzvariabilität 38
        2.3.3 Phänotypmodellierung 39
        2.3.4 Ergebnisse 40
        2.3.5 Überblick über veröffentlichte Studien 44
    2.4 Diskussion 46

3 Genomweite Kopplungsanalysen in Großfamilien   **49**

Inhaltsverzeichnis

3.1	Motivation		50
3.2	Methoden		51
	3.2.1	Basisidee	51
	3.2.2	Fehlerquellen und mögliche Lösungsansätze	52
	3.2.3	Modellbasierte Verfahren	53
	3.2.4	Modellfreie Verfahren	56
	3.2.5	Poweranalysen	58
	3.2.6	Aufdeckung von Genotypisierungsfehlern	59
	3.2.7	Bestimmung von empirischen p-Werten und empirischen LOD-Scores	61
3.3	Anwendungsbeispiel		62
	3.3.1	Studienpopulation	63
	3.3.2	Qualitätskontrolle	65
	3.3.3	Ergebnisse	67
	3.3.4	Weitere Analysen der Kopplungsergebnisse	71
3.4	Diskussion		73

4 Meta-analytische Verfahren in genetisch-epidemiologischen Assoziationsstudien — 77

4.1	Motivation		78
4.2	Methoden		78
	4.2.1	Studiendesign	79
	4.2.2	Qualitätskontrolle und Einzelstudienergebnisse	81
	4.2.3	Meta-analytisches Modell	82
	4.2.4	Heterogenität in Meta-Analysen	85
	4.2.5	Erweiterte meta-analytische Verfahren	88
4.3	Anwendungsbeispiel: Chromosom 9p21,3 und koronare Herzkrankheit		92
	4.3.1	Überblick Chromosom 9p21,3 Locus	93
	4.3.2	Phänotyp und Studienpopulationen	94
	4.3.3	Ergebnisse	95
	4.3.4	Diskussion	100
4.4	Anwendungsbeispiel: *LDLR*-Locus und koronare Herzkrankheit		101
	4.4.1	Studiendesign und Studienpopulationen	102
	4.4.2	Ergebnisse	104
	4.4.3	Diskussion	107
4.5	Diskussion		108

Inhaltsverzeichnis

5	**Genomweite Assoziationsstudien**	**109**
5.1	Motivation	110
5.2	Methoden	111
	5.2.1 Allgemeine Vorgehensweise	111
	5.2.2 Studiendesign	114
	5.2.3 Qualitätssicherung	119
	5.2.4 Statistische Analyse	123
5.3	Anwendungsbeispiel	128
	5.3.1 Analysestrategie und Studienpopulationen	129
	5.3.2 Qualitätskontrolle	131
	5.3.3 Ergebnisse	134
5.4	Diskussion	142
5.5	Herausforderungen	146
6	**Diskussion**	**151**
A	**Anhang**	**155**
A.1	Stammbaumanalysen	155
	A.1.1 Aufbau eines Stammbaums	155
	A.1.2 Aufdeckung von Stammbaumfehlern	156
	A.1.3 Beschreibung von Stammbäumen mittels einer Likelihood	159
	A.1.4 Algorithmen zur Schätzung der Likelihood	162
	A.1.5 Umgang mit erweiterten Stammbäumen	166
A.2	Detaillierte Ergebnisse der Segregationsanalysen	172
	A.2.1 Ergebnisse Segregationsanalysen: Zeitbezogene Parameter	172
	A.2.2 Ergebnisse Segregationsanalysen: Frequenzbezogene Parameter liegend gemessen	179
	A.2.3 Ergebnisse Segregationsanalysen: frequenzbezogene Parameter stehend gemessen	186
A.3	Detaillierte Ergebnisse Kopplungsanalysen	193
	A.3.1 Qualitätskontrolle	193
	A.3.2 Einzelfamilienergebnisse	196
Glossar		**249**
Literaturverzeichnis		**257**

Publikationsverzeichnis **277**

Abbildungsverzeichnis

3.1	LOD-Scores Chromosom 8 in Familie R und T	71
4.1	Hypothesentests zur Identifizierung des genetischen Modells	90
4.2	Übersicht der 9p21,3 Region	94
4.3	Forest Plot rs1334049	96
4.4	Strategie: *LDLR*-Locus und koronare Herzkrankheit	103
4.5	Darstellung der p-Werte der 19p13,2 Region	105
4.6	Forest Plot rs2228671	106
4.7	Kausales Modell	107
5.1	Qualitätskontrolle bei genomweiten Assoziationsstudien	120
5.2	Analysestrategie	130
5.3	Beispiele Intensitätsplots	133
5.4	Q-Q-Plot der qualitätsgeprüften SNPs	134
5.5	Forest Plot rs9818870	136
5.6	Übersicht Region 3q22,3	138
5.7	Forest Plot rs2259816	139
5.8	Übersicht Region 12q24,31	141
5.9	Biologisches Modell	147
A.1	Symbole zur Darstellung von Stammbäumen	155
A.2	Elston-Stewart-Peeling an einem Beispielstammbaum	164
A.3	Auflösung von Stammbaumschleifen	168
A.4	Reduzierung der BIT-Zahl	171
A.5	Histogramme zeitbezogener Parameter	172
A.6	Residuenplot RR-Intervall	173
A.7	Residuenplot SDNNi	175
A.8	Residuenplot rMSSD	177

Abbildungsverzeichnis

A.9 Histogramme frequenzbezogener Parameter liegend gemessen ... 179
A.10 Residuenplot niedriger FB liegend gemessen 180
A.11 Residuenplot hoher FB liegend gemessen 182
A.12 Residuenplot Quotient aus niedrigem und hohem FB liegend gemessen 184
A.13 Histogramme frequenzbezogener Parameter stehend gemessen ... 186
A.14 Residuenplot niedriger FB stehend gemessen 187
A.15 Residuenplot hoher FB stehend gemessen 189
A.16 Residuenplot Quotient aus niedrigem und hohem FB stehend gemessen 191
A.17 Stammbaum der Familie A 197
A.18 Stammbaum der Familie B 198
A.19 Stammbaum der Familie C 200
A.20 Stammbaum der Familie D 202
A.21 Stammbaum der Familie E 204
A.22 LOD-Scores Chromosom 17 in Familie E 205
A.23 Haplotypanalyse Chromosom 17q25,1 in Familie E 206
A.24 Stammbaum der Familie F 208
A.25 Stammbaum der Familie G 209
A.26 Stammbaum der Familie H 210
A.27 Stammbaum der Familie I 211
A.28 Stammbaum der Familie J 213
A.29 Stammbaum der Familie K 215
A.30 Stammbaum der Familie L 217
A.31 Stammbaum der Familie M 219
A.32 Stammbaum der Familie N 221
A.33 Stammbaum der Familie O 223
A.34 Stammbaum der Familie P 225
A.35 LOD-Scores Chromosom 4 in Familie P 226
A.36 Haplotypanalyse Chromosom 4q31 in Familie P 227
A.37 Stammbaum der Familie Q 230
A.38 LOD-Scores Chromosom 4 in Familie Q 231
A.39 Haplotypanalyse Chromosom 4q34 in Familie Q 232
A.40 Stammbaum der Familie R 233
A.41 Haplotypanalyse Chromosom 8q24 in Familie R 234
A.42 Stammbaum der Familie S 236
A.43 Stammbaum der Familie T 237

A.44 Haplotypanalyse Chromosom 8q24 in Familie T 238
A.45 Stammbaum der Familie U 240
A.46 Stammbaum der Familie V 242
A.47 Stammbaum der Familie W 244
A.48 Stammbaum der Familie X 245
A.49 LOD-Scores Chromosom 1 in Familie X 246
A.50 Haplotypanalyse Chromosom 1q42 in Familie X 247
A.51 Stammbaum der Familie Y 248

Tabellenverzeichnis

2.1	Segregationsmodelle	33
2.2	Startwerte Segregationsmodelle	43
2.3	Literaturübersicht Herzfrequenzvariabilität	45
3.1	Beschreibende Statistiken Großfamilien	65
3.2	Überblick Genotypisierungsphasen	66
3.3	Ergebnisse Segregations- und Poweranalysen	68
3.4	Übersicht identifizierte genetische Loci	70
3.5	Überblick Regionen	72
4.1	Studiendesigntypen bei Meta-Analysen	80
4.2	Subgruppenanalysen für rs1333049	98
4.3	Genetisches Modell für rs1333049	99
5.1	Individuelle Qualitätskontrolle	132
A.1	Verwandtschaftsparameter unter H_0	158
A.2	Segregationsanalyse RR-Intervall	174
A.3	Segregationsanalyse SDNNi	176
A.4	Segregationsanalyse rMSSD	178
A.5	Segregationsanalyse niedriger FB liegend gemessen	181
A.6	Segregationsanalyse hoher FB liegend gemessen	183
A.7	Segregationsanalyse Quotient aus niedrigem und hohem FB liegend gemessen	185
A.8	Segregationsanalyse niedriger FB stehend gemessen	188
A.9	Segregationsanalyse hoher FB stehend gemessen	190
A.10	Segregationsanalyse Quotient aus niedrigem und hohem FB stehend gemessen	192
A.11	Übersicht genotypisierte Marker pro Phase und Chromosom	194

1 Einleitung

The magnitude, scope, and pace of discovery in genetics and genomics research are unprecedented levels and continue to increase exponentially.

(Fontanarosa et al., 2008)

1.1 Motivation

Kardiovaskuläre Erkrankungen, das bedeutet Erkrankungen, die vom Gefäßsystem und/oder vom Herzen ausgehen, zählen weltweit zu den zehn häufigsten Todesursachen. In den Industrienationen stellen sie sogar die dominierende Todesursache dar (Lopez et al., 2006). Der Weltgesundheitsbericht 2008 (World Health Organization, 2008, S. 29) prognostiziert eine weltweite Erhöhung der Sterblichkeit von 17,1 Millionen Menschen im Jahr 2004 auf 23,4 Millionen Menschen im Jahr 2030. Demzufolge sind kardiovaskuläre Erkrankungen von so großer medizinischer und gesundheitspolitischer Bedeutung, dass die Entwicklung neuer Präventionsstrategien unumgänglich ist. Seit Anfang der neunziger Jahre werden zu diesem Zweck die genetischen Ursachen kardiovaskulärer Erkrankungen gezielt untersucht.

Die Identifizierung genetischer Faktoren bietet für die Entstehung kardiovaskulärer Erkrankungen einen zur Zeit noch nicht abschätzbaren Nutzen. Es könnten beispielsweise neue diagnostische Verfahren zur Früherkennung eines individuellen Risikos entwickelt werden. Außerdem lassen sich aus der physiologischen Funktion der betroffenen Gene neue Prinzipien in der Krankheitsentstehung und idealerweise neue therapeutische Ansätze formulieren. Dem großen Ziel Medikamente und Therapien zu entwickeln, die einen frühzeitigen Tod durch eine kardiovaskuläre Erkrankung möglicherweise verhindern, wird sich nur mit kleinen Schritten angenähert. Für einige Phänotypen, wie z. B. den Parametern der kardialen autonomen Aktivität, d. h. Kennzahlen, mit denen Rückschlüsse auf das autonome Nervensystem, welches wesentlich an der Koordination und Steuerung des Herzens beteiligt ist, gezogen werden können, müssen erbliche Phänotypen und deren Vererbungsmuster identifiziert werden. Für andere kardiovaskuläre Phänotypen, wie beispielsweise die koronare Herzkrankheit, ist dieses Wissen bereits vorhanden. Bei genetisch-epidemiologischen Studien zu dieser Erkrankung besteht das primäre Ziel darin, genetische Positionen zu lokalisieren, die bei der Entwicklung der Erkrankung eine relevante Rolle spielen.

Die statistischen Methoden für solche Analysen liefert die genetische Epidemiologie und Statistik. Die vorliegende Arbeit bietet eine Zusammenstellung genetisch-epidemiologischer Methoden und Studiendesigns, die sich dafür eignen, erbliche Phänotypen und deren mögliche Vererbungsmuster aufzudecken, sowie krankheitsfördernde und krankheitsrelevante genetische Positionen zu identifizieren. Die Methoden und Studiendesigns werden anhand verschiedener Studien zu kardiovaskulären Phänotypen illustriert, so dass sich mit dieser Arbeit ein Überblick genetisch-epidemiologischer Studien und deren Anwendung im Bereich komplexer kardiovaskulärer Erkrankungen ergibt.

Im Folgenden werden Übersichten über genetisch-epidemiologische Methoden (Abschnitt 1.2) und die Genetik kardiovaskulärer Erkrankungen (Abschnitt 1.3) gegeben. In Abschnitt 1.4 wird der Aufbau der Arbeit näher erläutert.

Die Begriffserläuterungen im Text und im Glossar aus dem Bereich der genetischen Epidemiologie basieren auf den Erklärungen, die Ziegler und König (2006) geben. Die medizinischen Fachbegriffe beruhen auf dem online Medizinlexikon „DocCheck® Flexikon" (http://flexikon.doccheck.com/).

1.2 Überblick zu genetisch-epidemiologischen Methoden

Zunächst wird der Begriff genetische Epidemiologie näher erläutert. Anschließend werden das „klassische" und das „moderne" Vorgehen in der genetischen Epidemiologie eingeführt und gegenübergestellt. Darüber hinaus werden die wesentlichen Konzepte der genetischen Epidemiologie „Assoziation" und „Kopplung" beschrieben. Abschließend werden wichtige genetische Marker erklärt.

Was ist genetische Epidemiologie?

Die genetische Epidemiologie stellt eine naturwissenschaftliche Disziplin dar, die Ende der siebziger bis Mitte der achtziger Jahre entstanden ist. Die unterschiedlichen Begriffsdefinitionen finden sich in Khoury et al. (1993, Kapitel 1). Die wesentlichen Aufgaben der genetischen Epidemiologie und Unterschiede zu anderen Disziplinen, wie Epidemiologie und Humangenetik, lassen sich anhand der folgenden vier Definitionen ableiten (Khoury et al., 1993, Kapitel 1):

- Morton und Chung (1978):
  „Die genetische Epidemiologie ist eine Wissenschaft, die sich zum einen mit

1.2 Überblick zu genetisch-epidemiologischen Methoden

der Ätiologie, der Verteilung und der Kontrolle von Krankheiten in verwandten Individuen befasst und zum anderen die Vererbungsursachen von Krankheiten in Bevölkerungen untersucht."

- King et al. (1984):
„Die genetische Epidemiologie ist das Studium darüber, wie und warum sich Krankheiten in Familien und ethnischen Gruppen anhäufen."

- Rao (1984):
„Die genetische Epidemiologie ist ein neu entstandenes Feld mit verschiedenen Interessen. Sie stellt die Interaktion zwischen ihren beiden Teildisziplinen, Genetik und Epidemiologie, dar. Die genetische Epidemiologie unterscheidet sich von der Epidemiologie durch ihre explizite Betrachtung von genetischen Faktoren und familiären Ähnlichkeiten. Der Unterschied zur Populationsgenetik liegt im Schwerpunkt der Betrachtung von Krankheiten. Von der medizinischen Genetik unterscheidet sich die genetische Epidemiologie durch den Schwerpunkt auf Bevölkerungsaspekte."

- Cohen (1980):
„Die genetische Epidemiologie ist die Untersuchung der Rolle von genetischen Faktoren, zusammen mit Umweltfaktoren, auf eine Erkrankung, wenn gleichzeitig die verschiedenen nicht-familiären und familiären Einflussfaktoren auf den unterschiedlichen genetischen Hintergründen betrachtet werden."

Zusammenfassend unterscheidet sich demnach die genetische Epidemiologie von der Epidemiologie dadurch, dass zusätzlich genetische Faktoren detailliert betrachtet und Ähnlichkeiten in Familien und Bevölkerungen analysiert werden. Der Unterschied zwischen genetischer Epidemiologie und Humangenetik besteht darin, dass in der genetischen Epidemiologie Populationen, anstatt von wenigen Patienten oder Familien, untersucht werden.

Hauptziel der genetischen Epidemiologie ist es, genetische Ursachen von Erkrankungen zu identifizieren. Dieses Wissen soll letztendlich dazu führen, dass die Entstehung von Erkrankungen besser verstanden werden kann. Ferner sollen Ansatzpunkte für neue Therapien entwickelt und individuelle Risiken vorhergesagt werden (Böddeker und Ziegler, 2000).

„Klassisches" vs. „modernes" Vorgehen

In der Übersichtsarbeit von Elston et al. (2007) werden die verschiedenen Ansätze einer genetisch-epidemiologischen Studie dargestellt. Hierbei unterscheiden Elston et al. (2007) drei verschiedene Studientypen. Der „klassische" genetisch-epidemiologische Ansatz umfasst im Wesentlichen die Durchführung dieser drei Studientypen in der folgenden Reihenfolge:

1. Bestimmung der familiären Häufung und des Vererbungsmusters einer Erkrankung mit Hilfe von Segregationsanalysen.

2. Bestimmung der krankheitsverursachenden Genorte mit Kopplungsstudien in betroffenen Geschwisterpaaren, kompletten Geschwisterpaaren, Kernfamilien bestehend aus Mutter, Vater und allen Kindern, Trios, d. h. jeweils ein betroffenes Kind und die zugehörigen Eltern, oder erweiterten Stammbäumen.

3. Eingrenzung des krankheitsverursachenden Genortes mit Hilfe von Assoziationsstudien in Familiendaten oder unabhängigen Daten.

Elston et al. (2007) empfehlen, alle Teile nacheinander abzuarbeiten, denn die Suche nach krankheitsverursachenden oder krankheitsmodifizierenden Genorten ist nur dann sinnvoll, wenn die Existenz einer genetischen Komponente im ersten Schritt nachgewiesen werden konnte. Da für den ersten Teil die Rekrutierung von kompletten Familien notwendig ist, und diese meist sehr zeitintensiv und kostenaufwändig ist, wird in der heutigen Zeit meist der erste Analyseschritt weggelassen. Zudem finden in jüngster Vergangenheit auch im zweiten Schritt schon Assoziationsstudien ihre Anwendung. Ein „moderner" genetisch-epidemiologischer Ansatz verzichtet demzufolge auf den Nachweis genetischer Grundlagen eines Merkmals und geht aus diesem Grund das Risiko ein, dass das untersuchte Merkmal möglicherweise nicht genetisch beeinflusst wird.

Kopplungsstudien vs. Assoziationsstudien

Zur Identifizierung von krankheitsverursachenden Genorten bietet die genetische Epidemiologie zwei wesentliche Konzepte: Kopplung und Assoziation.

Eine ausführliche Beschreibung geben Böddeker und Ziegler (2000). Beide Konzepte untersuchen die Verbindung zweier genetischer Positionen auf einem Chromosom, indem sie Abweichungen vom dritten Mendelschen Gesetz zeigen. Das dritte Mendelsche Gesetz beinhaltet die unabhängige Vererbung von genetischen Positionen. Trotz der gleichen Basisidee, gründen sich die beiden Konzepte auf unterschiedlichen Prinzipien.

Der Begriff Assoziation basiert auf dem lateinischen Verb „associare", was sich mit „miteinander verbinden" übersetzen lässt. Aus epidemiologischer Sicht liegt eine Assoziation vor, wenn zwei Eigenschaften häufiger als zufällig erwartet gemeinsam auftreten. Übertragen auf die Genetik bedeutet dies, dass genetische Marker und Phänotypen oder Erkrankungen häufiger als zufällig erwartet zusammen auftreten. Kopplung findet seinen Ursprung sowohl im alt-englischen Wort „linkage", als auch im deutschen Wort „koppeln" und bedeutet die Existenz einer Verbindung zwischen zwei Dingen. In der Genetik wird Kopplung als Verbindung zwischen zwei genetischen Positionen auf dem gleichen Chromosom, die nah genug beieinander liegen, um gemeinsam vererbt zu werden, definiert.

Der wesentliche Unterschied zwischen den beiden Konzepten besteht darin, dass in Kopplungsanalysen ein genetischer Locus (Pl. Loci), d. h. eine spezifische Position auf einem Chromosom, und eine Erkrankung überzufällig häufig miteinander auftreten. In Assoziationsstudien wird hingegen untersucht, ob eine spezifische Variante an einem genetischen Marker in einer Population häufiger bei erkrankten als bei gesunden Personen vorkommt. Während demnach bei Kopplungsanalysen die Varianten am genetischen Marker zwischen den untersuchten Familien variieren können, wird bei Assoziationsanalysen die Vererbung einer spezifischen Variante am genetischen Marker untersucht (Böddeker und Ziegler, 2000).

Ein weiterer Gegensatz besteht im Studiendesign. Kopplungsanalysen sind nur in Familien oder Geschwisterpaaren möglich. Assoziationsstudien können hingegen auch in Fall-Kontroll- oder Kohortenstudien durchgeführt werden (Böddeker und Ziegler, 2000).

Genetische Marker: STR vs. SNP

Zur Bestimmung von krankheitsfördernden und krankheitsauslösenden Genorten werden genetische Marker herangezogen. Genetische Marker sind kurze DNA-

1.2 Überblick zu genetisch-epidemiologischen Methoden

Abschnitte, die bei mindestens zwei Individuen unterschiedlich sind (Ziegler und König, 2006, Kapitel 3). Die wichtigsten Marker in der genetischen Epidemiologie waren in den letzten Jahren „STRs" und „SNPs" (Ziegler und König, 2006, Kapitel 3).

„STR" ist die Abkürzung für den englischen Begriff „short tandem repeat". Der zugehörige deutsche Begriff ist „Mikrosatellit". Mikrosatelliten sind kurze, meist aus zwei bis fünf Nukleotiden bestehende, nicht kodierende DNA-Sequenzen, die im Genom oft wiederholt werden. Die Abkürzung „SNP" steht für den englischen Ausdruck „single nucleotide polymorphism", was sich mit Einzelnukleotid-Polymorphismus übersetzen lässt. SNPs beschreiben Veränderungen an einzelnen Positionen auf dem Genom, die mit einer Häufigkeit von mindestens 1% in der Bevölkerung vorkommen.

Mikrosatelliten wurden erstmals 1989 eingesetzt und in den neunziger Jahren systematisch für genomweite Kopplungsanalysen verwendet. Ein typisches Mikrosatelliten-Set für genomweite Analysen besteht i. d. R. aus 500 oder 1.000 Mikrosatelliten, die im Durchschnitt 10 cM voneinander entfernt liegen. Im Jahr 1998 waren ungefähr 5.000 SNPs bekannt (Ziegler und König, 2006, Kapitel 3). Inzwischen konnten weltweit mehr als 22 Millionen SNPs identifiziert werden. Diese SNPs werden in der Datenbank „dbSNP" verwaltet (http://www.ncbi.nlm.nih.gov/projects/SNP/). Zur Zeit können dort knapp drei Millionen validierte und mehr als 19 Millionen nicht validierte SNPs abgerufen werden. Zur Genotypisierung von SNPs werden Genotypisierungsplattformen wie TaqMan oder Sequenom verwendet. Durch die große Anzahl validierter SNPs, können diese genetischen Marker inzwischen auch systematisch für genomweite Analysen eingesetzt werden. Zu diesem Zweck werden SNPs auf so genannten „SNP-Chips" gemeinsam genotypisiert. Da die Genotypisierung von SNP-Chips methodisch einfacher, sowie zeit- und kostensparender ist als die Genotypisierung eines genomweiten Mikrosatelliten-Sets, finden letztere im Augenblick kaum noch Anwendung. Aufgrund der Tatsache, dass Mikrosatelliten informativer als SNPs sind, sind weniger STRs notwendig um das Genom vollständig abzudecken.

Eine ausführliche Beschreibung der Eigenschaften von STRs und SNPs und dem Aufbau von SNP-Chips findet sich beispielsweise in Maresso und Bröckel (2008).

1.3 Genetik kardiovaskulärer Erkrankungen

Kardiovaskuläre Erkrankungen zählen zu der Gruppe der komplexen und multifaktoriellen Erkrankungen. Multifaktorielle Erkrankungen sind dadurch charakterisiert, dass neben klassischen Risikofaktoren mehrere prädisponierende Faktoren in vielen Genen interagieren und im Zusammenspiel mit entsprechenden Umweltfaktoren zum Ausbruch der Krankheit führen. Rauchen, Bluthochdruck und Übergewicht zählen beispielsweise zu den klassischen Risikofaktoren bei kardiovaskulären Erkrankungen.
In der vorliegenden Arbeit werden kardiovaskuläre Phänotypen aus zwei verschiedenen Bereichen untersucht. Zum einen werden für Parameter der Herzfrequenzvariabilität Hinweise auf genetische Einflussfaktoren ermittelt. Auf der anderen Seite spielt die Suche krankheitsverursachender genomischer Regionen für die koronare Herzkrankheit und deren Hauptkomplikation, dem Herzinfarkt, eine große Rolle. Der folgende Abschnitt befasst sich außerdem mit Problemen, die bei der Analyse von komplexen Erkrankungen, insbesondere im kardiovaskulären Bereich, auftreten können.

Herzfrequenzvariabilität

Die Herzfrequenzvariabilität (Abk: HRV) zählt zu den elektrophysiologischen Parametern der autonomen Aktivität des kardiovaskulären Systems. Mit Hilfe dieser Parameter können Aussagen über Art und Mechanismus von Herzrhythmusstörungen getroffen werden. Ferner eignen sich elektrophysiologische Parameter vor allem zur Risikostratifizierung für den plötzlichen Herztod (Haberl und Steinbigler, 1999). Aus diesem Grund sind die genetischen Grundlagen dieser Parameter für die Ätiologie, d. h. für die Aufklärung der Krankheitsursachen, von enormer Bedeutung. Insbesondere für die HRV gibt es bislang nur erste Hinweise auf die genetischen Ursachen. Eine systematische und umfassende Untersuchung der genetischen Grundlagen der HRV existiert bisher noch nicht.
Eine übersichtliche Beschreibung der Parameter, mit denen die HRV untersucht werden kann, findet sich in der Arbeit von Löllgen (1999). Eine leichte Variabilität der Herzfrequenz von Schlag zu Schlag, die bei einem gesunden Menschen beobachtet wird, wird als HRV bezeichnet. Interne und externe Einflüsse, wie z. B. Stress-

situationen, führen zu einer reduzierten HRV. Bei der Entstehung der HRV spielt das Zusammenwirken von Sympathikus und Parasympathikus eine Rolle. Während der Parasympathikus vorwiegend eine Abnahme der Herzfrequenz bewirkt, fungiert der Sympathikus aktiv und geht mit einer Zunahme der Herzfrequenz einher. Sympathikus und Parasympathikus sind Gegenspieler im autonomen Nervensystem, das zum einen durch das Gehirn und zum anderen durch die Organe beeinflusst wird. Mit Messungen der HRV können somit Kenntnisse über Mechanismen in beiden Bereichen gewonnen werden. Je besser das Zusammenspiel der beiden Gegenspieler bei einer Person funktioniert, desto höher ist die HRV. Niedrige HRV-Werte bedeuten hingegen ein begrenztes Anpassungsvermögen von Gehirn und Organen an interne und externe Einflüsse und weisen auf Herz-Kreislauf-Erkrankungen und viele andere Erkrankungen, wie Krebs oder Diabetes, hin. Auch die Aufnahme mehr oder weniger großer Mengen von Alkohol oder Schwermetallen können die HRV langfristig verändern.

Koronare Herzkrankheit

Bei der koronaren Herzkrankheit ist der Stand der Forschung ein anderer als bei den Parametern der kardialen autonomen Aktivität. Seit mehr als zwei Jahrzehnten versuchen Wissenschaftler bereits die zugrunde liegenden genetischen Faktoren dieser häufigen Erkrankung zu identifizieren. Eine ausführliche Zusammenfassung zum aktuellen Forschungsstand der Genetik der koronaren Herzkrankheit und des Herzinfarkts findet sich in den Übersichtsarbeiten von Erdmann und Schunkert (2007) oder Mayer et al. (2007).
Im Wesentlichen finden sich die Entwicklungen, die in der genetischen Epidemiologie stattgefunden haben, auch in den genetischen Studien zur koronaren Herzkrankheit wieder. Anfang der neunziger Jahre begann weltweit die Forschung mit zahlreichen Studien zur Bedeutung der Familienanamnese bei koronarer Herzkrankheit. So zeigte Myers et al. (1990) in einer der ersten Kohortenstudien zu diesem Krankheitsbild an 5.209 Individuen, dass die positive Familienanamese, das bedeutet, dass die Erkrankung auch bei Verwandten ersten und zweiten Grades vorkommt, ein unabhängiger Risikofaktor für die Entwicklung einer koronaren Herzkrankheit ist. Eine weitere große Studie von Marenberg et al. (1994) an 21.004 schwedischen Zwillingspaaren hat nachgewiesen, dass die Mortalität der korona-

1.3 Genetik kardiovaskulärer Erkrankungen

ren Herzkrankheit sowohl bei jüngeren Frauen, als auch bei jüngeren Männern, durch genetische Faktoren erheblich beeinflusst wird.

Nach diesen ersten Meilensteinen in der genetischen Epidemiologie der koronaren Herzkrankheit folgten sowohl zahlreiche Kopplungsanalysen, als auch Assoziationsstudien zur Untersuchung von Kandidatengenen, d. h. Gene, die aufgrund ihrer biologischen Funktion möglicherweise krankheitsfördernd oder krankheitsauslösend sind. Allerdings konnte trotz jahrelanger Forschung kein Gen identifiziert werden, das sich über viele Studien hinweg mit ähnlichen Effekten replizieren ließ. Ein Beispiel ist die genomweite Kopplungsanalyse von Shen et al. (2007). Die Autoren identifizierten einen Locus für frühzeitigen Herzinfarkt auf Chromosom 1p34-36. Mittels Kandidatengenanalysen wurde in der selben Arbeit das *LRP8*-Gen als krankheitsverursachendes Gen identifiziert. Prospektive, epidemiologische Studien, wie die von Lieb et al. (2008), konnten jedoch die Assoziation zum Herzinfarkt nicht bestätigen. Dieses Beispiel ist exemplarisch für viele weitere Kandidatengene, die mittels Kopplungsanalysen und Kandidatengenstudien identifiziert wurden. Neben großen positiven Studien, fanden sich immer einige negative Studien, die Zweifel an den initialen Assoziationssignalen aufkommen ließen.

Erst mit Hilfe der ersten genomweiten Assoziationsstudien (Helgadottir et al., 2007; McPherson et al., 2007; Samani et al., 2007; Wellcome Trust Case Control Consortium, 2007) konnte im Jahre 2007 erstmals ein genetischer Locus identifiziert werden, der sich in mehreren unabhängigen Studien bestätigen ließ. Eine dieser Replikationsstudien dient als Beispiel für das Kapitel Meta-Analysen (Abschnitt 4.3). Die wenigen Loci, die in diesen ersten Studien identifiziert und repliziert werden konnten, reichen jedoch bei weitem nicht aus um die komplexen genetischen Grundlagen der koronaren Herzkrankheit komplett zu erklären. Aus diesem Grund wurden weitere genomweite Analysen durchgeführt und kürzlich veröffentlicht (Erdmann et al., 2009; Myocardial Infarction Genetics Consortium, 2009; Trégouët et al., 2009). Die Studie von Erdmann et al. (2009) dient als Beispiel für Kapitel 5. Während alle bisherigen genomweiten Analysen nur einzelne genetische Marker bezüglich ihres Einflusses auf das Risiko eine koronare Herzkrankheit oder einen Herzinfarkt zu entwickeln untersuchen, führten Trégouët et al. (2009) erstmals genomweite Haplotypanalysen durch. Ein Haplotyp oder auch haploider Genotyp umschreibt eine Variante einer Nukleotidsequenz auf ein und demselben Chromosom. Mit der Methode von

1.3 Genetik kardiovaskulärer Erkrankungen

Trégouët et al. (2009) konnten erstmals Analysen in bis zu zehn benachbarten Markern gleichzeitig durchgeführt werden. Auf diese Weise konnten in der genomweiten Assoziationsstudien von Samani et al. (2007) zusätzliche Kandidatengene identifiziert werden.
Neben der funktionellen Untersuchung all dieser neu identifizierten krankheitsfördernden und krankheitsauslösenden genetischen Loci konnte darüber hinaus begonnen werden, genetische Risikoscores für die koronare Herzkrankheit zu entwickeln.

Schwierigkeiten bei der Analyse komplexer Erkrankungen

Im Prinzip können die in Abschnitt 1.2 beschriebenen genetisch-epidemiologischen Methoden sowohl auf monogene, als auch auf komplexe Erkrankungen angewendet werden. Bei komplexen Erkrankungen treten jedoch häufig die folgenden Phänomene auf und erschweren die Analysen (Ziegler und König, 2006, Kapitel 2):

1. **Unvollständige Penetranzen und Phänokopien:**
   Unter Penetranz wird die bedingte Wahrscheinlichkeit beim Vorliegen eines spezifischen Genotyps zu erkranken verstanden. Bei monogenen Erkrankungen sind i. d. R. auf der einen Seite alle Individuen, die den Risikogenotyp oder auch mutierten Genotyp tragen, erkrankt und auf der anderen Seite alle Individuen, die den Wildtyp Genotyp tragen, gesund. Bei komplexen Erkrankungen ist dies meist nicht der Fall. In Studien mit komplexen Phänotypen können beispielsweise Personen auftreten, die, obwohl sie eine mutierte Variante tragen und die Krankheit noch nicht entwickelt haben, das Erstmanifestationsalter noch nicht erreicht haben und aus diesem Grund noch gesund sind.
   Ferner gibt es bei komplexen Erkrankungen Personen, die die mutierte Variante nicht tragen, aber exakt den gleichen Phänotyp aufweisen wie die Individuen, die die Mutation tragen. Dieses Phänomen wird „Phänokopie" bezeichnet und entsteht gerade dann vermehrt, wenn die Erkrankungen auch durch exogene Faktoren beeinflusst werden. Beim Herzinfarkt gibt es beispielsweise verschiedene Risikofaktoren, die auch ohne genetischen Einfluss zum Ausbruch der Erkrankung führen können. Unabhängig davon können die Risikofakto-

1.3 Genetik kardiovaskulärer Erkrankungen

ren ebenfalls eigene genetische Ursachen an völlig anderen Loci haben, die über den Risikofaktor den Phänotyp hervorrufen.

2. **Imprinting:**
Der Begriff Imprinting bezeichnet das Phänomen, dass für einige genetische Loci die Expression des Phänotyps davon abhängt, ob das Risikoallel von der Mutter oder vom Vater vererbt wurde. Ein Beispiel für Imprinting bei einem kardiovaskulären Phänotyp ist möglicherweise das *KVLQT1*-Gen. Lee et al. (1997) beschreiben in diesem Gen einen maternalen Effekt, der familiäre Formen von Herzrhythmusstörung hervorrufen kann. Imprintingeffekte können nicht mittels Assoziationsstudien, sondern nur mittels Kopplungsanalysen in Familien, nachgewiesen werden.

3. **Heterogenität:**
Eine weitere Schwierigkeit bei der Analyse komplexer Erkrankungen besteht darin, dass die selbe Krankheit durch unterschiedliche Gene, unterschiedliche Allele und in unterschiedlichen Familien oder Bevölkerungsgruppen auftreten kann.
Es wird zwischen allelischer Heterogenität und Locusheterogenität unterschieden.
Bei der allelischen Heterogenität betreffen verschiedene krankheitsverursachende Mutationen dasselbe Gen. Dies ist allerdings nur bei Assoziationsstudien problematisch.
Locusheterogenität spielt hingegen bei Kopplungs- und Assoziationsstudien eine Rolle. Dieses Phänomen umfasst die Tatsache, dass Mutationen an verschiedenen genetischen Loci zum gleichen klinischen Phänotyp führen können.

4. **Polygene Vererbung:**
Während bei monogenen Erkrankungen die Ursache auf ein einziges Gen zurückführbar ist, werden komplexe Erkrankungen meist oligogen oder polygen vererbt. Das bedeutet, es sind Variationen in einigen oder vielen Genen notwendig, damit die Krankheit entsteht. Diese Tatsache führt dazu, dass die Effekte der einzelnen Gene so klein sind, dass sie in Kopplungs- und Assoziationsstudien meist nicht eindeutig identifiziert werden können.

1.4 Aufbau der Arbeit

Die vorliegende Arbeit gibt einen Überblick über wichtige Studiendesigns und Methoden der genetischen Epidemiologie. Die einzelnen Verfahren werden anhand von Anwendungsbeispielen aus dem kardiovaskulären Bereich veranschaulicht.
Die Kapitel sind prinzipiell nach dem klassischen Vorgehen in der genetischen Epidemiologie geordnet.
Kapitel 2 befasst sich mit komplexen Segregationsanalysen. Die Methoden werden auf einen Stammbaum einer hoch isolierten Population in Südtirol angewendet (Abschnitt 2.3). Die Individuen dieser Bevölkerung wurden zum einen elektrokardiographisch charakterisiert. Zum anderen wurden die Verwandtschaftsverhältnisse rekonstruiert. Es werden Ergebnisse zu zeit- und frequenzbezogenen Parametern der HRV erläutert.
Das Vorgehen bei Kopplungsanalysen in großen Stammbäumen zur Identifikation monogener genetischer Varianten wird in Kapitel 3 behandelt. Das Anwendungsbeispiel umfasst Mehrgenerationen-Familien mit Herzinfarkt (Abschnitt 3.3).
Der dritte Teil im klassischen genetisch-epidemiologischen Ansatz beinhaltet Assoziationsstudien. Dieser Bereich wird in Kapitel 4, welches sich mit metaanalytischen Methoden und deren Besonderheiten in der genetischen Epidemiologie befasst, beschrieben. Die Methoden werden anhand zweier Anwendungsbeispiele illustriert. Es wird eine Meta-Analyse zum bisherigen Hauptlocus der koronaren Herzkrankheit auf Chromosom 9p21,3 (Abschnitt 4.3) vorgestellt. Das zweite Beispiel umfasst eine Kandidatengenstudie im *LDLR*-Gen auf Chromosom 19p13,2 (Abschnitt 4.4).
Eine Kombination von genomweiten Analysen und Assoziationsstudien, wie sie im klassischen genetisch-epidemiologischen Ansatz noch undenkbar waren, bieten genomweite Assoziationsstudien. Die Methoden und Studiendesigns für diese Herangehensweise werden in Kapitel 5 dargestellt. Da diese Verfahren ebenfalls der Identifizierung neuer krankheitsverursachender genomischer Regionen dienen, lassen sich genomweite Assoziationsstudien prinzipiell in den zweiten Schritt des klassischen genetisch-epidemiologischen Ansatzes einordnen. Historisch gesehen wurden Meta-Analysen einzelner genetischer Marker jedoch schon vor genomweiten Assoziationsstudien durchgeführt, so dass sie auch in dieser Arbeit erst nach den Meta-Analysen dargestellt werden. Die Methoden für genomweite Assoziationsstudien werden anhand einer Studie zur Identifizierung genetischer Loci für die koro-

1.4 Aufbau der Arbeit

nare Herzkrankheit illustriert (Abschnitt 5.3).

Die einzelnen Kapitel beginnen jeweils mit einem Abschnitt zur Motivation der verschiedenen Herangehensweisen. Es schließt sich ein Abschnitt mit Methoden an, in dem alle verwendeten Verfahren dargestellt werden. Darüber hinaus bietet jedes Kapitel ein Anwendungsbeispiel und eine Diskussion der eingesetzten Methoden und Studiendesigns.

Kapitel 6 beendet die Arbeit mit einer Diskussion der verschiedenen Verfahren.

2 Komplexe Segregationsanalysen

Segregation analysis can provide the statistical evidence for Mendelian control of a trait or disease, although this remains circumstantial evidence.

(Khoury et al., 1993, S. 283)

2.1 Motivation

Mit Hilfe von komplexen Segregationsanalysen können Vererbungsmuster einer Erkrankung oder eines Phänotyps in Familien bestimmt werden. Hierbei wird anhand von Mehrgenerationen-Stammbäumen das plausibelste Vererbungsmuster geschätzt. Bisher konnten komplexe Segregationsanalysen erfolgreich bei klassischen monogenen Erkrankungen angewendet werden (Kleensang et al., 2007). Segregationsanalysen wurden zwar ebenfalls bei komplexen Erkrankungen durchgeführt, allerdings lieferten verschiedene Studien unterschiedliche Ergebnisse.

In der Beispielstudie in diesem Kapitel werden komplexe Segregationsanalysen für Parameter der HRV durchgeführt. Da eine verminderte HRV mit einem erhöhtem Risiko für Herzinfarkt und dem plötzlichen Herztod einhergeht, ist die Erforschung der genetischen Grundlagen dieser Parameter von enormer Bedeutung. Neben zahlreichen Studien zur Heritabilität der HRV, existiert bisher nur eine veröffentlichte Studie zum Vererbungsmuster. Die Arbeit von Sinnreich et al. (1999) widmet sich jedoch ausschließlich zeitbezogenen Parametern der HRV. In der im Abschnitt 2.3 beschriebenen Studie konnten stattdessen sowohl zeit- als auch frequenzbezogene Parameter der HRV untersucht werden.

Die für die komplexe Segregationsanalyse verwendeten Methoden sind in Abschnitt 2.2 beschrieben. In Abschnitt 2.3 folgen die Ergebnisse der Segregationsanalysen von zeit- und frequenzbezogenen Parameter der HRV. Schließlich wird das Kapitel mit einer Diskussion abgeschlossen (Abschnitt 2.4).

2.2 Methoden

In Abschnitt 2.2.1 wird zunächst das Basismodell und die Annahmen, die bei Segregationsanalysen getroffen werden müssen, erläutert. Anschließend werden die einzelnen Modelle, die sich aus diesem Basismodell ableiten, beschrieben (Abschnitt 2.2.2). In Abschnitt 2.2.3 wird dargestellt, wie für die Modelle, denen Mendelsche Vererbung zugrunde liegt, Heritabilitäten geschätzt werden können. Abschließend wird in Abschnitt 2.2.4 erklärt, wie die Phänotypen mittels fraktionellen Polynomen für komplexe Segregationsanalysen modelliert werden können.

2.2.1 Basismodell

Das Basismodell einer komplexen Segregationsanalyse kann im Wesentlichen von Lalouel et al. (1983) abgeleitet werden und stellt sich wie folgt dar:

$$y = \mu + g + a + e \quad (2.1)$$

Hierbei steht y für den Phänotyp, der analysiert werden soll, μ ist das allgemeine Mittel dieses Phänotyps, g ist der Hauptgeneffekt, a die familiäre Komponente und e bildet die zufälligen Umwelteffekte ab. Dem Modell in Gleichung 2.1 liegen folgende Annahmen zu Grunde:

1. **Biallelischer Locus:**
   Die Segregationsanalyse kann nur für einen Marker mit zwei Varianten durchgeführt werden.

2. **Hardy-Weinberg-Gleichgewicht:**
   Das Hardy-Weinberg-Gleichgewicht beinhaltet, dass die Genotyp- und Allelfrequenzen in einer großen, zufällig entstandenen Bevölkerung über alle Generationen hinweg stabil sind und eine feste Beziehung zwischen den Genotyp- und Allelfrequenzen besteht. Unter der Voraussetzung, dass in einer unbegrenzten Bevölkerung keine Selektionen oder Migrationen, keine Mutationen und keine Populationsstratifikationen vorliegen, ist das Hardy-Weinberg-Gleichgewicht erfüllt.

3. **Keine Epistase:**
   Verschiedene Positionen auf dem Genom dürfen nicht miteinander interagieren. Die Expression des Phänotyps eines Gens sollte z. B. nicht durch ein zweites Gen unterdrückt werden.

4. **Keine Pleiotropie:**
   Gleiche Mutationen innerhalb eines Genes sollten nicht unterschiedliche Phänotypen bzw. Symptome bewirken.

5. **Normalverteilung:**
   Der Phänotyp muss bei gegebenen Genotypen normalverteilt sein.

2.2.2 Segregationsmodelle

Aus dem Basismodell (Gleichung 2.1) lassen sich vier Hauptmodelle und verschiedene Untermodelle ableiten (Lalouel et al., 1983). Eine Übersicht der wichtigsten Modelle findet sich in Tabelle 2.1. Für die Mendelsche und die homogene gemischte Vererbung wird ein biallelischer Locus mit den Allelen A und B angenommen. Die entsprechenden Allelfrequenzen seien $p = p_A$ und $q = p_B = 1 - p_A$. Für jede der drei möglichen Genotypkombinationen werden die entsprechenden Mittelwerte (μ_{AA}, μ_{AB}, μ_{BB}) und deren Standardfehler (SE_{AA}, SE_{AB}, SE_{BB}) geschätzt. Vier verschiedene Mendelsche Untermodelle werden betrachtet. Hierzu zählen die allgemeine Mendelsche Vererbung (M_{G_1}), die dominante Mendelsche Vererbung (M_{G_2}), die rezessive Mendelsche Vererbung (M_{G_3}) und die additive Mendelsche Vererbung (M_{G_4}). Die jeweiligen Bedingungen dieser Modelle sind in Tabelle 2.1 aufgeführt. Bei den Mendelschen Modellen sind die Übergangswahrscheinlichkeiten zwischen Eltern und Kindern fest ($\tau_{AA} = 1$, $\tau_{AB} = 0,5$, $\tau_{BB} = 0$). Beim homogenen gemischten Vererbungsmodell liegen die Übergangswahrscheinlichkeiten τ_{AA} und τ_{BB} zwischen 0 und 1. Die Übergangswahrscheinlichkeit τ_{BB} wird nach der Formel in Tabelle 2.1 bestimmt.

Werden familiäre und homogene gemischte Modelle betrachtet, so spielt der Phänotypwert jedes Individuums bedingt auf die Phänotypwerte der Individuen aus den vorherigen Generationen eine Rolle. Zur Modellierung werden i. d. R. regressive Modelle verwendet, da mit diesen die Verteilung eines Stammbaums geschätzt werden kann (Bonney, 1998). Hierzu werden die individuellen Phänotypwerte unter der Bedingung der Phänotypwerte der vorherigen Generationen betrachtet. Die regressiven Modelle von Bonney (1998) setzen bei quantitativen Phänotypen eine multivariate Normalverteilung aller Individuen, gegeben der Genotypen am Marker im Stammbaum, voraus. Die gängigsten regressiven Modelle, die bei quantitativen Phänotypen verwendet werden, sind Klasse A und Klasse D Modelle. In regressiven Modellen der Klasse A wird angenommen, dass die Phänotypen der Geschwister nur voneinander abhängig sind, weil sie gemeinsame Eltern haben (Bonney, 1998). In Klasse D Modellen wird stattdessen davon ausgegangen, dass die Korrelationen zwischen Geschwistern zwar gleich sind, allerdings nicht nur aufgrund gemeinsamer Eltern.

2.2 Methoden

Tabelle 2.1: Segregationsmodelle. y: Phänotyp, μ: allgemeines Mittel, g: Hauptgeneffekt, a: familiäre Komponente, e: Umwelteffekte, $\mu_{AA}, \mu_{AB}, \mu_{BB}$: Mittelwerte der Genotypgruppen, $\tau_{AA}, \tau_{AB}, \tau_{BB}$: Transmissionswahrscheinlichkeiten, ρ_{FM}: Korrelation zwischen Ehepartnern, ρ_{PO}: Korrelation zwischen Eltern und Nachkommen, ρ_{SS}: Korrelation zwischen Geschwistern

	Modell	Bedingungen
	Sporadische Vererbung	
M_S	$y = \mu + e$	$\mu = \mu_{AA} = \mu_{AB} = \mu_{BB}$ $\tau_{AA} = \tau_{AB} = \tau_{BB} = p_A$
	Mendelsche Vererbung	
a) M_{G_1} (allgemein)	$y = \mu + g + e$	$\tau_{AA} = 1, \tau_{AB} = 0,5, \tau_{BB} = 0$
b) M_{G_2} (dominant)	$y = \mu + g + e$	$\mu_{AA} = \mu_{AB}, \tau_{AA} = 1, \tau_{AB} = 0,5,$ $\tau_{BB} = 0$
c) M_{G_3} (rezessiv)	$y = \mu + g + e$	$\mu_{AB} = \mu_{BB}, \tau_{AA} = 1, \tau_{AB} = 0,5,$ $\tau_{BB} = 0$
d) M_{G_4} (additiv)	$y = \mu + g + e$	$\mu_{AB} = \frac{\mu_{AA} + \mu_{BB}}{2}, \tau_{AA} = 1, \tau_{AB} = 0,5,$ $\tau_{BB} = 0$
	Familiäre Vererbung	
a) M_{P_1} (allgemein)	$y = \mu + a + e$	$\mu = \mu_{AA} = \mu_{AB} = \mu_{BB}$
b) M_{P_2} ($\rho_{PO} = \rho_{SS}$)	$y = \mu + a + e$	$\mu = \mu_{AA} = \mu_{AB} = \mu_{BB}, \rho_{FM} = 0,$ $\rho_{PO} = \rho_{SS}$
c) M_{P_3} ($\rho_{PO} \neq \rho_{SS}$)	$y = \mu + a + e$	$\mu = \mu_{AA} = \mu_{AB} = \mu_{BB}, \rho_{FM} = 0,$ $\rho_{PO} \neq \rho_{SS}$
	Homogene gemischte Vererbung	
M_M	$y = \mu + g + a + e$	$\tau_{AA} \geq 0, \tau_{AB} = \frac{(p_A - p_A^2 \tau_{AA} - (1-p_A)^2 \tau_{BB})}{2p_A(1-p_A)}, \tau_{BB} \leq 1$

2.2 Methoden

In der Regel können in familiären und homogen gemischten Modellen folgende Korrelationen geschätzt werden:

- Korrelation zwischen Ehepartnern (engl: spouses (father-mother)): ρ_{FM}.

- Korrelation zwischen Eltern und Nachkommen (engl: parent-offspring): ρ_{PO}
  Diese Korrelation setzt sich aus den Korrelation von Mutter-Nachkommen (engl: mother-offspring): ρ_{MO} und Vater-Nachkommen (engl: father-offspring): ρ_{FO} zusammen.

- Korrelation zwischen Geschwistern (engl: siblings): ρ_{SS}.

In Klasse A Modellen wird angenommen, dass die Korrelation zwischen Geschwistern die folgende Bedingung erfüllt (S.A.G.E.-Handbuch: Statistical Analysis for Genetic Epidemiology, Release 6.0.1, http://darwin.cwru.edu/):

$$\rho_{SS} = \frac{\rho_{MO}^2 + \rho_{FO}^2 - 2\rho_{FM}\rho_{MO}\rho_{FO}}{1 - \rho_{FM}^2} \qquad (2.2)$$

Die Korrelationen zwischen Halbgeschwistern in Abhängigkeit vom gemeinsamen Elternteil werden i. d. R. vernachlässigt. Beim homogenen gemischten Modell werden die Korrelationen ρ_{FM} und ρ_{PO} geschätzt. Je nachdem, ob Modell A oder D betrachtet wird, wird auch ρ_{SS} geschätzt. Bei den familiären Vererbungsmodellen sind drei verschiedene Untermodelle sinnvoll. Diese beinhalten drei verschiedene Kombinationen der familiären Häufungen. Im allgemeinen Modell (M_{P_1}) werden die Korrelationen wie im Modell mit homogener gemischter Vererbung geschätzt. Im Modell M_{P_2} gibt es keine Korrelation zwischen Ehepartnern, die Korrelationen ρ_{PO} und ρ_{SS} sind identisch. Bei Modell M_{P_3} ist die Korrelation zwischen Ehepartnern ebenfalls Null, die Korrelationen ρ_{PO} und ρ_{SS} sind jedoch nicht identisch.

Für jedes Modell wird die logarithmierte Likelihood $\ln L$ mit Hilfe des Elston-Stewart-Algorithmus (Elston und Stewart, 1971, siehe Anhang, Abschnitt A.1.4) geschätzt. Zur Differenzierung der Modelle wird das Akaike Informationskriterium berechnet (Akaike, 1974):

$$\text{AIC} = -2 \cdot \ln L + 2 \cdot r. \qquad (2.3)$$

Hierbei steht r für die Anzahl der geschätzten Parameter. Je kleiner der AIC-Wert, desto besser ist die Anpassung des Modells an den Stammbaum.

2.2.3 Schätzung der Heritabilität

Als Heritabilität oder Erblichkeit wird der Anteil der beobachteten Varianz eines Parameters bezeichnet, der durch genetische Faktoren determiniert ist (Khoury et al., 1993, Kapitel 7). Es existieren zwei verschiedene Arten von Heritabilitäten. Auf der einen Seite gibt es die Heritabilität im weiteren Sinne (engl: broad sense heritability; Symbol: H^2). Diese gibt den Anteil der Varianz an, der allen genetischen Unterschieden zwischen Individuen in Bezug auf die gesamte phänotypische Varianz zugeordnet werden kann. Auf der anderen Seite kann die Heritabilität im engeren Sinne (engl: narrow sense heritability; Symbol: h^2) geschätzt werden. Diese umfasst den Anteil der Varianz, die durch die additiven Effekte von Allelen an einem oder mehreren Loci zur gesamten phänotypischen Varianz beitragen (Khoury et al., 1993, Kapitel 7).

Die einzelnen Varianztherme, die für die mathematische Definition der beiden Heritabilitäten notwendig sind, lassen sich aus folgenden zwei Komponenten bestimmen (Ziegler und König, 2006, Kapitel 8):

- Die additive genetische Varianz ergibt sich aus:

$$\sigma_a^2 = 2pq[a + d(p - q)]^2 \qquad (2.4)$$

Hierbei sind die Parameter $p = p_A$ und $q = p_B$ die Allelfrequenzen der Allele A und B. Die Variable a steht für die Differenz des Mittelwerts μ_{AA} der Individuen, die den Genotyp AA tragen, und des Gesamtmittels μ. Der Parameter d steht für die Differenz zwischen Mittelwert μ_{AB} der Individuen mit Genotyp AB und Gesamtmittel μ.

- Die dominante genetische Varianz ist definiert als:

$$\sigma_d^2 = (2pqd)^2 \qquad (2.5)$$

Die gesamte genetische Varianz resultiert somit aus der Summe von additiver und dominanter genetischer Varianz:

$$\sigma_g^2 = \sigma_a^2 + \sigma_d^2 \qquad (2.6)$$

2.2 Methoden

Für die Bestimmung der Heritabilität ist zusätzlich die Umweltvarianz σ_e^2 relevant. Auf Basis dieser Notation lässt sich die Heritabilität im weiteren Sinne folgendermaßen definieren (Ziegler und König, 2006, Kapitel 8):

$$H^2 = \frac{\sigma_g^2}{\sigma_g^2 + \sigma_e^2} \tag{2.7}$$

H^2 entspricht hierbei dem Bestimmtheitsmaß R^2 in einem Regressionsmodell. Bei Fragestellungen, in denen die dominante genetische Varianz nicht von Interesse ist, wird die genetische Varianz nur durch die additive genetische Varianz erklärt. Es ergibt sich die Heritabilität im engeren Sinne (Ziegler und König, 2006, Kapitel 8):

$$h^2 = \frac{\sigma_a^2}{\sigma_g^2 + \sigma_e^2} \tag{2.8}$$

Zur Berechnung der Heritabilitäten werden die Schätzer für die Allelfrequenzen p und q, die Mittelwerte μ_{AA}, μ_{AB}, μ_{BB}, sowie die Umweltvarianz σ_e^2 aus dem entsprechendem Segregationsmodell verwendet (vgl. Abschnitt 2.2.2). Aus dem Gesamtmittel $\mu = \frac{\mu_{AA} + \mu_{BB}}{2}$ können der Dominanzeffekt $d = \mu_{AB} - \mu$ und der additive Effekt $a = \mu_{AA} - \mu = \mu - \mu_{BB}$ berechnet werden.

2.2.4 Phänotypmodellierung mit fraktionellen Polynomen

Bei Segregationsanalysen kardiovaskulärer Phänotypen ist die Berücksichtigung weiterer Risikofaktoren unumgänglich. Für die Modellierung quantitativer Kovariablen empfehlen Sauerbrei und Royston (1999), sowie Royston und Sauerbrei (2008) fraktionelle Polynome. Diese gehören zur Klasse der nicht-linearen parametrischen Regressionsmodelle und eignen sich, da sie extrem flexibel und stabil gegenüber lokalen Störungen sind, zur Phänotypmodellierung. Außerdem lassen sich fraktionelle Polynome einfach und schnell anpassen.

Ein fraktionelles Polynom $\mathrm{FP}_m(X)$ mit dem Grad $m > 0$ lässt sich folgendermaßen definieren (Sauerbrei und Royston, 1999; Royston und Sauerbrei, 2008):

$$\mathrm{FP}_m(X) = \beta_0 + \sum_{i=1}^{m} \beta_i X^{p_i} \tag{2.9}$$

Hierbei sind β_i die Regressionsparameter und für $p_i = 0$ gilt $X^0 = \ln(X)$. Die Potenzen p_i können sowohl positive, als auch negative ganze Zahlen oder Brüche sein und werden jeweils aus einer vorher definierten Menge ausgewählt, i. d. R. $\mathbb{P} = \{-2; -1; -0,5; 0; 0,5; 1; 2; \ldots; \max(3,m)\}$. Potenzen, die sich wiederholen sind möglich. Ein fraktionelles Polynom m-ten Grades besitzt für jedes β_i mit $i > 0$ und jede Potenz einen Freiheitsgrad, also insgesamt $2m$ Freiheitsgrade.

2.3 Anwendungsbeispiel: Segregationsanalysen zu Parametern der Herzfrequenzvariabilität

Zunächst wird in Abschnitt 2.3.1 die Studienpopulation vorgestellt. In Abschnitt 2.3.2 werden anschließend die zeit- und frequenzbezogenen Parameter der HRV, die in dieser Analyse von Interesse sind, beschrieben. Darüber hinaus wird in Abschnitt 2.3.3 die Modellierung dieser Parameter erläutert. Das Vorgehen bei der Segregationsanalyse und eine allgemeine Übersicht der Ergebnisse wird in Abschnitt 2.3.4 dargestellt. Die Ergebnisse für die einzelnen Parameter sind im Anhang in Abschnitt A.2 erläutert. Abschnitt 2.3.5 gibt abschließend einen Überblick über die bisher veröffentlichten Studien.

2.3.1 Beschreibung der Studienpopulation

Die Studienpopulation ist Teil eines großen, noch laufenden genetischen Forschungsgesundheitsprogramms in der Südtiroler Bevölkerung, das sich GenNOVA Projekt nennt. Im Rahmen dieses Projektes wurde in den Jahren 2002 und 2003 eine ausführliche Erhebung der Bevölkerung in Martell, einem Dorf im Venosta Tal in Italien, durchgeführt (Pattaro et al., 2007). Es wurden verschiedene Phänotypen auf Basis eines Fragebogens, Stammbaumstrukturen und klinische Parameter erhoben, sowie Blutproben entnommen. Das Dorf Martell wurde für diese Studie ausgewählt, da es folgende Kriterien für ein Isolat erfüllte:

1. Beweis für eine alte Siedlung,

2.3 Anwendungsbeispiel

2. kleine Anzahl von Gründern,

3. eine hohe Inzuchtrate,

4. geringe oder keine Bevölkerungsentwicklung und zu vernachlässigende Einwanderung.

Mit Hilfe von historischen und demographischen Daten zur Entwicklung des Venosta Tales konnte gezeigt werden, dass das Bergdorf Martell diese Kriterien für eine isolierte Bevölkerung erfüllt (Pattaro et al., 2007).

2.3.2 Zeit- und frequenzbezogene Parameter der Herzfrequenzvariabilität

Die HRV kann zeit- oder frequenzbezogen betrachtet werden. Die zeitbezogene Analyse bezieht sich auf die Intervalle zwischen den Herzschlägen über die Zeit. Je nach Kennzahl werden daraus Mittelwerte, Standardabweichungen und weitere Transformationen gebildet. In dieser Studie werden stellvertretend für die zeitbezogenen Kennzahlen die Parameter RR-Intervall, SDNNi und rMSSD untersucht. Das RR-Intervall ergibt sich aus dem Abstand zweier Herzschläge und ist somit der Abstand von zwei R-Zacken im Elektrokardiogramm. Mit SDNNi wird der Mittelwert der Standardabweichung aller RR-Intervalle für alle 5-Minuten-Abschnitte bei einer 24 Stunden Aufzeichnung bezeichnet. Die Kennzahl rMSSD bildet die mittlere absolute Differenz aufeinander folgender Herzperiodendauern ab.

Bei frequenzbezogenen Analysen werden mittels Fourier-Transformationen die zeitbezogenen Herzfrequenzabstände in frequenzbezogene Daten umgewandelt. Für die Herzfrequenzvariabilitätsanalyse ist die Bestimmung der Spektralleistung als Fläche unter der Kurve von Bedeutung. Hier sind vor allem die Betrachtung der niedrigen und hohen Frequenzbereiche, sowie der Quotient aus diesen beiden Messgrößen wichtig. Die hohen Frequenzbereiche umfassen Frequenzen von 0,15 bis 0,40 Herz (Hz). Diese Kennzahl bildet ausschließlich den parasympathisch bestimmten Schwingungsanteil ab. Im Gegensatz dazu sind bei den niedrigen Frequenzbereichen sowohl der Sympathikus, als auch der Parasympathikus an der Entstehung beteiligt. Der Frequenzbereich liegt hier zwischen 0,04 und 0,25 Hz. Das optimale Zusammenwirken von Parasympathikus und Sympathikus wird mit Hilfe des Quotienten aus niedrigem und hohem Frequenzbereich abgebildet. Diese Kennzahl gibt den Anteil des Sympathikus an der Gesamtspektralpower des niedrigen Frequenzbereiches an. Je größer der Quotient, desto höher ist der Einfluss des Sympathikus. In einigen Studien werden auch die ultraniedrigen und sehr niedrigen Frequenzbereiche betrachtet. Diese werden entsprechend allein dem Sympathikus zugeordnet, allerdings in der vorliegenden Studie nicht untersucht.

Die Messungen der Parameter der HRV wird vor allem von Körperlage und Alter zum Zeitpunkt der Messung beeinflusst. Zum einen können unterschiedliche Positionen die HRV maßgeblich verändern und zum anderen kann mit zunehmendem Alter eine Verminderung der HRV beobachtet werden. Um unterschiedliche Körperlagen abzubilden, wurden der niedrige und der hohe Frequenzbereich sowohl im Liegen, als auch im Stehen untersucht. Während für Alter und Geschlecht in dieser Studie adjustiert wurde, konnten die zahlreichen übrigen Einflussfaktoren, wie beispielsweise Medikamente und Rauchverhalten, im Rahmen dieser Studie nicht berücksichtigt werden.

2.3.3 Phänotypmodellierung

Um die Plausibilität der Analysen sicherzustellen, wurden für jeden Parameter vier verschiedene Definitionen untersucht.
Zunächst wurden die Parameter so wie sie in den Daten vorlagen analysiert. Im zweiten Schritt wurden die Parameter winsorisiert. Dazu wurden alle niedrigen Werte der Variable, die unter dem Mittelwerte minus zweimal der Standardabweichung der Variable lagen, durch den Mittelwert minus zweimal der Standardabweichung ersetzt. Alle Werte über dem Mittelwert plus zweimal der Standardabweichung wurden entsprechend durch den Mittelwert plus zweimal der Standardabweichung ersetzt. Die Histogramme der gemessenen und winsorisierten Parameter finden sich im Anhang in Abschnitt A.2. Im dritten Schritt wurde für die verschiedenen Parameter die Beziehung zu Alter und Geschlecht untersucht. Hierfür wurden fraktionelle Polynome für den jeweiligen Phänotyp in Abhängigkeit zu Alter und Geschlecht betrachtet und die Residuen gebildet. Zeigte sich für Alter oder Geschlecht im Modell ein p-Wert größer 0,2, so wurde die Variable nicht für die Adjustierung verwendet. Für die vierte Variablendefinition wurden die Residuen der

2.3 Anwendungsbeispiel

winsorisierten Parameter gebildet. Für keine der Variablen fand sich ein Zusammenhang, der über ein lineares Modell hinausging, so dass die Residuen aus der linearen Regression verwendet werden konnten. Für die zeitbezogenen Parameter SDNNi und RR-Intervall, sowie die liegend gemessenen frequenzbezogenen Parameter fanden sich für Alter und Geschlecht lineare Zusammenhänge. Im Gegensatz dazu konnte für die Variable rMSSD nur ein linearer Zusammenhang zum Alter, jedoch nicht zum Geschlecht detektiert werden. Die stehend gemessenen Frequenzparameter zeigten stattdessen keinen linearen Zusammenhang mit dem Alter, aber einen linearen Zusammenhang mit dem Geschlecht. Die Abbildungen der Residuen der einzelnen Parameter sind im Anhang in Abschnitt A.2 dargestellt.

2.3.4 Ergebnisse

Qualitätskontrolle des Stammbaums

Der genealogisch erhobene Stammbaum enthielt 3.485 Individuen. An diesem Stammbaum wurden zunächst folgende Qualitätsprüfungen durchgeführt:

1. **Plausibilitätskontrollen:**

   a) Wenn das Geschlecht im Stammbaum und in der Phänotyperhebung unbekannt war, wurden die Individuen aus dem Stammbaum entfernt. Dies war bei neun Individuen der Fall.

   b) Wenn das Geschlecht eines Individuums im Stammbaum und in der Phänotyperhebung unterschiedlich war, so wurde das Geschlecht von der Phänotyperhebung übernommen. Diese Änderung musste bei zwei Individuen vorgenommen werden.

   c) Wenn ein Elternteil bekannt und ein Elternteil unbekannt ist, können viele Softwareprogramme nicht damit umgehen. Da dies bei einem Individuum der Fall war, wurden beide Eltern auf unbekannt gesetzt.

   d) Falls ein Individuum als Elternteil im Stammbaum, aber nicht als einzelnes Individuum auftaucht, muss es als einzelnes Individuum hinzugefügt werden. Aus diesem Grund wurden 490 Individuen hinzugefügt.

2. **Behebung von Stammbaumfehlern:**
Der modifizierte Stammbaum wurde im zweiten Schritt auf Fehler in der Familienstruktur, so genannte Stammbaumfehler, untersucht. Ursachen solcher Fehler sind beispielsweise vertauschte Proben oder so genannte „Kuckuckskinder". Kuckuckskinder sind Kinder, die von ihrem vermeintlichen Vater großgezogen werden, ohne dass Vater und Kind wissen, dass der Vater nicht der biologische Vater ist. Vor allem bei einem so großen und verzweigten Stammbaum wie in dieser Studie können Stammbaumfehler vermehrt auftreten, da die Nachfahren bei der Erhebung des Stammbaumes möglicherweise nichts von einem falschen Vater wissen.

Da falsch klassifizierte Beziehungen zwischen Individuen Segregationsanalysen erheblich beeinflussen und zu einer Reduktion der statistischen Aussagekraft führen können, ist die Überprüfung des Stammbaumes, wenn genetische Marker vorliegen, unumgänglich. Nur wenn genetische Marker vorliegen, können Stammbaumfehler entdeckt werden. Entsprechende Methoden sind in Abschnitt A.1.2 im Anhang beschrieben.

Mit Hilfe der Software PREST und ALTERTEST (Sun et al., 2002) wurden die Beziehungen innerhalb des Stammbaums an 1.062 autosomalen Markern überprüft. Bei vier Individuen konnte gezeigt werden, dass sie im Stammbaum falsche Eltern besitzen. Für die ersten beiden Individuen, einem Geschwisterpaar, konnten mittels ALTERTEST die richtigen Eltern identifiziert werden. Für das dritte Individuum konnte gezeigt werden, dass der Vater nicht korrekt ist. Da der richtige Vater nicht identifiziert werden konnte, wurden in diesem Fall beide Eltern auf unbekannt gesetzt. Beim vierten Individuum war keines der beiden Elternteile korrekt und es konnten auch die richtigen Eltern nicht mittels ALTERTEST identifiziert werden, so dass auch dort die Eltern auf unbekannt gesetzt werden mussten.

3. **Entfernung der einzelnen Individuen:**
Individuen, die nicht mit dem Stammbaum verknüpft werden können, sind für die Segregationsanalyse nicht notwendig und können daher aus dem Stammbaum entfernt werden. Im Stammbaum in dieser Studie befanden sich 37 dieser einzelnen Individuen.

2.3 Anwendungsbeispiel

4. Auflösen der Stammbaumschleifen:
Der Elston-Stewart-Algorithmus (Elston und Stewart, 1971, siehe Anhang, Abschnitt A.1.4), der bei Segregationsanalysen i. d. R. zur Berechnung der Likelihood verwendet wird, kann bei Stammbäumen mit Schleifen nicht eingesetzt werden. Aus diesem Grund wurden im letzten Schritt der Qualitätskontrolle die Stammbaumschleifen mit Hilfe der Software LOOP EDGE entfernt. Die entsprechenden Verfahren sind im Anhang in Abschnitt A.1.5 erklärt.
Durch das Einfügen von insgesamt 230 Schleifenbrechern ließ sich der Stammbaum auflösen. Insgesamt entstanden fünf neue Familien. Die erste Familie enthielt mit 4.145 nahezu alle Individuen aus dem Originalstammbaum. Ferner entstanden noch jeweils zwei Familien, die aus vier und drei Individuen bestanden.

Der Datensatz, mit dem die Segregationsanalysen durchgeführt wurden, enthielt somit fünf Stammbäume mit insgesamt 4.159 Individuen.

Segregationsanalysen

Die detaillierten Ergebnisse der Segregationsanalysen der einzelnen Parameter sind im Anhang in Abschnitt A.2 dargestellt.
Die Segregationsanalysen wurden mit der Software S.A.G.E. (Statistical Analysis for Genetic Epidemiology, Release 6.0.1: http://darwin.cwru.edu/) durchgeführt.
Für die Schätzung der einzelnen Parameter in den jeweiligen Modellen wurden die Startwerte und Bedingungen, die in Tabelle 2.2 abgebildet sind, verwendet.
Um für das allgemeine Mendelsche und das homogene gemischte Modell mehr Stabilität und Vergleichbarkeit zu gewährleisten, wurde bei der Schätzung der Mittelwerte des homogenen gemischten Modells die zusätzliche Bedingung $\mu_{AA} \leq \mu_{AB} \leq \mu_{BB}$ verwendet.
Bei einigen Parametern war die Schätzung des allgemeinen Modells mit beliebigen Korrelationen nicht möglich. Bei diesen wurde stattdessen ein Modell ohne Korrelationen zwischen den Eltern und gleichen Korrelationen zwischen Eltern und Kindern und zwischen Geschwistern angenommen.
Da die Klasse A und D Modelle ähnliche Ergebnisse lieferten, sind nur Klasse D Modelle dargestellt.
Ferner wurde auf die Darstellung der Modelle M_{P_2} und M_{P_3} verzichtet, da der AIC-

2.3 Anwendungsbeispiel

Wert des Modells M_{P_1} in allen Fällen nicht wesentlich besser als der AIC-Wert des sporadischen Modells war.

Da eine Differenzierung zwischen dominantem und rezessivem Modell in der Software S.A.G.E. (Statistical Analysis for Genetic Epidemiology, Release 6.0.1: http://darwin.cwru.edu/) nicht implementiert ist, konnte sie für diese Studie nicht vorgenommen werden.

Tabelle 2.2: Startwerte Segregationsanalysen. M_S: sporaisches Modell, M_{G_1}: allgemeines Mendelsches Modell, M_{G_2}: dominantes Mendelsches Modell, M_{G_3}: rezessives Mendelsches Modell, M_{G_3}: additives Mendelsches Modell, $M_{P_1}, M_{P_2}, M_{P_3}$: verschiedene familiäre Vererbungsmodelle, M_M: homogene gemischte Vererbung, μ: allgemeines Mittel, $\mu_{AA}, \mu_{AB}, \mu_{BB}$: Mittelwerte der Genotypgruppen, $\tau_{AA}, \tau_{AB}, \tau_{BB}$: Transmissionswahrscheinlichkeiten, ρ_{FM}: Korrelation zwischen Ehepartnern, ρ_{PO}: Korrelation zwischen Eltern und Nachkommen, ρ_{SS}: Korrelation zwischen Geschwistern, $\bar{x}$: Mittelwert des Parameters, s_x: Standardabweichung des Parameters.

Modell	Startwerte
M_S	$\mu = \bar{x}$
M_{G_1}	$\mu_{AA} = \bar{x} + 2 \cdot s_x, \mu_{AB} = \bar{x}, \mu_{BB} = \bar{x} - 2 \cdot s_x$
M_{G_2}	$\mu_{AA} = \mu_{AB} = \bar{x} + 2 \cdot s_x, \mu_{BB} = \bar{x} - 2 \cdot s_x$
M_{G_3}	$\mu_{AA} = \bar{x} + 2 \cdot s_x, \mu_{AB} = \mu_{BB} = \bar{x} - 2 \cdot s_x$
M_{G_4}	$\mu_{AA} = \bar{x} + 2 \cdot s_x, \mu_{BB} = \bar{x} - 2 \cdot s_x$
M_{P_1}	$\mu = \bar{x}, \rho_{FM} = \rho_{PO} = \rho_{SS} = 0,1$
M_{P_2}	$\mu = \bar{x}, \rho_{FM} = \rho_{PO} = \rho_{SS} = 0,1$
M_{P_3}	$\mu = \bar{x}, \rho_{FM} = \rho_{PO} = \rho_{SS} = 0,1$
M_M	$\mu_{AA} = \bar{x} + 2 \cdot s_x, \mu_{AB} = \bar{x}, \mu_{BB} = \bar{x} - 2 \cdot s_x$ $\rho_{FM} = \rho_{PO} = \rho_{SS} = 0,1$

Insgesamt war ein Großteil der Modelle sehr instabil. Vor allem die Schätzung der Standardfehler war bei einigen Analysen nicht möglich. Bei manchen Parametern zeigten sich aus diesem Grund nur bei einem Teil der Modelle plausible Ergebnisse. Die Hauptursache hierfür bestand vor allem darin, dass nur in den beiden jüngsten Generationen Phänotypen vorlagen. Eine weitere Ursache könnte sein, dass die An-

nahmen, die in Abschnitt 2.2.1 für die Segregationsmodelle definiert wurden, bei diesem Stammbaum und den Parametern verletzt waren.
Zusammenfassend konnte festgestellt werden, dass bei den meisten Parametern das homogene gemischte Modell die kleinsten AIC-Werte aufwies. Geringfügig schlechtere AIC-Werte zeigten die Mendelschen Modelle. Dabei ergaben die Schätzungen der additiven Modelle bei einigen Parametern keine plausiblen Resultate. Für einen Großteil der Parameter lieferten sowohl die Mendelschen, als auch die homogenen gemischten Modelle ein rezessives Modell mit Hauptgeneffekt. Ferner wies ein Großteil der zeit- und frequenzbezogenen Parameter der HRV eine Heritabilität im engeren Sinne zwischen 40% und 70% auf.

2.3.5 Überblick über veröffentlichte Studien

Eine Übersicht über die wichtigsten Publikationen zur Erblichkeit der HRV gibt Tabelle 2.3. Die Arbeiten resultieren aus einer Literaturrecherche in der Datenbank PubMed (http://www.ncbi.nlm.nih.gov/sites/entrez) mit den Stichworten:

- „heart rate variability" and „heritability",
- „heart rate variability" and „genetic factors",
- „heart rate variability" and „segregation".

Sowohl für die zeitbezogenen, als auch für die frequenzbezogenen Parameter finden sich Heritabilitäten zwischen 1 und 40 Prozent. Der Anteil der genetischen Varianz an der Gesamtvarianz lag somit in der vorliegenden Studie für einige Parameter etwas höher als in den bisher veröffentlichten Studien. Jedoch nur in der Studie von Sinnreich et al. (1999) stammten die Heritabilitäten aus einer vergleichbaren komplexen Segregationsanalyse in Familien. Für den zeitbezogenen Parameter rMSSD zeigten die Analysen von Sinnreich et al. (1999) einen rezessiven Hauptgeneffekt. Ein wesentlicher Unterschied zu den Arbeiten aus der Literatur besteht darin, dass dort für mehr prognostische Faktoren als Alter und Geschlecht adjustiert wurde.

2.3 Anwendungsbeispiel

Tabelle 2.3: Literaturübersicht Erblichkeit der Herzfrequenzvariabilität. FB ist die Abkürzung für Frequenzbereich.

Referenz	Fallzahl	wesentliche Ergebnisse	Besonderheiten
Busjahn et al. (1998)	95 mono- und 46 dizygotische Zwillingspaare	hoher FB: $h^2 = 0{,}39$	
Singh et al. (1999), Singh et al. (2001)	682 Geschwisterpaare, 206 Ehepaare	niedriger FB: $h^2 = 0{,}08$; hoher FB: $h^2 = 0{,}13$; Quotient aus niedrigem und hohem FB: $h^2 = 0{,}01$	adjustiert für Alter, Geschlecht, Body Mass Index, systolischer und diastolischer Blutdruck, Rauchen, Alkoholkonsum
Sinnreich et al. (1998), Sinnreich et al. (1999)	451 Individuen aus 80 Familien	rMSSD: $h^2 = 0{,}34 - 0{,}45$; rezessiver Haupgeneffekt	adjustiert für Alter, Geschlecht, Herzfrequenz
Kupper et al. (2004)	772 Zwillings- und Geschwisterpaare	SDNNi: $h^2 = 0{,}35 - 0{,}47$; rMSSD: $h^2 = 0{,}40 - 0{,}48$	rMSSD wurde logarithmiert
Wang et al. (2005), Wang et al. (2009)	385 afrikanische und europäische Amerikaner (Zwillinge, Geschwisterpaare, einzelne Individuen)	rMSSD: $h^2 = 0{,}22 - 0{,}58$; niedriger FB: $h^2 = 0{,}43 - 0{,}48$; hoher FB: $h^2 = 0{,}23 - 0{,}65$; Quotient aus niedrigem und hohem FB: $h^2 = 0{,}22 - 0{,}39$	teilweise adjustiert für Stress
Uusitalo et al. (2007)	208 mono- und 296 dizygotische männliche Zwillingspaare	niedriger FB: $h^2 = 0{,}20 - 0{,}28$; hoher FB: $h^2 = 0{,}27 - 0{,}37$; Quotient aus niedrigem und hohem FB: $h^2 = 0{,}21 - 0{,}40$; rMSSD: $h^2 = 0{,}39 - 0{,}47$	adjustiert für Alter, Rauchen, Body Mass Index, Anteil Körperfett, Medikation, Kaffeekonsum
Vasan et al. (2007)	747 Individuen aus 307 Familien	RR-Intervall: $h^2 = 0{,}28 - 0{,}31$; Quotient aus niedrigem und hohem FB: $h^2 = 0{,}36$	adjustiert für Alter, Herzfrequenz, systolischer und diastolischer Blutdruck, Kaffee, Alkoholkonsum

2.4 Diskussion

Segregationsanalysen komplexer Phänotypen können, wie in der in diesem Kapitel vorgestellten Beispielstudie, erhebliche Schwächen aufweisen. Ein wesentliches Problem besteht darin, dass die Annahmen, die den Segregationsmodellen zugrunde liegen, meist nur bei monogenen Erkrankungen realistisch sind. Ein unkontrollierbarer Faktor sind beispielsweise die nicht konstanten Umweltfaktoren. Diese Faktoren können durch die Verwendung von Isolatpopulationen wesentlich reduziert werden. Das dies nicht immer zielführend ist, zeigt das Anwendungsbeispiel ebenfalls.

Ein erheblicher Nachteil besteht außerdem darin, dass nur Mehrgenerationen-Stammbäume für komplexe Segregationsanalysen verwendet werden können. Erweiterte Stammbäume lassen sich üblicherweise sehr viel schwieriger rekrutieren als Geschwisterpaare, Kernfamilien oder Fall-Kontroll-Studien. Vor allem bei kardiovaskulären Erkrankungen stellt diese Tatsache ein erhebliches Problem dar, da diese sich i. d. R. erst im zweiten Lebensabschnitt eines Menschen manifestieren. Eine genaue phänotypische Untersuchung der Eltern und Großeltern ist zum Zeitpunkt des ersten Auftritts der Erkrankung meist nicht mehr möglich.

Ferner ist bei vielen komplexen Segregationsanalysen, ähnlich wie in dem Anwendungsbeispiel in diesem Kapitel, die Anzahl der verfügbaren Familien zu gering um klare statistische Aussagen treffen zu können.

Zusätzlich können schon einige falsch klassifizierte Individuen innerhalb eines Stammbaums zu einer Reduktion der statistischen Aussagekraft führen. Liegen jedoch, ebenso wie im Anwendungsbeispiel in diesem Kapitel, Daten von genetischen Markern vor, so kann der Stammbaum überprüft und falsche Verwandtschaftsbeziehungen ausgeschlossen werden. Wird nicht nur eine große Familie untersucht, sondern werden mehrere kleine Familien für eine Segregationsanalyse verwendet, so tritt bei kardiovaskulären Erkrankungen oftmals genetische Heterogenität auf (siehe Abschnitt 1.3). Dies kann in Segregationsanalysen nicht berücksichtigt werden.

Nichtsdestotrotz besitzen komplexe Segregationsanalysen auch Stärken. Ist das Resultat einer komplexen Segregationsanalyse beispielsweise ein Modell mit Mendelschem Hauptgeneffekt, so können die Schätzer für eine oft anschließende modellbasierte Kopplungsanalyse verwendet werden.

Darüber hinaus sind komplexe Segregationsanalysen prinzipiell ein starkes Instrument, um zunächst monogene Hauptgeneffekte nachzuweisen. Jedoch kann das

Vorliegen eines genetischen Mechanismus bzw. Vererbungsweges nicht endgültig bewiesen werden, sondern lediglich zur Evidenz beitragen.

3 Genomweite Kopplungsanalysen in Großfamilien

Like true love, true linkage remains hard to find.

(Altmüller et al., 2001)

3.1 Motivation

Der Herzinfarkt, als Hauptkomplikation der koronarer Herzkrankheit, zählt zu den multifaktoriellen Erkrankungen. Das bedeutet, dass der Herzinfarkt sowohl durch mehrere Gene, als auch durch Umwelteinflüsse verursacht wird. Wie bei vielen komplexen genetischen Erkrankungen gibt es jedoch auch beim Herzinfarkt monogene Formen.

Bei der koronaren Herzkrankheit konnten bisher in zwei Großfamilien eine autosomal-dominante Vererbung gezeigt werden. Wang et al. (2003) identifizierten eine Deletion, d. h. den Verlust eines DNA-Abschnittes, im *MEF2A*-Gen. Die Autoren zeigten, dass diese Deletion in der untersuchten Familie die Ursache für das Auftreten der koronaren Herzkrankheit ist. Des Weiteren wurde von Mani et al. (2007) in einer Familie mit frühzeitiger koronarer Herzkrankheit und metabolischen Risikofaktoren eine Mutation im *LRP6*-Gen entdeckt. Obwohl familiäre Häufung bei koronaren Herzkrankheiten und Herzinfarkten ein bekanntes Phänomen ist und beispielsweise Horne et al. (2006) in großen genealogischen Datenbanken aus Utah ein vermehrtes Auftreten von Fällen nachgewiesen haben, sind dies bisher die einzigen beiden Familien in denen monogene Vererbungsformen der koronarer Herzkrankheit nachgewiesen und die krankheitsverursachenden Gene identifiziert werden konnten. Bis heute gibt es noch keine Analysen, die die möglichen Mendelschen Vererbungsmuster von Herzinfarkt und koronarer Herzkrankheit systematisch untersucht haben. Aus diesem Grund werden in der Beispielstudie in diesem Kapitel die Vererbungsmuster in Mehrgenerationen-Familien mit Herzinfarkt ermittelt. Ferner sollen neue chromosomale Loci, die mit dem Herzinfarkt gekoppelt sind, aufgedeckt werden. Die Identifizierung von monogenen Formen einer Erkrankung ist von immenser Bedeutung, da die Wirkung des identifizierten Gens besser beobachtet werden kann als bei komplexen Formen.

Zunächst werden in Abschnitt 3.2 die Methoden, die bei Kopplungsanalysen verwendet werden, erläutert. Es schließt sich die Beschreibung des Anwendungsbeispiels an, welches sich mit genomweiten Kopplungsanalysen in Großfamilien mit Herzinfarkt befasst (Abschnitt 3.3). Die Vor- und Nachteile von Kopplungsanalysen werden abschließend in Abschnitt 3.4 aufgezeigt.

3.2 Methoden

Zu Beginn werden in Abschnitt 3.2.1 die Basisidee und in Abschnitt 3.2.2 Fehler, die die zugrunde liegenden Annahmen von Kopplungsstudien verletzen können, beschrieben. Es folgt die Darstellung der Konzepte von modellbasierten (Abschnitt 3.2.3) und modellfreien (Abschnitt 3.2.4) Kopplungsanalysen. Wie man die statistische Power bei Kopplungsanalysen bestimmt, wird in Abschnitt 3.2.5 erläutert. Ferner werden Methoden zur Aufdeckung von Genotypisierungsfehlern in Abschnitt 3.2.6 dargestellt. Abschließend befasst sich Abschnitt 3.2.7 mit der Bestimmung asymptotischer p-Werte und LOD-Scores.

3.2.1 Basisidee

Mit Hilfe von Kopplungsanalysen kann überprüft werden, ob die Allele an zwei oder mehreren verschiedenen Genorten innerhalb eines Stammbaumes gemeinsam oder unabhängig voneinander vererbt werden. Mit anderen Worten: Mit Kopplung kann die Abweichung vom dritten Mendelschen Gesetz, welches die freie Kombinierbarkeit von Genen beinhaltet, gezeigt werden. Wenn die Allele an den untersuchten Genorten überproportional häufig gemeinsam vererbt werden, so wird die Nullhypothese (H_0): „Loci sind ungekoppelt" zugunsten der Alternativhypothese (H_1): „Loci sind gekoppelt" verworfen.

Bei Kopplungsanalysen unterscheidet man prinzipiell zwei verschiedene Verfahren. Auf der einen Seite werden modellbasierte Verfahren verwendet (siehe Abschnitt 3.2.3). Diesen Analysen liegt ein vorab definiertes Vererbungsmodell zugrunde, welches man beispielsweise mit Hilfe von Segregationsanalysen bestimmen oder von anderen Studien ableiten kann. Auf der anderen Seite werden modellfreie Kopplungsanalysen benutzt (siehe Abschnitt 3.2.4). Hierfür sind keine Annahmen über das genetische Modell nötig. Die Basisidee besteht darin, dass überprüft wird, ob kranke Individuen in einem Stammbaum mehr Allele gemeinsam haben, als es ohne das Vorliegen von Kopplung erwartet wird.

3.2.2 Fehlerquellen und mögliche Lösungsansätze

Ähnlich wie bei Segregationsanalysen kann bei modellbasierten und modellfreien Kopplungsanalysen die Verletzung verschiedener Annahmen zu verzerrten Ergebnissen führen. Es können auf der einen Seite falsch-positive Ergebnisse auftreten. Auf der anderen Seite kann die Verletzung einiger Modellannahmen dazu führen, dass Loci nicht gefunden werden. Ziegler und König (2006, Kapitel 6) empfehlen die folgenden Fehlerquellen möglichst zu minimieren:

1. **Stammbaum- oder Genotypisierungsfehler:**
   Diese Fehler können durch verschiedene statistische Analysen reduziert werden. Mit der Aufdeckung von Stammbaumfehlern befasst sich Abschnitt A.1.2 im Anhang. Der Umgang mit Genotypisierungsfehlern wird in diesem Kapitel in Abschnitt 3.2.6 beschrieben. Sind die Stammbaumstrukturen anhand der Analysen validiert und Genotypisierungsfehler entfernt, so stellen Stammbaum- oder Genotypisierungsfehler, insofern sie nicht in zu großer Anzahl auftreten, dass sich die Analysen erübrigen, keine weiteren Probleme mehr dar.

2. **Falschklassifizierung der Phänotypen:**
   Bei der Analyse komplexer Phänotypen, wie z. B. dem Herzinfarkt, ist häufig das Erstmanifestationsalter jenseits der 50 Jahre. Dies erzeugt zwei Probleme bei der Analyse. Auf der einen Seite sind die vorhergehenden Generationen des Indexpatienten, d. h. die Person über die die Familie rekrutiert wird, beim ersten Auftritt der Erkrankung bereits verstorben und können somit weder genetisch noch phänotypisch untersucht werden. Der Phänotyp wird dann in der Regel anamnestisch erhoben, das bedeutet die Indexpatienten werden befragt, ob ihre Eltern oder Großeltern ebenfalls erkrankt waren. Anamnestische Phänotypisierungen sind wesentlich kritischer zu betrachten als tatsächliche Untersuchungen. Oft sind Erkrankungen in den vorhergehenden Generationen möglicherweise nicht bekannt oder wurden sogar verheimlicht. Auf der anderen Seite ist die Kindergeneration des erkrankten Indexpatienten meist noch nicht erkrankt, da das Erstmanifestationsalter noch nicht erreicht ist. Da sowohl in den Generationen vor, als auch nach dem Indexpatienten von keinem Individuum sicher gestellt werden kann, ob es nicht doch erkrankt war, ist oder wird, werden so genannte „affected only"-Analysen durchge-

führt. Wie der Name schon sagt, werden alle erkrankten Individuen als „betroffen" ausgewertet. Alle anderen Individuen gehen nicht mit dem Status „gesund", sondern mit dem Status „unbekannt" in die Analyse ein.

3. **Falschklassifizierung der Allelhäufigkeiten:**
Eine weitere Annahme bei Kopplungsanalysen besteht darin, dass die Allelhäufigkeiten an einem Marker korrekt spezifiziert sein und den Allelhäufigkeiten in der Bevölkerung entsprechen müssen. Falschklassifizierungen der Allelhäufigkeiten treten vor allem auf, wenn die Studienteilnehmer, die genotypisiert werden, extrem selektiert sind. Ferner können viele fehlende Daten in den Gründern der Familie dazu führen, dass die geschätzten Allelhäufigkeiten nicht der Realität entsprechen.

4. **Markeranzahl ausreichend groß:**
Um sicherzustellen, dass alle krankheitsfördernden und krankheitsauslösenden Loci tatsächlich identifiziert werden, sollte für genomweite Kopplungsanalysen eine ausreichende Anzahl an Markern genotypisiert werden. Das bedeutet ebenso, dass davon ausgegangen werden muss, dass ein hinreichend großes Kopplungsungleichgewicht zwischen Markern und Krankheitslocus besteht.

5. **Falsche Spezifizierung des Vererbungsmodells:**
Bei modellbasierten Analysen ist die Definition des korrekten Vererbungsmodells von enormer Bedeutung. Falschen Annahmen über die zugrunde liegende Penetranzfunktion, die Allelfrequenzen am Krankheitslocus oder Fehlern in den Mutationsraten können die Ergebnisse einer Kopplungsanalyse erheblich beeinflussen. Ein Lösungsansatz ergibt sich, indem kombinierte Segregations- und modellbasierte Kopplungsanalysen durchgeführt werden. Die Modelle aus der Segregationsanalyse liefern bei einem solchen Vorgehen die Grundlage für die Kopplungsanalysen.

3.2.3 Modellbasierte Verfahren

Modellbasierte Kopplungsanalysen wurden erstmals von Morton (1955) eingeführt. Die folgende Beschreibung des Modells und die verwendeten Notationen basieren

3.2 Methoden

auf der Darstellung von Ziegler und König (2006, Kapitel 6).
Für das Modell ist die Definition der Rekombinationsfrequenz notwendig. Sie beschreibt die Wahrscheinlichkeit für eine gerade Anzahl an Rekombinationen, d. h. die Anzahl von chromosomalen Segmentaustauschen zwischen zwei homologen Chromosomen, die auch als „Crossing Over" bezeichnet wird. Die Rekombinationsfrequenz wird aus der Verteilung der rekombinanten Kinder geschätzt und i. d. R. in centiMorgan (cM) oder Basenpaaren angegeben. Bei Männern entspricht 1 cM im Durchschnitt 1,05 Mega-Basenpaaren (Mb). Bei Frauen entspricht 1 cM im Durchschnitt 0,7 Mb. Der für das Geschlecht gemittelte Wert für 1 cM beträgt 0,88 Mb. Hieraus ergibt sich, dass eine Rekombinationsfrequenz von 1% ungefähr mit einem Abstand von 1 cM vergleichbar ist.

Die Rekombinationsfrequenz beträgt 50% für Loci, die unabhängig voneinander vererbt werden oder die auf verschiedenen Chromosomen liegen. Ist hingegen die Rekominationsfrequenz $\theta < 0,5$, so weist dies auf Kopplung zwischen zwei Loci hin. In diesem Fall wird von Kosegregation der Marker gesprochen. Die Hypothesen, die bei modellbasierten Kopplungsanalysen getestet werden, ergeben sich folgendermaßen:

$$H_0 : \theta = 0,5 \quad \text{vs.} \quad H_1 : \theta < 0,5 \tag{3.1}$$

Zum Testen dieser Hypothesen werden bei modellbasierten Kopplungsanalysen im Allgemeinen Maximum-Likelihood-Quotiententests verwendet. Unter der Annahme, dass die Anzahl der beobachteten Rekombinationen k binomial-verteilt mit dem Parameter θ ist, gilt für n Meiosen:

$$L(\theta) \propto \theta^k (1-\theta)^{n-k} \tag{3.2}$$

$L(\theta)$ wird auch als Kern der Likelihood bezeichnet.

Die maximierte Likelihoodratio-Statistik $\Lambda(\theta)$ ergibt sich aus dem Quotienten zweier Likelihood-Kerne. Der Zähler beinhaltet die Likelihood des untersuchten Markers. Der Nenner enthält die Likelihood unter den Bedingungen der Nullhypothese:

$$\Lambda(\theta) = \frac{L(\theta)}{L(\theta)|_{\theta=0,5}} \tag{3.3}$$

Gleichung 3.3 beschreibt die Chance für Kopplung an der Rekombinationsfrequenz θ. Der dekadische Logarithmus dieser Statistik $\log [\Lambda(\theta)]$ wird auch als LOD-Score bezeichnet. Dieser Begriff steht für die englische Bezeichnung „logarithm of the odds".

Aus historischen Gründen wird der LOD-Score in genetisch-epidemiologischen Studien der maximierten Likelihoodratio-Statistik vorgezogen.

Zur Schätzung der Likelihoods müssen verschiedene Parameter, die die Erkrankung genauer umschreiben, spezifiziert werden. Hierzu gehören die Penetranz und die Häufigkeit des Allels, das die Krankheit verursacht. Eine Beschreibung dieser Parameter findet sich im Anhang in Abschnitt A.1.3. Mit diesen Informationen werden die Likelihoods bei gegebenen Stammbaumdaten exakt berechnet oder geschätzt. Wenn die Phasen bekannt sind, d. h. wenn alle phänotypischen und genotypischen Informationen für alle Individuen in der Familie vorliegen und die genetischen Marker derart beschaffen sind, dass alle Rekombinationen in den Nachkommen verfolgt werden können, so kann die Likelihood exakt bestimmt werden. Wenn hingegen nur ein Elternteil homozygot ist oder sogar Genotypen fehlen, dann ist die Phase unbekannt und für jedes Nachkommen können nur Wahrscheinlichkeiten für eine Rekombination angegeben werden.

Bei der Betrachtung mehrerer unabhängiger Stammbäume wird sich der besonderen Eigenschaft der Additivität der LOD-Scores bedient. Somit können die Likelihoods einfach addiert werden. Folglich ergibt sich aus der Summe der Likelihoods $L_1, L_2, \ldots, L_N$ von N Familien der gemeinsame LOD-Score aller Familien:

$$\begin{aligned} \text{LOD}(\theta) &= lg \left[\frac{L_1(\theta)}{L_1(\theta)|_{\theta=0,5}} \cdot \frac{L_2(\theta)}{L_2(\theta)|_{\theta=0,5}} \cdot \ldots \cdot \frac{L_N(\theta)}{L_N(\theta)|_{\theta=0,5}} \right] \\ &= \text{LOD}_1(\theta) + \text{LOD}_2(\theta) + \ldots + \text{LOD}_N(\theta) \end{aligned} \qquad (3.4)$$

Eine weitere Eigenschaft modellbasierter Kopplungsanalysen besteht darin, dass benachbarte Marker ähnliche Ergebnisse liefern sollten.

Darüber hinaus schlägt Morton (1998) vor, aus der Höhe eines LOD-Scores folgende Aussagen zu treffen:

LOD > 1	$\rightarrow$	Typisierung weiterer Marker in der näheren Umgebung
LOD > 3	$\rightarrow$	signifkante Kopplung auf Autosomen
LOD < -2	$\rightarrow$	Ausschluß von Kopplung
LOD > 2	$\rightarrow$	signifkante Kopplung auf Gonosomen

Diese Zahlen werden damit begründet, dass umgerechnet bei einem LOD-Score von eins mit einer 17%tigen Wahrscheinlichkeit Kopplung vorliegt. Entsprechend mit einer Wahrscheinlichkeit von 67% ein LOD-Score von zwei. Ein LOD-Score von drei geht mit einer Wahrscheinlichkeit von 95% und einem entsprechenden α-Fehler von $1x10^{-4}$ einher.

Nach diesen ersten Empfehlungen von Morton (1998) wurde lange diskutiert, wie die Grenzen für das Vorliegen von Kopplung zu setzen sind. Die Grenzen sind von vielen Faktoren abhängig. Unter anderem ist entscheidend, wieviele Marker und welche Familienformen untersucht werden, denn mit Geschwisterpaaren können andere LOD-Scores erzielt werden, als mit Mehrgenerationen-Stammbäumen. Ziegler und König (2006, Kapitel 6) stellen die einzelnen Diskussionspunkte zusammen. Sie empfehlen, die Ergebnisse in einer zweiten Studie, die möglichst von einem anderen Forscher durchgeführt wurde, zu validieren. Ferner merken Ziegler und König (2006, Kapitel 6) an, dass die Identifizierung und funktionelle Charakterisierung des Krankheitsgens und der relevanten Mutation jegliche Diskussion über signifikante und nicht signifikante Kopplung erübrigen.

Es existieren zahlreiche Softwarepakete mit denen modellbasierte Kopplungsanalysen durchgeführt werden können. Eine Übersicht geben beispielsweise Ziegler und König (2006, Kapitel 6).

3.2.4 Modellfreie Verfahren

Die Basisidee modellfreier Kopplungsanalysen stammt von Penrose (1935). Die folgende Darstellung der Methoden basiert auf den Ausführungen von Ziegler und König (2006, Kapitel 7).

Im Wesentlichen untersuchen modellfreie Kopplungsanalysen, wie ähnlich sich zwei erkrankte verwandte Individuen sind. Es ist lediglich die Bestimmung des Anteils identischer Allele notwendig. Eine Spezifizierung des Krankheitsmodells, wie bei modellbasierten Kopplungsanalysen, ist nicht erforderlich.

Basis für die modellfreien Verfahren sind die beiden genetischen Ähnlichkeitsmaße „identity by state" (IBS) und „identity by descent" (IBD). Das IBS-Maß umfasst die Anzahl identisch vererbter Allele von einem beliebigen gemeinsamen Vorfahren. Die Anzahl identisch vererbter Allele vom gleichen gemeinsamen Vorfahren wird in der IBD-Statistik zusammengefasst.

Bei Mendelscher Vererbung haben zwei Geschwister eine 50%tige Chance ein Allel IBD zu besitzen. Anhand des IBD-Maßes kann somit untersucht werden, ob Ge-

3.2 Methoden

schwisterpaare häufiger ein gemeinsames Allel von ihren Eltern übertragen bekommen haben, als es unter normalen Umständen der Fall wäre. Diese Fragestellung ist gleichzeitig das Grundprinzip von modellfreien Kopplungsanalysen. Die Basisidee besteht darin, dass ein verwandtes Individuenpaar, welches sich phänotypisch sehr ähnlich ist, sich genotypisch ebenfalls ähnlich sein sollte. Die genotypische Ähnlichkeit wird dann genau an dem genetischen Loci, der für die Ausprägung des Phänotyps relevant ist, beobachtet.

Für betroffene Geschwisterpaare eignen sich zum Testen dieser Situation zahlreiche statistische Testverfahren. Ein sehr intuitiver Test, um modellfreie Kopplung in betroffenen Geschwisterpaaren zu entdecken, ist z. B. der χ^2-Anpassungstest. In diesem werden die beobachtete und die erwartete IBD-Verteilung miteinander verglichen. Die zugehörigen Hypothesen lassen sich wie folgt formulieren:

$$H_0 : (z_0, z_1, z_2) = (\frac{1}{4}, \frac{1}{2}, \frac{1}{4}) \quad \text{vs.} \quad H_1 : (z_0, z_1, z_2) \neq (\frac{1}{4}, \frac{1}{2}, \frac{1}{4}) \quad (3.5)$$

Hierbei sei $z_j = P(\text{IBD} = j)$. Mit anderen Worten gilt unter der Nullhypothese, dass jeweils mit 25% Wahrscheinlichkeit das betroffene Geschwisterpaar keine oder beide Allele identisch von den Eltern übertragen bekommt. Entsprechend erhält das betroffene Geschwisterpaar mit 50% Wahrscheinlichkeit ein identisches Allel von den Eltern. Einen Überblick über weitere Teststatistiken im Rahmen von modellfreien Kopplungsanalysen bei Geschwisterpaaren geben Ziegler und König (2006, Kapitel 7).

Der erste Vorschlag zur Übertragung der Konzepte der modellfreien Kopplung von betroffenen Geschwisterpaaren auf beliebige Verwandtschaftsbeziehungen stammt von Weeks und Lange (1988) und heißt „Affected pair"-Methode. Das Verfahren basiert allerdings auf der IBS-Statistik. Das bedeutet, dass in der Teststatistik der Methode nicht berücksichtigt wird, ob das gemeinsame Allel vom selben Vorfahren stammt. Dies führt dazu, dass die statistische Macht Kopplung zu entdecken bei IBS-Statistiken geringer als bei IBD-Statistiken ist.

Eine modellfreie Kopplungsanalyse auf Basis der IBD-Statistik beschreiben Kruglyak et al. (1996). Die Autoren führen den NPL-Score (engl: nonparametric linkage) ein. Dieser bildet die Anzahl gemeinsamer Allele vom gleichen Vorfahren von kranken Individuen in einem Stammbaum ab. Problematisch ist, dass der NPL-Score, sobald die Vererbungsinformation unvollständig ist und damit die Varianz der Teststatistik überschätzt wird, sehr konservativ ist. Da in der Praxis unvollständige Vererbungsinformation keine Ausnahme sind, schlagen Kong und Cox (1997) als Ausweg eine Likelihoodratio-Statistik vor. Mit diesem Modell können die NPL-Scores auch in LOD-Scores umgewandelt werden.

Einen Überblick über Softwarepakete, in denen die hier beschriebenen modellfreien Verfahren implementiert sind, geben z. B. Ziegler und König (2006, Kapitel 7).

3.2.5 Poweranalysen

Für eine Kernfamilie kann mit Hilfe einiger Annahmen über das Vererbungsmodell und die verfügbaren Daten innerhalb dieser Familie die Teststärke, Kopplung zu entdecken, berechnet werden. Ferner ist es bei einfachen Mendelschen Erkrankungen möglich, die Erhöhung des LOD-Scores durch die Genotypisierung weiterer Familienmitglieder zu bestimmen. Es wird berechnet, wie viele Meiosen notwendig sind, damit der erwünschte LOD-Score mit einer vorgegebenen Sicherheit erreicht wird (Ziegler und König, 2006, Kapitel 6). Bei komplexen Erkrankungen treten jedoch die bereits in Abschnitt 1.3 diskutieren Phänomene Phänokopien oder reduzierte Penetranz auf. Somit kann die Anzahl der informativen Meiosen nicht eindeutig bestimmt werden.

Um die Power dennoch abzuschätzen, werden Simulationen, z. B. mit dem Softwarepaket SLINK (Ott, 1989; Weeks et al., 1990), durchgeführt. Hierfür müssen zunächst alle Informationen zu einem Stammbaum zusammengetragen werden. Dies beinhaltet auf der einen Seite den Phänotyp. Auf der anderen Seite ist von Interesse, ob von einem Individuum DNA vorliegt und somit eine Genotypisierung möglich ist. Anschließend kann für ein bestimmtes Vererbungsmodell die Power des Stammbaums geschätzt werden. Hierzu werden für die Individuen im Stammbaum die Markergenotypen, unter der Bedingung von gegebenen Rekombinationsfrequenzen zwischen Marker und Krankheitslocus, simuliert. Für jede Simulation wird ein LOD-Score bestimmt. Aus der Verteilung der simulierten LOD-Scores wird schließlich der erwartete LOD-Score (engl: expected, Abk: ELOD) bestimmt (Terwilliger und Ott, 1994):

$$\mathrm{ELOD} = \mathrm{E}[Z(\theta)] \approx \frac{1}{n}\sum_{i=1}^{n} \mathrm{E}[Z_i(\theta)] \qquad (3.6)$$

Hierbei gibt n die Anzahl der Simulationen an. $\mathrm{E}[Z_i(\theta)]$ bildet den LOD-Score an der Stelle θ in Replikat i ab. Aus dem ELOD kann somit abgelesen werden, welcher LOD-Score im Durchschnitt von einem Stammbaum zu erwarten ist. Analog

3.2 Methoden

zu LOD-Scores gilt auch für ELODs die Additivitätseigenschaft. In manchen Studien wird zusätzlich das Maximum über alle ELODs hinweg betrachtet. Der maximierte ELOD (engl: maximized expected lod score, Abk: MELOD) liegt in den meisten Fällen etwas höher als der ELOD. Asymptotisch betrachtet sind diese beiden Statistiken jedoch identisch, so dass dem MELOD keine weitere Bedeutung zukommt und Terwilliger und Ott (1994) von der Betrachtung des MELODs abraten.

3.2.6 Aufdeckung von Genotypisierungsfehlern

Bei Kopplungsanalysen treten im Wesentlichen zwei Arten von Fehlern auf, die man durch statistische Analysen im Nachhinein entdecken und beheben kann. Auf der einen Seite können Stammbaumfehler vorkommen. Dieser Fehlerquelle und deren Konsequenzen widmet sich Abschnitt 2.3.4 im vorherigen Kapitel und Abschnitt A.1.2 im Anhang. Auf der anderen Seite können Genotypisierungsfehler, d. h. Unterschiede zwischen dem genotypisierten und dem tatsächlichen Genotyp, auftreten. Die verschiedenen Ursachen, die zu Genotypisierungsfehlern genetischer Marker führen können, sind im Detail von Ziegler und König (2006, Kapitel 4) beschrieben. Sowohl unentdeckte Stammbaumfehler, als auch unentdeckte Genotypisierungsfehler, können die Teststärke Kopplung zu entdecken erheblich reduzieren oder falsch-positive Ergebnisse bewirken. Ein verbreiteter Ansatz um Genotypisierungsfehler zu lokalisieren besteht darin, den Stammbaum auf Inkonsistenzen mit den Mendelschen Gesetzen zu überpüfen. Für eine geringe Anzahl an Markern können Mendelfehler grundsätzlich mittels visueller Qualitätsprüfung entdeckt werden. Für eine genomweite Analyse ist eine Software wie beispielsweise PEDCHECK (O' Connell und Weeks, 1998) zum Aufdecken aller Mendelfehler hilfreich. Mit PEDCHECK können sowohl autosomale, als auch X-chromosomale Fehler entdeckt werden. In PEDCHECK wird jeder Marker für sich analysiert, so dass die Gesamtzahl der untersuchten Marker unbegrenzt ist. Ferner sind in dieser Software vier verschiedene Algorithmen zur Identifizierung von Fehlern implementiert. Unter anderem können die folgenden Fehler mit diesen Algorithmen herausgefunden werden:

- die Allele von einem Kind und einem Elternteil sind unvereinbar,

3.2 Methoden

- es tauchen mehr als vier Allele bei blutsverwandten Individuen auf,

- obwohl ein Kind homozygot ist, tauchen bei den Kindern drei verschiedene Allele auf,

- an X-chromosomalen Markern gibt es homozygote Männer.

Nachdem die Marker und Personen erkannt sind, an denen es Abweichungen von den Mendelschen Vererbungsmustern gibt, muss im nächsten Schritt für jeden Marker und jedes Individuum die Anzahl der Abweichungen betrachtet werden. Je nachdem wie groß die Anzahl der Fehler ist, werden dann einzelne Genotypen, Marker oder Individuen für die Analyse entfernt. Dabei wird bei der Behebung der Fehler zwischen tatsächlichen Mendelfehlern und Genotypisierungsfehlern unterschieden, die i. d. R. folgendermaßen behoben werden:

1. **Hohe Fehleranzahl bei zwei oder mehr Individuen an unterschiedlichen Markern:**
   Ist die Anzahl der Fehler innerhalb einer Kernfamilie zwischen zwei Personen besonders hoch, so liegt meist ein tatsächlicher Mendelfehler vor. Dieser kann durch Entfernen einer der entsprechenden Personen im Stammbaum behoben werden. Häufig passen beispielsweise die Genotypen von Vater und Kind nicht zueinander. In diesem Fall muss für die Mutter ein zweiter Partner mit unbekannten Phänotypen und unbekannten Genotypen eingefügt werden, der den richtigen Vater des Kindes darstellt. Gibt es keine weiteren Kinder zwischen dem ursprünglich angegeben Vater und der Mutter, so wird dieser aus dem Stammbaum entfernt, da er für die Kopplungsanalysen nicht mehr informativ ist.

2. **Hohe Fehleranzahl bei unterschiedlichen Individuen an identischen Markern:**
   Marker, an denen zahlreiche Fehler bei vielen verschiedenen Personen auftreten, deuten darauf hin, dass die Genotypisierung des Markers problematisch war. Aus diesem Grund sollten diese Marker bei Kopplungsanalysen nicht verwendet werden.

3. **Geringe Fehleranzahl bei verschiedenen Individuen an unterschiedlichen Markern:**
Einzelne Abweichungen vom Mendelschen Gesetz in unterschiedlichen Individuen und an verschiedenen Markern lassen auf Genotypisierungsfehler schließen. Wenn sie weder systematisch an bestimmten Personen, noch systematisch an einzelnen Markern auftreten, so werden sie behoben, indem sie an der entsprechenden Stelle auf „unbekannt" gesetzt werden.

3.2.7 Bestimmung von empirischen p-Werten und empirischen LOD-Scores

Bei der Interpretation von modellbasierten und modellfreien Kopplungsanalysen ist es sehr wichtig, zwischen wahren Ergebnissen und Ergebnissen, die per Zufall entstanden sind, zu unterscheiden. Hierfür sollte untersucht werden, wie wahrscheinlich eine interessante Kopplungsregion mit ähnlicher Größe für den analysierten Stammbaum ist. Zu diesem Zweck können empirische p-Werte und LOD-Scores mit dem folgenden Algorithmus bestimmt werden:

1. Zunächst werden mit modellbasierten und modellfreien Kopplungsanalysen asymptotische LOD-Scores (LOD_{asym}) berechnet.

2. Zur Bestimmung von asymptotischen p-Werten (p_{asym}) wird die asymptotische Likelihood-Ratio-Teststatistik (LRT_{asym}), die man aus LOD_{asym} erhält, berechnet:

$$p_{asym} = 1 - \Phi(\sqrt{LRT_{asym}}) = 1 - \Phi(\sqrt{2 \cdot \ln(10) \cdot LOD_{asym}}) \qquad (3.7)$$

3. Im nächsten Schritt werden empirische p-Werte (p_{emp}) mittels Simulationen bestimmt:

$$p_{emp} = \frac{\#\,\text{Ereignisse}(LOD_{sim} \geq LOD_{asym})}{\#\,\text{Simulationen}} \qquad (3.8)$$

Die Simulationen können beispielsweise mit der Software MERLIN (Abecasis et al., 2002) durchgeführt werden. In dem dort implementierten Algorithmus werden zufällige Markerdaten erzeugt. Basis für die simulierten Daten ist die

3.3 Anwendungsbeispiel

Familienstruktur der ursprünglichen Daten, die Allelfrequenzen und die tatsächlichen Abstände zwischen den Originalmarkern, sowie die Struktur der fehlenden Werte. Die Daten werden unter der Nullhypothese simuliert und alle phänotypischen Merkmale werden dabei erhalten.

4. Die empirischen LOD-Scores (LOD_{emp}) ergeben sich durch erneute Umstellung von Formel 3.7. In diesem Fall werden allerdings die empirischen p-Werte eingesetzt:

$$p_{emp} = 1 - \Phi(\sqrt{LRT_{emp}})$$
$$p_{emp} = 1 - \Phi(\sqrt{2 \cdot \ln(10) \cdot LOD_{emp}})$$
$$\Phi(\sqrt{2 \cdot \ln(10) \cdot LOD_{emp}}) = 1 - p_{emp}$$
$$\sqrt{2 \cdot \ln(10) \cdot LOD_{emp}} = \Phi^{-1}(1 - p_{emp})$$

Eine Fallunterscheidung liefert:
1. Fall:

$$2 \cdot \ln(10) \cdot LOD_{emp} = (\Phi^{-1}(1 - p_{emp}))^2$$
$$LOD_{emp} = \frac{(\Phi^{-1}(1 - p_{emp}))^2}{2 \cdot \ln(10)} \qquad (3.9)$$

2. Fall:

$$2 \cdot \ln(10) \cdot LOD_{emp} = -(\Phi^{-1}(1 - p_{emp}))^2$$
$$LOD_{emp} = -\frac{(\Phi^{-1}(1 - p_{emp}))^2}{2 \cdot \ln(10)} \qquad (3.10)$$

3.3 Anwendungsbeispiel: Genomweite Kopplungsanalysen in Großfamilien mit Herzinfarkt

Zunächst wird in Abschnitt 3.3.1 die Studienpopulation beschrieben. Anschließend wird in Abschnitt 3.3.2 die Qualitätskontrolle, die für diese Studie vorgenommen wurde, erläutert. Des Weiteren werden in Abschnitt 3.3.3 und im Anhang in Abschnitt A.3 die Ergebnisse dieser Kopplungsanalyse dargestellt. Abschließend wird eine Einordnung in die aktuelle Literatur gegeben und einige Ansätze zur weiteren Untersuchung der Loci, die in diesen Kopplungsanalysen identifiziert wurden, beschrieben (Abschnitt 3.3.4).

3.3.1 Studienpopulation

Die Beispielstudie basierte auf der deutschen Herzinfarktfamilienstudie (Bröckel et al., 2002). Mit Hilfe von 200.000 Patientenakten aus 17 kardiovaskulären Rehabilitationszentren wurden für diese Studie Patienten mit einem Herzinfarkt vor dem sechzigsten Lebensjahr und positiver Familienanamnese identifiziert. Neben der ersten Kopplungsanalyse zum Herzinfarkt (Bröckel et al., 2002) konnten mit der deutschen Herzinfarktfamilienstudie auch heritable Phänotypen aus der Angiographie identifiziert werden (Fischer et al., 2005). Darüber hinaus wurden für Kandidatengenstudien, wie z. B. Linsel-Nitschke et al. (2008b), und zwei genomweite Assoziationsstudien (Samani et al., 2007; Erdmann et al., 2009) unabhängige Indexpatienten ausgewählt und in Fall-Kontroll-Studien untersucht. Die deutsche Herzinfarktfamilienstudie diente als Basis für die Rekrutierung der Mehrgenerationen-Familien in der vorliegenden Studie. Um verwandte Individuen zweiten und dritten Grades, die ebenfalls an einem Herzinfarkt erkrankt waren, zu identifizieren, wurden in 124 Familien, die mindestens drei lebende Betroffene aufwiesen, zusätzliche Telefonbefragungen durchgeführt. Auf diese Weise konnten 25 Familien identifiziert werden. Das ursprüngliche Einschlusskriterium lautete:

„Familien mit mindestens drei lebenden Geschwistern und einer weiteren lebenden, verwandten Person zweiten oder dritten Grades mit Herzinfarkt."

War dieses Kriterium erfüllt, wurden alle gesunden und alle in der Familie am Herzinfarkt erkrankten Individuen rekrutiert, die bereit waren an dieser Familienstudie teilzunehmen.
Bei der Erstellung der Stammbäume ergaben sich jedoch einige Familien, die dieses initiale Einschlusskriterium nicht mehr erfüllten. Bei manchen Stammbäumen

3.3 Anwendungsbeispiel

wurde z. B. nur ein lebendes, betroffenes Geschwisterpaar und weitere lebende, betroffene und verwandte Individuen rekrutiert. In einer anderen Familie konnten nur drei lebende, betroffene Geschwister und keine weiteren lebenden, betroffenen und verwandten Personen rekrutiert werden. Da die Genotypisierung zum Zeitpunkt der Stammbaumerstellung schon begonnen hatte und die Stammbäume trotz leichter Verletzungen des Einschlusskriteriums Mendelsche Vererbungsmuster aufzeigten, wurden auch für solche Familien in dieser Studie Kopplungsanalysen durchgeführt, die von dem anfänglichen Einschlusskriterium abwichen. Es wurden die folgenden drei reduzierten Einschlusskriterien zugelassen:

1. „Mindestens drei lebende, an Herzinfarkt erkrankte Geschwister."

2. „Mindestens zwei lebende, an Herzinfarkt erkrankte Geschwister und zwei weitere lebende, an Herzinfarkt erkrankte und verwandte Personen zweiten oder dritten Grades."

3. „Mindestens zwei lebende, an Herzinfarkt erkrankte Geschwister, eine weitere lebende, an Herzinfarkt erkrankte und verwandte Person zweiten oder dritten Grades, sowie mindestens eine bereits verstorbene, an Herzinfarkt erkrankte Person, die einen genotypisierten Nachkommen besitzt."

Letztendlich mussten auf diese Weise nur zwei der 25 Familien (Familie G und Y) für die Kopplungsanalysen ausgeschlossen werden.
Ein weiteres Problem der Daten bestand darin, dass einige der Stammbäume Bilinearitäten aufwiesen. Bilinearitäten treten auf, wenn Personen, die in die Familie eingeheiratet haben, ebenfalls einen Herzinfarkt erlitten haben. Unter der Annahme, dass diesen Herzinfarkten entweder andere genetische Ursachen als die in der jeweiligen Familie vorliegen, oder diese Herzinfarkte sich aufgrund anderer, nicht genetischer Ursachen entwickelt haben, konnten diese Stammbäume für die Kopplungsanalysen verwendet werden. Jedoch musste der Phänotyp der entsprechenden Personen von „betroffen" in „unbekannt" geändert werden.
Wie bei der initialen Erhebung der deutschen Herzinfarktfamilienstudie haben alle Studienteilnehmer eine schriftliche Einverständniserklärung abgegeben und standardisierte Fragebögen bezüglich ihres kardiovaskulären Risikoprofils, ihres Lebenswandels und ihrer Medikation ausgefüllt. Beschreibende Statistiken zu diesem Studienkollektiv sind in Tabelle 3.1 dargestellt.

3.3 Anwendungsbeispiel

Tabelle 3.1: Beschreibende Statistiken der Großfamilien mit Herzinfarkt.
Dargestellt sind Mittelwerte (MW) und Standardabweichungen (SD) oder Häufigkeiten.

	Herzinfarkt	kein Herzinfarkt
Anzahl Individuen	133	373
Männer, %	66,9	47,1
Alter [Jahre], MW ± SD	62,7 ± 8,4	47,0 ± 14,3
Erstmanifestationsalter [Jahre], MW ± SD	54,9 ± 8,9	—
Systolischer Blutdruck [mm HG], MW ± SD	146,0 ± 20,4	130,8 ± 19,2
Diastolischer Blutdruck[mm HG], MW ± SD	84,7 ± 10,1	80,8 ± 10,3
Bluthochdruck, %	96,9	48,9
Gesamtcholesterin [mg/dl], MW ± SD	237,2 ± 48,3	237,8 ± 43,3
HDL Cholesterin [mg/dl], MW ± SD	51,7 ± 13,5	58,1 ± 14,7
LDL Cholesterin [mg/dl], MW ± SD	157,8 ± 41,9	151,0 ± 34,8
Diabetes, %	12,0	3,5
Rauchen (jemals), %	70,1	53,1
Rauchen (aktuell), %	11,9	27,5
Body Mass Index [kg/m^2], MW ± SD	27,0 ± 3,2	26,0 ± 4,3
Body Mass Index > 27,5 kg/m^2, %	48,1	31,8
Body Mass Index > 30,0 kg/m^2, %	14,8	15,3

Die zugehörigen Stammbäume sind im Abschnitt A.3 im Anhang abgebildet.

3.3.2 Qualitätskontrolle

Die Genotypisierung der Familien fand in drei Phasen statt. Einen Überblick über die einzelnen Abschnitte gibt Tabelle 3.2.

3.3 Anwendungsbeispiel

Tabelle 3.2: Überblick zu Genotypisierungsphasen der Studie.

Phase	Familien	Anzahl		Marker
		Individuen		
		genotypisiert	nicht genotypisiert	
I	10	175	195	384
II	15	355	187	364
III	10 Familien aus I, 5 Personen aus II	185	126	444
Gesamt	25	506	302	805

Zunächst wurden die Familien in zwei Gruppen aufgeteilt. In Phase I wurde die erste Gruppe mit 10 Familien an 384 Mikrosatelliten genotypisiert. Anschließend wurden in der zweiten Phase 364 Marker in den übrigen 15 Familien genotypisiert. Da zwischen den beiden Markersets der beiden ersten Phasen nur eine geringe Überlappung vorlag, wurden anschließend in einer dritten Phase die zehn Familien der ersten Phase mit dem Markerset aus der zweiten Phase genotypisiert. Um die Qualität der Marker sicherzustellen, wurden ebenfalls fünf Individuen aus der zweiten Phase erneut an dem zweiten Markerset genotypisiert.

Das Vorgehen bei der Qualitätskontrolle ist im Detail im Abschnitt A.3.1 im Anhang dargestellt. Letztendlich konnten für die Kopplungsanalysen 805 Mikrosatelliten verwendet werden. Der durchschnittliche Abstand zwischen zwei Markern betrug 4,35 cM. Problematisch war allerdings, dass einige Marker nicht in allen Familien zur Verfügung standen.

3.3.3 Ergebnisse

Im Folgenden werden zunächst die Ergebnisse der Segregations- und Poweranalysen erläutert. Die einzelnen Stammbäume und die zugehörigen Ergebnisse der Kopplungsanalysen sind im Anhang in Abschnitt A.3 dargestellt. Darüber hinaus wird in diesem Abschnitt ein Überblick über die Kopplungsergebnisse gegeben.

Segregationsanalysen

Die Betrachtung der Stammbäume dieser Studie bestätigte die Vermutung, dass autosomal-dominante Formen des Herzinfarkts existieren. Folgende Kriterien für autosomal-dominante Vererbung waren in nahezu allen Stammbäumen erfüllt:

- Beide Geschlechter waren gleichhäufig am Herzinfarkt erkrankt.

- An Herzinfarkt erkrankte Individuen traten in jeder Generation auf.

- War ein Individuum an einem Herzinfarkt erkrankt, dann war mindestens ein Elternteil ebenfalls an einem Herzinfarkt erkrankt.

- Die Übertragung des Herzinfarkts erfolgte i. d. R. von einem Elternteil auf die Hälfte der Kinder.

Klar erkennbar waren auch Stammbäume mit unvollständiger Penetranz. In den jüngsten Generationen gab es i. d. R. noch keine an Herzinfarkt erkrankten Individuen. Das Durchschnittsalter dieser Individuen lag ca. zehn Jahre unter dem Erstmanifestationsalter für Herzinfarkt.
Die Ergebnisse der Segregations- und Poweranalysen sind in Tabelle 3.3 dargestellt. Nur in den drei Familien E, I und K deuteten die Segregationsanalysen auf ein rezessives Mendelsches Modell hin. Bei den übrigen Familien war jeweils das dominante Modell mit reduzierter Penetranz das wahrscheinlichste Vererbungsmodell.

Tabelle 3.3: Ergebnisse Segregations- und Poweranalysen.
Dargestellt sind die Log-Likelihoods aus einem dominanten und rezessiven Modell mit 1% reduzierter Penetranz. Die Allelfrequenz des seltenen Allels betrug jeweils 1%. Das Modell mit dem kleineren Wert für -2ln L ist plausibler. Die Likelihoods wurden mit Hilfe der Software JPAP (Hasstedt, 2005) bestimmt. Für das plausiblere Modell sind jeweils erwartete LOD-Scores (ELOD) und die maximierten ELODs dargestellt. Die Simulationen wurden mit SLINK (Ott, 1989; Weeks et al., 1990) durchgeführt. Die Heterozygotenrate am simulierten Marker betrug hierbei 0,8, die Rekombinationsfrequenz 0,05. In der Simulationsstudie wurden 10.000 Simulationen auf Basis der Allelfrequenzen und Penetranzen, die bereits bei den Segregationsanalysen verwendet wurden, durchgeführt.

Familie	Größe	$-2\ln L$ dominant	$-2\ln L$ rezessiv	ELOD	MELOD
A	23	36,0	90,5	0,46	1,71
B	10	25,5	34,8	0,25	0,41
C	24	49,5	50,8	0,19	0,91
D	20	34,0	56,2	0,32	1,72
E	25	41,7	36,6	0,38	1,59
F	19	40,2	54,7	0,35	1,76
H	13	31,6	39,4	0,14	0,61
I	12	36,1	35,3	0,19	1,01
J	18	44,4	56,6	0,19	2,08
K	25	46,6	45,8	0,02	0,35
L	15	27,1	43,2	0,13	0,61
M	16	24,6	37,2	0,18	0,98
N	25	45,6	48,1	0,25	1,44
O	21	33,8	54,1	0,16	0,85
P	18	43,1	50,6	0,21	1,42
Q	23	42,8	47,0	0,23	1,21
R	15	38,9	47,2	0,25	1,10
S	22	44,5	52,4	0,24	1,01
T	6	13,5	31,1	0,09	0,50
U	21	36,4	50,7	0,41	1,11
V	21	27,6	56,7	0,20	1,07
W	22	54,2	69,2	0,18	1,90
X	18	43,8	48,3	0,25	1,13

3.3 Anwendungsbeispiel

Übersicht der Loci

Wie bereits in Abschnitt 1.3 diskutiert, sollte bei der Analyse von komplexen Erkrankungen, wie dem Herzinfarkt, mit Heterogenitäten gerechnet werden. Auch die hier analysierten Familien waren extrem unterschiedlich. In einem Großteil der Familien gab es sowohl männliche, als auch weibliche erkrankte Individuen. In den Familien Q und X fanden sich jedoch z. B. nur männliche Individuen mit Herzinfarkt. Auch das Erstmanifestationsalter variierte zwischen den Familien erheblich. In Familie H betrug das Durchschnittsalter zum Zeitpunkt des ersten Herzinfarkts beispielsweise 63,5 (Standardabweichung: 3,8). In Familie Q lag hingegen das Erstmanifestationsalter mit 52,8 (Standardabweichung: 9,5) ca. 10 Jahre unter dem Erstmanifestationsalter von Familie H. Infolge der enormen phänotypischen Heterogenität zwischen den Familien war mit einer ebenso großen Locusheterogenität zu rechnen. Aus diesem Grund wurden die Analysen für jede Familie separat durchgeführt. Die detaillierten Ergebnisse jeder einzelnen Familie sind im Anhang in Abschnitt A.3 dargestellt. Eine Zusammenfassung der Loci gibt Tabelle 3.4.

3.3 Anwendungsbeispiel

Tabelle 3.4: Übersicht über genetische Loci, die in den Großfamilien mit Herzinfarkt identifiziert wurden.
Dargestellt sind die empirischen LOD-Scores und zugehörigen p-Werte. Bei der modellbasierten Analyse wird ein dominantes und rezessives Modell mit jeweils 1% reduzierter Penetranz angenommen. Die Analysen wurden mit MERLIN (Abecasis et al., 2002) durchgeführt.

Familie	Position	Dominantes Modell		Rezessives Modell		Modellfrei	
		LOD-Score	p-Wert	LOD-Score	p-Wert	LOD-Score	p-Wert
X	1q42	2,16	0,0008	0,23	0,1534	1,59	0,0034
P	4q31	2,63	0,0003	0,27	0,1325	2,81	0,0002
Q	4q34	2,09	0,0010	0,40	0,0866	2,04	0,0011
R, T	8q24	2,40	0,0004	0,18	0,1806	2,25	0,0007
E	17q25,1	1,37	0,0061	3,21	0,0001	2,34	0,0005

Es konnten in vier unabhängigen Familien Loci auf den Chromosomen 1q42, 17q25,1 und zwei benachbarte Loci auf 4q31 und 4q34 identifiziert werden. Die beiden Loci auf Chromosom vier überschnitten sich zwar nicht, lagen allerdings direkt nebeneinander. Nur der Locus auf Chromosom 8q24 trat in zwei Familien unabhängig voneinander auf. Gemeinsam erreichten die beiden Familien R (Stammbaum im Anhang in Abbildung A.40) und T (Stammbaum im Anhang in Abbildung A.43) im dominanten Modell einen empirischen LOD-Score von 2,40 ($p_{emp} = 0,0004$) und im modellfreien Ansatz 2,25 ($p_{emp} = 0,0007$). Der Verlauf der LOD-Scores in diesen beiden Familien ist in Abbildung 3.1 dargestellt. Die Ergebnisse der Haplotypanalysen der beiden Familien sind im Anhang dargestellt (Familie R: Abbildung A.41; Familie T: Abbildung A.44). Die letzten beiden Marker des Haplotyps in Familie T entsprachen den ersten beiden Markern in Familie R. Falls die Herzinfarkte in beiden Familien tatsächlich auf der gleichen Mutation basieren, so befindet sich die relevante Variante in der Region dieser beiden Marker.

3.3 Anwendungsbeispiel

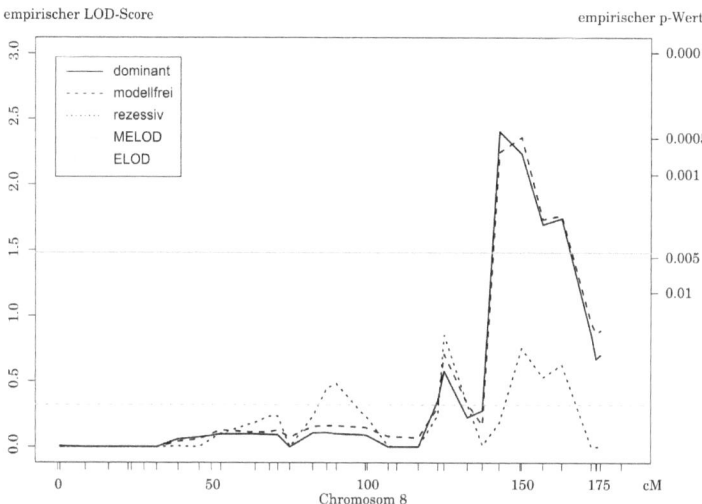

Abbildung 3.1: Verlauf der LOD-Scores auf Chromosom 8 in Familie R und T. Dargestellt sind die empirischen LOD-Scores (linke y-Achse) und p-Werte (rechte y-Achse) des dominanten, rezessiven und modellfreien Modells, sowie der erwartete LOD-Score (ELOD) und der maximale erwartete LOD-Score (MELOD) des dominanten Modells beider Familien. Auf der x-Achse ist die Position auf dem Chromosom in cM angegeben. Bei der modellbasierten Analyse wird jeweils 1% reduzierte Penetranz angenommen.

3.3.4 Weitere Analysen der Kopplungsergebnisse

Nachdem mittels Kopplungsanalysen mögliche krankheitsfördernde oder krankheitsauslösende Loci entdeckt werden konnten, muss im nächsten Schritt das zugehörige Gen identifiziert werden. Hierbei stellt die Größe der Regionen, die bei den meisten Kopplungsstudien und auch bei dieser Kopplungsanalyse aufgedeckt werden, ein enormes Problem dar. Tabelle 3.5 gibt eine Übersicht über die Größe der Regionen, die mittels der Großfamilien identifiziert werden konnten.

3.3 Anwendungsbeispiel

Tabelle 3.5: Überblick zur Größe der Regionen, die in den Großfamilien lokalisiert werden konnten. Dargestellt sind Anzahl der Gene in den Regionen und Veröffentlichungen, die in der Region ebenfalls Kopplung zu einem kardiovaskulären Phänotyp aufdecken konnten.

Chromosom	Anzahl		Literatur
	Basenpaare	Gene	
1	28,7 Mb	235	Hauser et al. (2004, koronare Herzkrankheit)
4	79,4 Mb	323	Wang et al. (2004, Herzinfarkt)
8	41,6 Mb	193	-
17	21,7 Mb	274	Farrall et al. (2006, Herzinfarkt und Rauchverhalten)

Mit jeweils mehr als 20 Mb sind die Regionen extrem groß. Dies spiegelt sich auch in der Anzahl der Gene wider, die sich in den Regionen befinden. Jedes Gen, in einer der Regionen oder in der direkten Nachbarschaft zu der Region, kann das Gen sein, welches die Herzinfarkte in der jeweiligen Familie verursacht.

Um das krankheitsauslösende Gen in einer Region zu identifizieren, werden i. d. R. zunächst die Gene eines Locus nach biologischer Plausibilität sortiert. Ein aus biologischer Sicht sehr plausibles Gen, was auf Chromosom 4q32,1 im Bereich der beiden Loci der Familien R und T liegt, ist z. B. das *FGA*-Gen. Dieses Gen kodiert für das Protein Fibrinogen. Dieses Protein wird in der Leber produziert und spielt eine zentrale Rolle in der Blutgerinnung. Mannila et al. (2007) haben beobachtet, dass eine erhöhte Plasma-Fibrinogen Konzentration das Herzinfarktrisiko erhöht. Ferner haben die Autoren SNPs im *FGA*-Gen identifiziert, die mit dem Herzinfarkt assoziiert sind.

Im nächsten Schritt wird für jedes Gen der kodierende Bereich, auch Exon genannt, des kompletten Gens sequenziert. Das bedeutet für einen Teil der betroffenen und nicht-betroffenen Familienmitglieder, i. d. R. pro Gruppe ein bis drei Individuen, wird die Abfolge der Basen in der DNA bestimmt. Wenn sich bei der Sequenzierung der interessanten Gene keine Mutationen finden, so sollten nach und nach auch die weniger plausiblen Gene untersucht werden. Es ist offensichtlich, dass dieser Ansatz für eine so große Anzahl an Genen in fünf verschiedenen Loci sehr zeitintensiv und mühsam ist.

Leider konnte auf diese Weise bisher weder in dieser Studie, noch in einer der anderen Studien, die für diese Regionen Kopplung zu kardiovaskulären Phänotypen gezeigt haben (siehe Tabelle 3.5), bis heute noch kein Gen identifiziert werden, das für die Entwicklung des Herzinfarkts relevant ist. Eine Ursache dafür könnte z. B. sein, dass die relevante Variante im nicht-kodierenden Bereich eines Gens, im so genannten Intron, liegt oder sich in einem aus biologischer Sicht unplausiblen Gen befindet, dass es auf der Liste der zu sequenzierenden Gene weit unten steht.

Eine Möglichkeit solch große Regionen systematisch aufzuarbeiten, bietet die Kombination von Kopplungsanalysen und genomweiten Assoziationsstudien (siehe Kapitel 5). Die Basisidee besteht darin, die Regionen aus den Kopplungsanalysen aus den genomweiten Daten zu extrahieren und anhand dieser Hypothesen mögliche Kandidatengene für die Sequenzierung zu generieren. Da es bei diesem Ansatz nicht um das Testen, sondern das Erzeugen von Hypothesen geht, kann das Signifikanzniveau in der genomweiten Analyse entsprechend liberal gewählt werden. Ungeachtet dessen sollte für die SNPs aus dem genomweiten Ansatz eine ausführliche Qualitätskontrolle, wie in Abschnitt 5.2.3 beschrieben, durchgeführt werden. Eine solche Kombination der Loci aus Kopplungsanalysen und genomweiten Daten wird im Moment für die Studie, die in diesem Kapitel vorgestellt wurde, durchgeführt.

3.4 Diskussion

Zunächst wird ein Vergleich von modellbasierten und modellfreien Kopplunganalysen durchgeführt. Anschließend wird die Bedeutung von Kopplungsanalysen für komplexe Erkrankungen diskutiert.

3.4 Diskussion

Modellbasierte vs. modellfreie Kopplungsanalysen

Indem Kopplungsanalysen zeigen, ob ein Genort und eine Erkrankung innerhalb einer Familie gemeinsam oder unabhängig voneinander vererbt werden, haben modellbasierte und modellfreie Kopplungsanalysen zwar das gleiche Ziel, die Vorgehensweisen sind jedoch vollkommen unterschiedlich. Während die Basisidee bei modellbasierten Kopplungsanalysen auf der Anzahl der Rekombinationen beruht, wird bei modellfreien Kopplungsanalysen die Anzahl gemeinsam vererbter Allele in den Mittelpunkt gestellt.

Ein wesentlicher Nachteil beider Verfahren besteht darin, dass sie von den Allelhäufigkeiten an den Markern abhängen, die in vielen Studien nicht den Allelhäufigkeiten in der Normalbevölkerung entsprechen. Insgesamt kann dieses Problem zu einem enormen Powerverlust führen, der nur mit extrem großen Stichproben zu beheben ist. Eine Stichprobenvergößerung ist bei der vorliegenden Studie aber beispielsweise nahezu unmöglich, da derartige Familien sehr selten vorkommen.

Neben den Allelfrequenzen müssen in modellfreien Kopplungsanalysen keine weiteren Annahmen getroffen werden. Bei modellbasierten Kopplungsanalysen kommen jedoch noch Annahmen zum Vererbungsmodell, den Krankheitshäufigkeiten und den Penetranzen hinzu. Zudem sind modellfreie Kopplungsanalysen wesentlich robuster als modellbasierte Kopplungsanalysen. Des Weiteren sind bei modellbasierten Kopplungsanalysen mindestens Kernfamilien notwendig, bei modellfreien Kopplungsanalysen reichen Geschwisterpaare aus.

Darüber hinaus können modellfreie Kopplungsanalysen ohne jegliche biologische Annahmen durchgeführt werden. Liegen allerdings Informationen zum Vererbungsmodus, z. B. aus Segregationsanalysen vor, so ist die statistische Macht Kopplung zu entdecken bei modellbasierte Kopplungsanalysen wesentlich größer. In diesem Fall ist bei modellfreien Kopplungsanalysen eine größere Stichprobe notwendig. Auch bei der Beispielstudie in diesem Kapitel lieferte die modellbasierte Kopplungsanalyse in fast allen Fällen größere LOD-Scores und entsprechend kleinere p-Werte. Die im Voraus durchgeführte Segregationsanalyse war somit von enormen Vorteil und bewirkte bessere Resultate der modellbasierten Kopplungsanalyse. Ferner besitzen modellbasierte Verfahren, hinter denen ein plausibles biologisches Modell steht, den Vorteil, dass das zugrunde liegende Modell als Basis für weitere Analysen in dem identifizierten Gen dienen kann. Modellfreie Verfahren liefern in dieser Situation keine weiteren Informationen.

3.4 Diskussion

Ein Nachteil beider Methoden besteht ebenso darin, dass die identifizierten Regionen enorm groß sind. Die Region auf Chromosom 1q42 ist beispielsweise mehr als 28 Mb groß und enthält 235 Gene. Die Identifizierung des kausalen Gens innerhalb dieses großen Locus ist somit sehr aufwendig.

Bedeutung von Kopplungsanalysen für komplexe Erkrankungen

Mit Hilfe von Kopplungsanalysen können auch für komplexe Erkrankungen monogene Loci identifiziert werden. Diese Loci können im nächsten Schritt funktionell weiter aufgearbeitet werden. Die Kenntnis der kausalen Gendefekte ist laut Schönberger und Ertl (2008) von immenser Bedeutung, denn dadurch wird ein besseres Verständnis der zugrunde liegenden Pathophysiologie gewonnen. Bei monogenen Formen einer Erkrankung kann die Genwirkung viel deutlicher beobachtet werden, als bei komplexen Formen. Hinzukommt, dass schon die Wirkung eines einzelnen Gens sehr komplex ist, denn meist herrscht auch an einem einzelnen Genort Pleiotropie. Das bedeutet, ein Gen wirkt an mehreren, oft ganz unterschiedlichen Stellen im physiologischen Geschehen und ist somit für mehrere Symptome verantwortlich. Möglicherweise erscheinen diese Symptome zudem zusammenhangslos. Bei monogenen Krankheitsformen lassen sich Pleiotropieeffekte wesentlich einfacher beobachten als bei komplexen Erkrankungen.

Weiterhin bildet die Identifizierung des kausalen Gendefektes die Basis für eine individuelle Behandlung von Patienten bei denen sich, wie beispielsweise beim Herzinfarkt, die Erkrankung erst im Verlaufe des Lebens manifestiert. Ferner können Individuen mit einer nachgewiesenen Variante frühzeitig fachärztlich und ursachennah betreut werden. Möglicherweise kann der weitere Krankheitsverlauf vorausgesagt werden. Zusätzlich könnte eventuell für Individuen, die die Variante nicht tragen, das Erkrankungsrisiko herabgesetzt werden.

4 Meta-analytische Verfahren in genetisch-epidemiologischen Assoziationsstudien

Meta-analysis of genetic association studies supports a contribution of common variants to susceptibility to common disease.

(Lohmüller et al., 2003)

4.1 Motivation

Genetische Assoziationsstudien sind ein äußerst hilfreiches Werkzeug, um krankheitsfördernde oder krankheitsauslösende genetische Varianten zu identifizieren und näher zu charakterisieren. In der Vergangenheit war es jedoch problematisch, dass sich genetische Assoziationsstudien nicht konsequent replizieren ließen. Eine Ursache dafür liegt in der genetischen und phänotypischen Heterogenität, die bei Studien zu komplexen Erkrankungen, wie in Abschnitt 1.3 beschrieben, auftritt.
Einen Ausweg aus dieser Misere bieten Meta-Analysen von populationsbasierten Assoziationsstudien. Einzelne Replikationsstudien werden darin gemeinsam analysiert. Für viele genetische Loci erhöht sich durch diese Herangehensweise die Wahrscheinlichkeit den Effekt zu replizieren.
Dieses Kapitel gibt eine Übersicht über die meta-analytischen Verfahren, die bei der statistischen Analyse genetisch-epidemiologischer Studien verwendet werden können (Abschnitt 4.2). Die Methoden werden anhand zweier Beispielstudien illustriert. Die erste Studie umfasst eine prospektiv geplante, gepoolte Analyse, die den Zusammenhang zwischen dem Chromosom 9p21,3 und koronarer Herzkrankheit untersucht (Schunkert et al., 2008a, Abschnitt 4.3). Im zweiten Anwendungsbeispiel wird eine genetische Variante im *LDLR*-Gen untersucht, die den LDL-Spiegel reduziert und damit das Risiko eine koronare Herzkrankheit zu entwickeln senkt (Linsel-Nitschke et al., 2008a, Abschnitt 4.4). Das Kapitel schließt mit einer Diskussion von Meta-Analysen (Abschnitt 4.5).

4.2 Methoden

Im Folgenden werden zunächst Aspekte der Studienplanung bei Meta-Analysen näher erläutert (Abschnitt 4.2.1). Anschließend werden Qualitätskontrollen und Einzelstudienanalysen bei Meta-Analysen beschrieben (Abschnitt 4.2.2). In Abschnitt 4.2.3 werden die meta-analytischen Modelle, die für die gemeinsame Analyse verwendet werden, eingeführt. Eine Übersicht über einige statistische Kennzahlen zur Bestimmung von Heterogenität in Meta-Analysen gibt Abschnitt 4.2.4. Ferner werden in Abschnitt 4.2.5 statistische Methoden vorgestellt, für die große Fallzahlen notwendig sind und die sich somit für Datensätze, die für eine Meta-Analyse erhoben wurden, eignen.

4.2.1 Studiendesign

Die Qualität und Aussagekraft einer Meta-Analyse hängt davon ab, in welcher Form die Daten für die Meta-Analyse erhoben wurden. In Abhängigkeit davon, ob nur Effekt- und Konfidenzschätzer, aggregierte Genotypen oder individuelle Genotypen vorliegen, können die Heterogenitäten zwischen den Studien im Modell besser geschätzt werden. Aus diesem Grund muss schon vor der Datenerhebung Klarheit darüber bestehen, welche Aussagen getroffen werden sollen.

Im Wesentlichen können vier verschiedene Meta-Analyse Typen unterschieden werden. Eine ausführliche Zusammenstellung dieser Studientypen findet sich in Blettner et al. (1999). Die wichtigsten Merkmale der einzelnen Designs sind in Tabelle 4.1 zusammengestellt.

Aus dieser Übersicht ist erkennbar, dass eine prospektiv geplante, gepoolte Analyse aus statistischer Sicht immer allen anderen Meta-Analyse Typen vorzuziehen ist. In diesem Studiendesign ist die Vergleichbarkeit der einzelnen Studien eher gewährleistet als in den Typen I, II und III. Allerdings existiert auch bei dieser Art von Meta-Analysen, im Gegensatz zu multizentrischen klinischen Studien, noch geringe Heterogenität zwischen den einzelnen Studienzentren. Beispielsweise könnten bei der Typ IV Meta-Analyse ethnische Unterschiede oder leichte Abweichungen im Studiendesign existieren. Der wesentliche Vorteil einer auf diese Art und Weise geplanten Studie besteht darin, dass im gemeinsamen Datensatz spezifische Fragestellungen untersucht werden können, die eine einzelne Studie nicht erlauben würde. Beispiele für solche Fragestellungen sind in Abschnitt 4.2.5 aufgeführt. Kleinere Unterschiede zwischen den einzelnen Studien fallen bei solchen Fragestellungen nicht ins Gewicht.

Da bei Meta-Analysen vom Typ I nicht die Möglichkeit besteht, eine quantitative Bewertung der Studienergebnisse durchzuführen, beziehen sich die im Folgenden beschriebenen Methoden nur auf Meta-Analysen vom Typ II, III und IV.

Tabelle 4.1: Studiendesigntypen bei Meta-Analysen. Zusammenstellung der Hauptaussagen von Blettner et al. (1999).

Merkmale	Vorteile	Limitationen
Typ I: Zusammenfassung (Review)		
qualitative Bewertung publizierter Ergebnisse	- geben bei sorgfältiger Durchführung einen guten Überblick über die aktuelle Forschungssituation - geringer Kosten- und Zeitaufwand	- keine quantitative Bewertung, welche Studien eingeschlossen werden - sehr subjektiv - stark von Publikationsverzerrung beeinflusst
Typ II: Meta-Analyse publizierter Daten		
quantitative Schätzung des gemeinsamen Effekts	- ohne Kooperationen und sogar ohne Zustimmung der Studienleiter möglich - geringer Kosten- und Zeitaufwand	- Publikationsverzerrung führt meist zur Überschätzung des Effekts - Modellierung der Studienheterogenitäten schwierig
Typ III: Retrospektive Meta-Analyse individueller Daten		
getrennte Datenerhebung, gemeinsame Datenauswertung	- einheitliche Einschlusskriterien - einheitliche Variablendefinitionen - Re-Analyse der Daten möglich - Aussagekraft in Subgruppen erhöht	- zeit- und kostenintensiv - Zusammenarbeit mit vielen Kooperationspartnern - Unterschiede in der Datenqualität lassen sich im Wesentlichen nicht mehr rückgängig machen
Typ IV: Prospektiv geplante, gepoolte Analyse individueller Daten		
gemeinsame Planung der Datenerhebung, gemeinsame Datenanalyse	- Untersuchung spezifischer Fragestellungen möglich - alle Vorteile von Typ III Analysen	- Planung und Durchführung umfangreich - zeit- und kostenintensiv - Fehler im Design einzelner Studien multiplizieren sich - Heterogenitäten zwischen Studienzentren

4.2.2 Qualitätskontrolle und Einzelstudienergebnisse

Bevor die Studien gemeinsam mittels eines meta-analytischen Modells betrachtet werden können, ist eine individuelle Qualitätskontrolle für jede Studie durchzuführen. Dies ist jedoch nur möglich, wenn aggregierte oder individuelle Genotypen für die untersuchten Studien vorliegen. In Typ III und Typ IV Meta-Analysen ist immer eines von beiden gegeben. Typ II Meta-Analysen hingegen können sowohl auf aggregierten Daten, als auch auf Effektschätzern und zugehörigen Konfidenzintervallen beruhen. Wenn Typ II Meta-Analysen nur auf Basis der Effekt- und Konfidenzschätzer durchgeführt werden, kann für die Einzelstudienergebnisse keine quantitative Qualitätskontrolle durchgeführt werden. Existieren jedoch für jede einzelne Studie aggregierte oder individuelle Daten, so sollte für jede dieser Studien separat eine Qualitätskontrolle vorgenommen werden. Hierbei sollte genauso wie bei klassischen Assoziationsstudien (siehe z. B. Kapitel 4 und 7 von Ziegler und König (2006)) vorgegangen werden:

1. **Genotypisierungshäufigkeit:**
   Zunächst sollte die Häufigkeit der Genotypen überprüft werden. In Abhängigkeit von der verwendeten Genotypisierungsplattform, sollte für jeden SNP eine bestimmte Häufigkeit erreicht sein. Ist diese zu gering, so liegt wahrscheinlich ein technisches Genotypisierungsproblem vor und der SNP sollte für die Meta-Analyse nicht verwendet werden.

2. **Überprüfung des häufigen und seltenen Allels:**
   Eine triviale, aber effektive Qualitätskontrolle liefert der Vergleich des häufigen und des seltenen Allels. Wenn die Studientilnehmer aller Studien aus einer vergleichbaren Bevölkerung stammen, so sollte in allen Studien das seltene und das häufige Allel übereinstimmen. Ferner sollten die Allelhäufigkeiten, zumindest in den Kontrollgruppen, annäherungsweise in gleichen Bereichen liegen.

3. **Hardy-Weinberg-Gleichgewicht:**
   Für jede Studiengruppe sollte überprüft werden, ob an den zu untersuchenden SNPs das Hardy-Weinberg-Gleichgewicht erfüllt ist. Standardmäßig werden hierfür χ^2-Anpassungstests verwendet. Mit Hilfe von χ^2-Anpassungstests kann jedoch nur überprüft werden, ob es an den SNPs Abweichungen vom

Hardy-Weinberg-Gleichgewicht gibt (Ziegler und König, 2006, Kapitel 4). Ob eine Studiengruppe tatsächlich im Hardy-Weinberg-Gleichgewicht ist, kann nur mittels eines Äquivalenztests überprüft werden. Für diese Situation hat Wellek (2004) einen Test konzipiert.

4. **Bestimmung der Einzelstudieneffekte:**
Abschließend sollten die Effekte der einzelnen Studien betrachtet werden. Hierfür wird das zugrunde liegende genetische Modell, welches in der initialen Studie getestet wurde, verwendet. In vielen Studien wird von einem additiven Modell ausgegangen. Die Unterschiede in den Genotyphäufigkeiten für jede einzelne Studie werden in dieser Situation mittels Cochran-Armitage Trend Tests verglichen (Cochran (1954); Armitage (1955)). Bei anderen Studien gibt es stattdessen spezifische biologische Hypothesen, die für ein dominantes oder rezessives Modell sprechen. In diesen Fällen empfehlen Ziegler und König (2006, Kapitel 7) die Verwendung von klassischen χ^2-Tests.

4.2.3 Meta-analytisches Modell

In diesem Abschnitt wird zunächst das allgemeine Modell beschrieben. Anschließend werden Modelle mit festen und zufälligen Effekten definiert und miteinander verglichen.

Allgemeines Modell

Bis auf Typ I Meta-Analysen, können grundsätzlich alle Meta-Analyse Typen mit demselben allgemeinen Modell beschrieben werden. Aktuelle Darstellungen dieses allgemeinen Modells finden sich u. a. bei Sutton et al. (2000, Kapitel 4, 5) oder Trikalinos et al. (2008).
Einer Meta-Analyse mit k Studien liegen die wahren Effektstärken der einzelnen Studien θ_i zu Grunde. Bei einem binären Endpunkt, wie z. B. der koronaren Herzkrankheit, wird das Odds Ratio oder das log Odds Ratio modelliert. Bei einer quantitativen Zielgröße, wie beispielsweise dem LDL-Cholesterin, kann der Effektschätzer θ_i z. B. die mittlere Differenz zwischen zwei Genotypgruppen oder zwei Allelen,

4.2 Methoden

die verglichen werden, sein.
Der wahre Effekt der Studie wird mit $\theta_\bullet$ bezeichnet. Für die Modellierung von $\theta_\bullet$ können Modelle mit festen oder zufälligen Studieneffekten verwendet werden. Die beiden Modellierungsmöglichkeiten werden nachfolgend dargestellt und anschließend diskutiert.

Modelle mit festen Studieneffekten

Bei Modellen mit festen Effekten (Index: FE) wird davon ausgegangen, dass jeder Studie der gleiche wahre Effekt zugrunde liegt:

$$\theta_1 = \theta_2 = \cdots = \theta_k = \theta_\bullet^{FE} \quad (4.1)$$

Ein Schätzer für $\theta_\bullet^{FE}$ ergibt sich durch eine Linearkombination der studienspezifischen Effektstärken:

$$\widehat{\theta_\bullet^{FE}} = \frac{\sum_{i=1}^{k} w_i^{FE} \hat{\theta}_i}{\sum_{i=1}^{k} w_i^{FE}} \quad (4.2)$$

Hierbei sind die Schätzungen der Gewichte w_i^{FE} umgekehrt proportional zu den einzelnen Studienvarianzen:

$$\widehat{w_i^{FE}} = \frac{1}{\widehat{var(\theta_i)}} \quad (4.3)$$

Der lineare Schätzer in Gleichung 4.2 ist ein optimaler Schätzer, d. h. er besitzt zum einen die Eigenschaft, dass seine asymptotische Varianz kleiner als die jedes anderen linearen Schätzers ist. Zum anderen verfügt dieser lineare Schätzer über die gleiche asymptotische Verteilung wie der Maximum-Likelihood-Schätzer der gemeinsamen Effektstärke $\theta_\bullet^{FE}$ (Trikalinos et al., 2008). Ein Konfidenzintervall für $\theta_\bullet^{FE}$ ergibt sich entsprechend:

$$\widehat{\theta_\bullet^{FE}} - z_{1-\alpha/2} \cdot \sqrt{\widehat{var(\theta_\bullet^{FE})}} \leq \theta_\bullet^{FE} \leq \widehat{\theta_\bullet^{FE}} + z_{1-\alpha/2} \cdot \sqrt{\widehat{var(\theta_\bullet^{FE})}} \quad (4.4)$$

Dabei ist $z_{1-\alpha/2}$ das Quantil der Normalverteilung zum Signifikanzniveau α. Immer wenn die Effektstärken normalverteilt sind und deren Varianzen ausgerechnet werden können, kann der gemeinsame Schätzer der Studien auf diese Art und

4.2 Methoden

Weise berechnet werden.

Modelle mit zufälligen Studieneffekten

Bei Modellen mit festen Effekten wird für jede Studie der gleiche Ausgangseffekt modelliert. In Modellen mit zufälligen Studieneffekten (Index: ZE) sind hingegen auch Variabilitäten zwischen den Studien erlaubt. Hierbei wird angenommen, dass die Unterschiede zwischen dem wahren studienspezifischen genetischen Effekt und dem allgemeinen Effekt normalverteilt mit Mittelwert 0 und Varianz τ^2 sind. Der Varianzparameter τ^2 misst in diesem Fall gerade die Heterogenität zwischen den Studien. Ist $\tau^2 = 0$, so entspricht das Modell mit zufälligen Studieneffekten dem Modell mit festen Studieneffekten. Der Schätzer für den allgemeinen Effekt im Modell mit zufälligen Effekten $\widehat{\theta_\bullet^{ZE}}$ ergibt sich wie $\widehat{\theta_\bullet^{FE}}$ durch eine Linearkombination der gewichteten studienspezifischen Effektstärken θ_i:

$$\widehat{\theta_\bullet^{ZE}} = \frac{\sum\limits_{i=1}^{k} w_i^{ZE} \hat{\theta}_i}{\sum\limits_{i=1}^{k} w_i^{ZE}} \qquad (4.5)$$

Die Schätzer für die Gewichte w_i^{ZE} umfassen allerdings nicht nur die Studienvarianzen, sondern auch den Parameter τ^2:

$$\widehat{w_i^{ZE}} = \frac{1}{var(\hat{\theta}_i) + \tau^2} \qquad (4.6)$$

Zur Schätzung von τ^2 vergleichen beispielsweise Brockwell und Gordon (2001) verschiedene Methoden. Vorgestellt werden der klassische Ansatz von DerSimonian und Laird (DSL) und zwei verschiedene Likelihoodtechniken. Alle Methoden, insbesondere der klassische DSL-Ansatz, liegen in dieser Studie unter dem nominellen Level. Somit bildet keine der bisher bekannten Methoden zur Schätzung von τ^2 die Realität zufriedenstellend ab.

4.2 Methoden

Modelle mit festen Effekten vs. Modelle mit zufälligen Effekten

Obwohl bisher noch keine befriedigenden Methoden zur Schätzung von τ^2 in Modellen mit zufälligen Effekten gefunden werden konnten, sind diese Modelle dennoch den Modellen mit festen Effekten vorzuziehen (Brockwell und Gordon, 2001). Modelle mit festen Effekten sollten nur angewendet werden, wenn zwischen den Studien kaum Variabilität besteht. Diese Situation kommt in der Praxis selten vor, denn Modelle mit festen Effekten basieren auf der Annahme, dass allen Studien in der Meta-Analyse ein gleicher gemeinsamer wahrer Effekt zugrunde liegt. Diese Annahme bedeutet im Wesentlichen, dass alle Faktoren, die die Effektstärke beeinflussen, in allen Studienpopulationen identisch sind und dadurch die Effektstärke in allen Studienpopulationen gleich ist. Folglich variieren bei Modellen mit festen Effekten die beobachteten Effekte der einzelnen Studien nur aufgrund eines zufälligen Fehlers.

Im Gegensatz dazu nehmen Modelle mit zufälligen Effekte an, dass die Studien aus einer Bevölkerung gezogen werden und sich somit voneinander unterscheiden können. Durch dieses Konzept lassen Modelle mit zufälligen Effekten unterschiedliche Effektstärken zu. Genetisch-epidemiologische Studien, die meta-analytisch untersucht werden, könnten sich beispielsweise geringfügig bezüglich ihrer Ein- und Ausschlusskriterien unterscheiden. Bei der gemeinsamen Analyse verschiedener europäischer Studien könnte z. B. auch ein geringer Grad an Bevölkerungsheterogenität eine Rolle spielen. Diese kleinen Unterschiede wirken sich auf die tatsächlichen Effektschätzer der einzelnen Studien aus. Modelle mit zufälligen Effekten ermöglichen die Modellierung dieser tatsächlichen Unterschiede zwischen den Studien, während Modelle mit festen Effekten nur Fehler innerhalb einer Studie erlauben. Andererseits liefern Modelle mit zufälligen Effekten bei Meta-Analysen mit wenigen Studien keine adäquaten Schätzer. In einer derartigen Situation sollte der klassische Cochran-Mantel-Haenszel Test (Mantel und Haenszel, 1959) verwendet werden. Dieser entspricht wiederum einem Modell mit festen Effekten.

4.2.4 Heterogenität in Meta-Analysen

Bei Meta-Analysen in der genetischen Epidemiologie werden häufig Studien gemeinsam analysiert in denen sich die Ausgangseffekte leicht unterscheiden. Dazu

4.2 Methoden

gehören beispielsweise leichte Unterschiede im Design und der Durchführung der Studie wie Phänotypdefinition oder Ein- und Ausschlusskriterien. Diese geringfügigen Unterschiede müssen diskutiert und dargestellt werden. Zur Illustration bieten sich auf der einen Seite so genannte „Forest Plots" an. Auf der anderen Seite existieren verschiedene Maßzahlen, die für eine Quantifizierung der Heterogenität in Meta-Analysen, verwendet werden können.

Forest Plot

Graphische Methoden zur Darstellung von Heterogenitäten werden beispielsweise von Sutton et al. (2000, Kapitel 10) beschrieben.
Die gängigste graphische Darstellungsform sind Forest Plots. In diesen werden die einzelnen Studieneffekte und die zugehörigen Konfidenzintervalle dargestellt. Da Forest Plots üblicherweise in den Ergebnissen dargestellt werden, wird meist, zusätzlich zu den einzelnen Studienschätzern, auch der Effekt und das Konfidenzintervall aus der Meta-Analyse abgebildet.
Neben dem Ausmaß von Effekt- und Konfidenzschätzern, kann aus einem Forest Plot ein Eindruck über den Umfang der einzelnen Studien gewonnen werden. Je größer das Symbol des Effektschätzers, desto größer ist der Stichprobenumfang der jeweiligen Studie. Somit ist aus Forest Plots direkt ersichtlich, welche Studie die größte Bedeutung hat. Gleichzeitig kann ein Eindruck darüber gewonnen werden, ob Variabilität zwischen den einzelnen Studien herrscht.

Quantifizierungsmaße

Zur Quantifizierung der Heterogenität in Meta-Analysen empfehlen Kavvoura und Ioannidis (2008) folgende Heterogenitätsmaße:

4.2 Methoden

1. **Cochran's Q:**
   Mit der Cochran's Heterogenitätsstatistik Q kann überprüft werden, ob Heterogenität vorliegt. Hierbei ist die Nullhypothese: „Es liegt keine Heterogenität vor". Die zugehörige Alternativhypothese lautet: „Es liegt Heterogenität vor". Die Cochran'sche Heterogenitätsstatistik wurde erstmals von Cochran (1994) vorgeschlagen und wird folgendermaßen berechnet:

$$Q = \sum_{i=1}^{k} \widehat{w_i^{FE}} (\hat{\theta}_i - \widehat{\theta_{\bullet}^{FE}})^2 \qquad (4.7)$$

   Q folgt einer χ^2-Verteilung mit $(k-1)$-Freiheitsgraden. Üblicherweise wird die Nullhypothese bei einem α von 10% abgelehnt. Ein wesentlicher Nachteil dieser Maßzahl besteht darin, dass die Homogenität der Studien nicht gezeigt werden kann. Ferner ist die statistische Macht, von Q Heterogenität nachzuweisen, bei kleiner Studienanzahl sehr gering. Im Gegensatz dazu wird bei großer Studienanzahl unbedeutende Heterogenität oft überinterpretiert, was ebenfalls eine unerwünschte Situation darstellt.

2. **Variabilität zwischen den Studien τ^2:**
   τ^2 umschreibt die Varianz zwischen den Studien, die in den Modellen mit zufälligen Effekten geschätzt wird. Wie in Abschnitt 4.2.3 bereits dargestellt, existieren verschiedene Möglichkeiten τ^2 zu schätzen (Brockwell und Gordon, 2001).
   Eine mögliche Definition auf Basis der Q-Statistik, die z. B. Kavvoura und Ioannidis (2008) angeben, lautet:

$$\tau^2 = \frac{Q - (k-1)}{\sum\limits_{i=1}^{k} \widehat{w_i^{FE}} - \frac{\sum\limits_{i=1}^{k} \widehat{(w_i^{FE})}^2}{\sum\limits_{i=1}^{k} \widehat{w_i^{FE}}}} \qquad (4.8)$$

   τ^2 spiegelt wider, ob die Effektstärken der einzelnen Studien in der Meta-Analyse variieren und kann die Unterschiede, im Vergleich zu Q, direkt quantifizieren. Ein Nachteil dieser Statistik besteht darin, dass Meta-Analysen mit unterschiedlichen Statistiken nicht verglichen werden können.

4.2 Methoden

3. **I^2 – Statistik:**
Mit Hilfe der Kennzahl I^2 kann das Ausmaß an Heterogenität bestimmt werden. Diese Statistik wurde von Higgins und Thompson (2002) und Higgins et al. (2003) eingeführt und beschreibt den Anteil an der Gesamtvarianz über alle Studien hinweg, der sich aufgrund von Heterogenität zwischen den Studien, und nicht durch Zufall, ergibt:

$$I^2 = \frac{Q - (k-1)}{Q} \cdot 100\% \qquad (4.9)$$

Negative Werte werden auf 0% gesetzt, so dass I^2 nur Werte zwischen 0% und 100% annehmen kann. Je größer I^2, desto größer ist die vorliegende Heterogenität zwischen den Studien. Bei 0% existiert keine Heterogenität. $I^2 > 50\%$ bedeutet starke Heterogenität. Bei einem $I^2 > 75\%$ liegt extrem starke Heterogenität vor. Ein großer Vorteil dieser Kennzahl besteht darin, dass I^2 über verschiedene Meta-Analysen und verschiedene Teststatistiken hinweg berechnet und verglichen werden kann. Ferner ist I^2 einfach interpretierbar und hängt nicht von der Anzahl der eingeschlossenen Studien ab. Problematisch ist hingegen, dass unabhängig davon, wie viele Studien meta-analytisch untersucht werden, die Konfidenzintervalle, die für I^2 bestimmt werden können, oft sehr groß sind.

4.2.5 Erweiterte meta-analytische Verfahren

In der initialen Studie oder in einzelnen, kleinen Replikationsstudien ist die Aussagekraft für Analysen, die über eine einfache Assoziationsstudie hinaus gehen, gering. Wenn jedoch eine prospektiv geplante, gepoolte Meta-Analyse durchgeführt wurde, kann die erhöhte statistische Aussagekraft des gesamten Datensatzes für weiterführende Analysen genutzt werden. Im Folgenden werden drei statistische Verfahren vorgestellt, die zusätzlich zur Meta-Analyse helfen können das Zusammenspiel zwischen Phänotyp und dem genetischen Marker besser zu verstehen.

4.2 Methoden

Interaktionen zu Risikofaktoren

Komplexe Erkrankungen werden sowohl durch mehrere Gene, als auch durch Umwelteinflüsse verursacht. Auch eine Interaktion zwischen nicht-genetischen Risikofaktoren und einem Gen ist denkbar. Um derartige Interaktionen zu untersuchen, werden Modelle mit festen und zufälligen Effekten im Kontext logistischer Regressionen betrachtet (Bagos und Nikolopoulos, 2007). Die abhängige Variable in einem auf diese Weise aufgestellten Modell ist der Krankheitsstatus. Der genetische Marker, der Risikofaktor und das Produkt aus genetischem Marker und Risikofaktor, welches die Interaktion abbildet, werden als unabhängige Variable modelliert. Wenn der β-Schätzer dieser Interaktion signifikant von 0 verschieden ist, so liegt eine statistische Interaktion zwischen Risikofaktor und genetischem Marker vor. Das Erkrankungsrisiko wird also von den beiden Risikofaktoren und deren Interaktion beeinflusst.

Identifizierung des genetischen Modells

Zur Identifizierung des genetischen Modells können beispielsweise die folgenden drei Ansätze verwendet werden:

1. **Identifizierung des genetischen Modells nach** Minelli et al. (2005):
   Minelli et al. (2005) schlagen vor den Quotienten λ aus den log Odds Ratios der heterozygoten und der homozygoten Individuen zu bilden. Ist $\lambda = 0$, so liegt ein rezessives Modell zugrunde, ist $\lambda = 0,5$ ein additives Modell. Bei $\lambda = 1$ ist ein dominantes Modell wahrscheinlich. Befindet sich der Wert von λ unterhalb der null oder oberhalb der eins, so liegt am untersuchten SNP ein negativer oder positiver Heterosis Effekt vor. Ein Heterosis Effekt tritt genau dann ein, wenn das Risiko von Trägern des heterozygoten Genotyps niedriger oder höher als das Risiko von Trägern einer der beiden homozygoten Genotypen ist. Konfidenzintervalle für λ können beispielsweise mit Hilfe eines nichtparametrischen Bootstraps gewonnen werden. Dieses Vorgehen kann sowohl auf jede einzelne Studie, als auch über alle Studien hinweg angewendet werden. Bei der gemeinsamen Analyse aller Studien sollte ein Modell mit festen Effekten für den Genotyp und zufälligen Effekten für die Studie verwendet werden.

4.2 Methoden

2. **Identifizierung des genetischen Modells mittels logistischer Regressionen:**
Um das genetische Modell im Rahmen von logistischen Regressionen zu schätzen, schlagen Bagos und Nikolopoulos (2007) folgende ordinale Kodierung des Genotyps mit zwei Dummyvariablen vor:

$$
\begin{array}{ccc}
\text{Genotyp} & dummy_1 & dummy_2 \\
0 & 0 & 0 \\
1 \rightarrow & 1 & 0 \\
2 & 0 & 1
\end{array}
\quad (4.10)
$$

In den logistischen Regressionsmodellen können dann die in Abbildung 4.1 dargestellten Hypothesen zu verschiedenen genetischen Modellen getestet werden.
Die Modellanpassung kann mit Hilfe des Akaike Informationskriteriums bestimmt werden (Akaike, 1974).

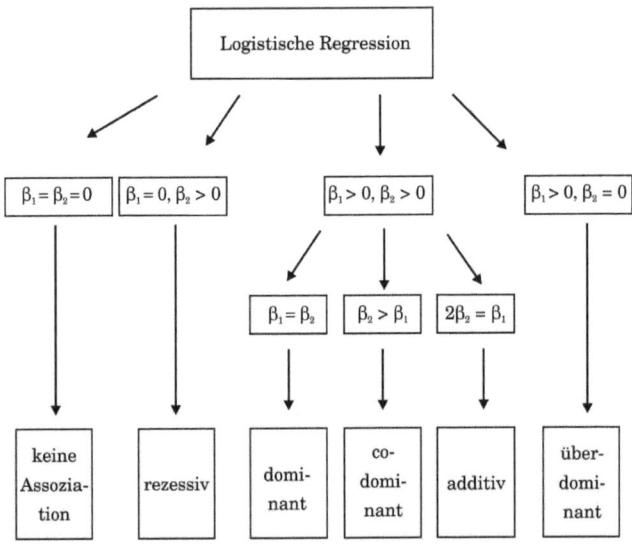

Abbildung 4.1: Hypothesentests zur Identifizierung des genetischen Modells mittels logistischer Regression. Adaptiert nach Bagos und Nikolopoulos (2007).

3. **Identifizierung des genetischen Modells mittels eines MAX-Tests:**
Ein weiterer Ansatz zur Bestimmung des zugrunde liegenden genetischen Modells ist eine Modifizierung des MAX-Test Ansatzes von Freidlin et al. (2002), den Hothorn und Hothorn (2009) vorschlagen. Diese Methode erlaubt die Herleitung von globalen, für das multiple Testen adjustierten, p-Werten. Des Weiteren kann mit dieser Methode, bei unbekanntem Vererbungsmodus, ein ziemlich präzises genetisches Modell geschätzt werden.

Bestimmung des kausalen Modells

Finden sich für einen SNP Assoziationen zu einer Erkrankung und einem intermediären Phänotyp oder Risikofaktor, so kann, bei hinreichend großer Fallzahl, das kausale Modell bestimmt werden.
Grundlage des Modells ist die Annahme, dass am interessierenden SNP die zufällige Verteilung der elterlichen Allele zum Zeitpunkt der Gametenentstehung stattfindet. Wenn beispielsweise ein intermediärer Phänotyp das Risiko einer Krankheit erhöht, so führt dies bei einem Individuum in Abhängigkeit vom Genotyp zu einer dauerhaften Erhöhung dieses intermediären Phänotyps. Diese Erhöhung sollte mit einem proportionalen Anstieg des Risikos für die zugehörige Erkrankung einhergehen. Das Maß der Erhöhung würde dann unmittelbar dem Unterschied, den ein Risikoallel am intermediären Phänotyp bewirkt, entsprechen.
In diese Beziehung spielen grundsätzlich keine weiteren Einflußgrößen eine Rolle. Eine weitere zentrale Annahme dieses Ansatzes besteht darin, dass der SNP funktionell relevant ist. Beide Aspekte sind in der Praxis nicht ohne weiteres nachweisbar. Eine ausführliche Beschreibung zur Bestimmung des kausalen Modells von SNPs geben Minelli et al. (2004) und Lawlor et al. (2008). Eine Diskussion der Annahmen, die einem solchen Modell zugrunde liegen betonen Bochud et al. (2008) und Ziegler et al. (2008b) in ihren Kommentaren. Eine zentrale Voraussetzung muss sein, dass keine Populationsstratifikation oder Pleiotrophie vorliegen darf. Darüber hinaus darf die genetische Variante nicht für ein selektives Überleben verantwortlich sein.
Für die Modellierung der kausalen Beziehung können beispielsweise Strukturgleichungen verwendet.

4.3 Anwendungsbeispiel: Mehrfache Replikation und prospektiv, geplante Meta-Analyse der Assoziation zwischen Chromosom 9p21,3 und koronarer Herzkrankheit

Im Jahr 2007 haben vier genomweite Assoziationsstudien unabhängig voneinander einen neuen Risikolocus für die koronare Herzkrankheit und deren Hauptkomplikation den Herzinfarkt auf dem kurzen Arm des Chromosoms 9 entdeckt (Helgadottir et al., 2007; McPherson et al., 2007; Samani et al., 2007; Wellcome Trust Case Control Consortium, 2007).

Bis zu diesem Zeitpunkt gab es zahlreiche Studien, die Kandidatengene für die koronare Herzkrankheit und den Herzinfarkt postulierten. Jedoch fanden sich, wie bei anderen komplexen Erkrankungen, immer wieder Studien, in denen sich die Replikation nicht bestätigte. Morgan et al. (2007) führten beispielsweise eine große Replikationsstudie für das akute Koronarsyndrom, welches die beiden kardiovaskulären Erkrankungen Herzinfarkt und Angina pectoris umfasst, durch und konnten von 85 genetischen Varianten nur eine genetische Variante als vermeintlichen Risikofaktor identifizieren. Keine der Varianten, die in insgesamt 811 Patienten mit akutem Koronarsyndrom und 650 auf Alter und Geschlecht korregierten Kontrollen untersucht wurde, konnte als möglicher Krankheitsverursacher statistisch bestätigt werden. Diese Studie zeigt, dass eine robuste Replikation des Chromosom 9p21,3 Locus unbedingt erforderlich ist, bevor er als genetischer Risikofaktor endgültig feststeht.

Die im Folgenden beschriebene Studie soll die Assoziation zwischen koronarer Herzkrankheit und dem Locus in sechs weiteren Fall-Kontroll-Studien und einer Kohortenstudie bestätigen. Ferner sollen Interaktionen zwischen kardiovaskulären Risikofaktoren und dem Chromosom 9p21,3 Locus untersucht und das zugrunde liegende genetische Modell bestimmt werden.

Abschnitt 4.3.1 gibt zunächst eine Übersicht über den Chromosom 9p21,3 Locus. Anschließend wird die Studienpopulation beschrieben (Abschnitt 4.3.2). Des Weiteren werden in Abschnitt 4.3.3 die Ergebnisse dargestellt. Ferner werden in Abschnitt 4.3.4 weitere wichtige Studien des Chromosom 9p21,3 Locus vorgestellt und diskutiert.

4.3 Anwendungsbeispiel: Chromosom 9p21,3 und koronare Herzkrankheit

4.3.1 Überblick Chromosom 9p21,3 Locus

Einen Überlick der Chromosom 9p21,3 Region gibt Abbildung 4.2.
Die Region besteht aus zwei Haplotypblöcken. Das bedeutet, die in dieser Region signifikanten SNPs lassen sich in zwei Blöcke einteilen, die gemeinsam miteinander vererbt werden und somit in einem hohen Kopplungsungleichgewicht miteinander sind. Für die vorliegende Analyse wurde der SNP rs1333049 aus dem zweiten Haplotypblock untersucht. Dieser SNP erzielte in der genomweiten Assoziationsstudie zur koronaren Herzkrankheit von Samani et al. (2007) den kleinsten p-Wert. Der zweite Haplotypblock enthält ebenfalls die SNPs mit den kleinsten p-Werten der beiden anderen genomweiten Assoziationsstudien zur koronaren Herzkrankheit von Helgadottir et al. (2007, rs10116277, rs1333040, rs2383207, rs10757278) und McPherson et al. (2007, rs10757274, rs2383206). Alle SNPs liegen in einem großen Kopplungsungleichgewicht ($D' > 0,87$, $r^2 > 0,55$). Samani et al. (2007) haben im angrenzenden Haplotypblock ebenfalls SNPs gefunden, die mit der koronaren Herzkrankheit assoziiert sind. Weiterhin haben Samani et al. (2007) gezeigt, dass zusammen mit dem SNP rs1333049 aus dem zweiten Block drei weitere SNPs aus dem ersten Block (rs7044859, rs1292136, rs7865618) ausreichen, um alle bedeutenden Haplotypen in der Region abzubilden.

4.3 Anwendungsbeispiel: Chromosom 9p21,3 und koronare Herzkrankheit

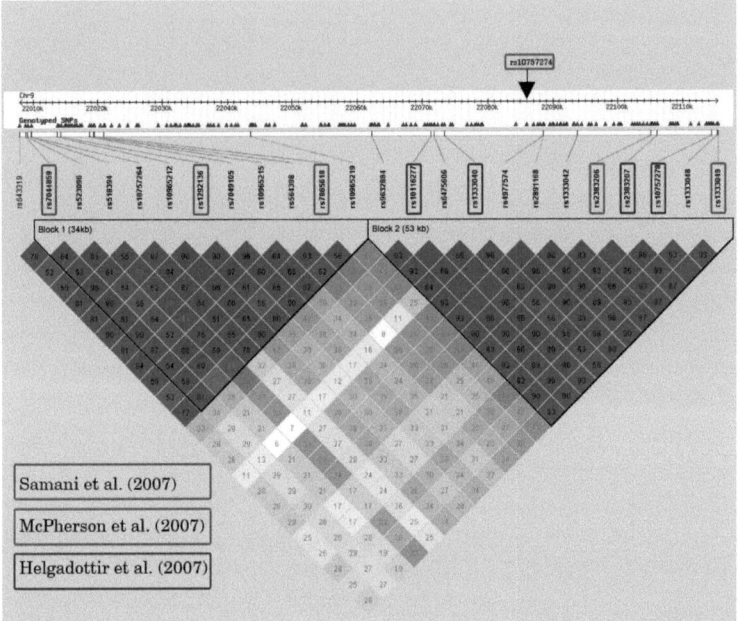

Abbildung 4.2: Übersicht der 9p21,3 Region. Dargestellt ist das Kopplungsungleichgewicht (r^2) der HapMap Daten (International HapMap Consortium, 2005). Farbig markiert sind die SNPs mit den kleinsten p-Werten aus den genomweiten Assoziationsstudien von Helgadottir et al. (2007), McPherson et al. (2007), Samani et al. (2007) und Wellcome Trust Case Control Consortium (2007).

4.3.2 Phänotyp und Studienpopulationen

Die Studie umfasste insgesamt 4.645 Patienten mit koronarer Herzkrankheit und 5.177 Kontrollen aus insgesamt sechs Fall-Kontroll-Studien und einer Kohortenstudie.

Von den Patienten haben 3.544 nach den Kriterien der Weltgesundheitsorganisation einen Herzinfarkt erlitten. Bei den übrigen 1.101 Fällen begründete sich die Diagnose koronare Herzkrankheit durch eine koronare Revaskularisation, d. h. eine chirurgische Verbesserung der Durchblutung minderversorgter Gewebe oder durch typische Angina pectoris mit positivem Ischämienachweis.

4.3 Anwendungsbeispiel: Chromosom 9p21,3 und koronare Herzkrankheit

Alle Studienteilnehmer stammten aus Nordeuropa.
Ausführliche Studienbeschreibungen finden sich im Anhang der zu diesem Projekt veröffentlichen Arbeit: „Repeated replication and a prospective meta-analysis of the association between chromosome 9p21,3 and coronary artery disease" (Schunkert et al., 2008a).

4.3.3 Ergebnisse

Im Folgenden werden zunächst die Ergebnisse der Meta-Analyse dargestellt. Ferner werden die Resultate aus den Subgruppenanalysen zu kardiovaskulären Risikofaktoren beschrieben. Abschließend werden die Ergebnisse für das zugrunde liegende genetische Modell erläutert.

Meta-Analyse

Für jede Studiengruppe konnte gezeigt werden, dass sie im Hardy-Weinberg-Gleichgewicht ist.
Weiterhin bestätigte jede einzelne Studie die Assoziation zwischen rs1334049 und der koronaren Herzkrankheit. Die Effekte der einzelnen Studien schwankten allerdings zwischen 1,21 und 1,35. In der gemeinsamen Analyse mit festen Effekten betrug das Odds Ratio für eine Kopie des Risikoallels im additiven Modell 1,29 (95% Konfidenzintervall: [1,22-1,37]). Der Effektschätzer und das Konfidenzintervall im Modell mit zufälligen Effekten waren virtuell identisch. Extreme Unterschiede zeigten allerdings die p-Werte. Bei der Modellierung mit festen Effekten ergab der p-Wert $1,17 x 10^{-17}$. Das Modell mit zufälligen Effekten lieferte einen p-Wert von $0,0001$.
Die einzelnen Studienergebnisse und die Ergebnisse der Meta-Analyse für die Modelle mit festen und zufälligen Effekten sind in einem Forest Plot in Abbildung 4.3 dargestellt.

4.3 Anwendungsbeispiel: Chromosom 9p21,3 und koronare Herzkrankheit

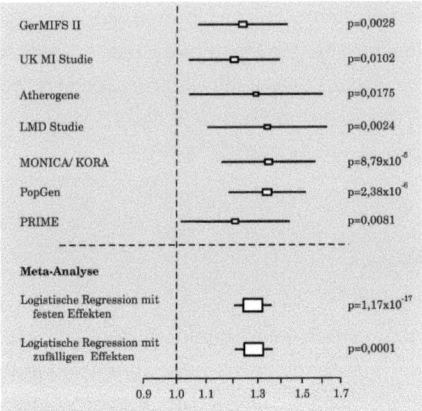

Abbildung 4.3: Forest Plot von SNP rs1334049 auf Chromosom 9p21,3. Dargestellt sind Odds Ratios und zugehörige 95% Konfidenzintervalle für ein Risikoallel unter der Annahme eines additiven Modells. Die Größe der einzelnen Boxen bildet die Fallzahl der jeweiligen Studie ab.

Der Forestplot zeigte, dass die Studien insgesamt sehr homogen waren. Auch mit Hilfe der Cochran'schen Heterogenitätsstatistik konnte keine Heterogenität zwischen den Studien nachgewiesen werden (Q=2,5; p-Wert=0,8713). Das entsprechende I^2 betrug 0%, so dass davon auszugehen ist, dass in der vorliegenden Studie keine Heterogenität vorlag.

Interaktionsanalysen

Der große Stichprobenumfang dieser Studie erlaubte eine explorative Untersuchung von Subgruppen. Aus diesem Grund wurden alle verfügbaren kardiovaskulären Risikofaktoren, mit einer hinreichenden statistischen Aussagekraft eine Interaktion mit rs1333049 zu entdecken, untersucht. Für die Analyse wurden Fälle und Kontrollen nach folgenden Subgruppen unterteilt:

- Geschlecht,

- erhöhtes Alter (älter als 55 Jahre),

4.3 Anwendungsbeispiel: Chromosom 9p21,3 und koronare Herzkrankheit

- erhöhter Body Mass Index (definiert als BMI>30kg/m^2),

- Raucher,

- erhöhter Bluthochdruck (definiert als systolischer Blutdruck>140 mm Hg oder diastolischer Blutdruck>90 mm Hg oder Einnahme von blutdrucksenkenden Medikamenten),

- Hyperlipidämie (definiert als Gesamtcholesterin>200 mg/dl oder LDL-Cholesterin>130 mg/dl oder Einnahme von lipidsenkenden Medikamenten).

Für jede dieser Subgruppen sind in Tabelle 4.2 die Odds Ratios, 95% Konfidenzintervalle und p-Werte aus den Modellen mit festen und zufälligen Effekten dargestellt. Weder in den Modellen mit festen Effekten, noch in den Modellen mit zufälligen Effekten, fand sich eine Interaktion zwischen rs133049 und einem der Risikofaktoren. De facto waren die Odds Ratios und Konfidenzintervalle in allen Subgruppen vergleichbar.

Bestimmung des genetischen Modells

Die logistischen Regressionen zur Identifizierung des zugrunde liegenden genetischen Modells lehnten sowohl autosomal-dominante Vererbung, als auch autosomal-rezessive Vererbung ab (p-Wert jeweils < 0,0001). Das wahrscheinlichste zugrunde liegende Modell war bei den logistischen Regressionen das additive Modell, denn es war das einzige genetische Modell, das nicht auf dem 5% Niveau abgelehnt wurde (p-Wert = 0,38).
Die Ergebnisse des Minelli- und des Hothorn-Ansatzes sind in Tabelle 4.3 dargestellt. Der Minelli-Ansatz unterstützte sowohl ein additives, als auch ein dominantes Modell auf dem 5% Niveau. Im Gegensatz dazu bestätigte der Ansatz von Hothorn nachhaltig das additive genetische Modell, welches auch aus den logistischen Regressionen resultierte.

4.3 Anwendungsbeispiel: Chromosom 9p21,3 und koronare Herzkrankheit

Tabelle 4.2: Subgruppenanalysen für rs1333049.
Dargestellt sind die Fallzahlen in den entsprechenden Fall- und Kontrollgruppen, Odds Ratios (OR) und 95% Konfidenzintervalle (KI) für ein Risikoallel unter der Annahme eines additiven Modells, sowie p-Werte (p_{sub}) aus dem Modell mit festen (FE) und zufälligen (ZE) Effekten für die jeweilige Subgruppe. p_{ia} gibt den p-Wert für die Interaktion an.

Risikofaktor		Fälle	Kontrollen	OR[95%KI]	p_{sub}		p_{ia}	
					ZE	FE	ZE	FE
Geschlecht	Männer	3.849	3.515	1,29 [1,21-1,38]	$3,07 \times 10^{-4}$	$1,21 \times 10^{-13}$	0,6720	0,6555
	Frauen	796	1.662	1,32 [1,14-1,52]	$1,24 \times 10^{-2}$	$1,37 \times 10^{-4}$		
Alter	> 55	2.640	2.884	1,36 [1,26-1,48]	$6,89 \times 10^{-6}$	$2,49 \times 10^{-14}$	0,0708	0,0543
	$\leq$ 55	1.874	2.290	1,22 [1,11-1,35]	$1,51 \times 10^{-3}$	$1,67 \times 10^{-5}$		
BMI	> 30	1.136	893	1,39 [1,21-1,60]	$5,98 \times 10^{-5}$	$2,28 \times 10^{-7}$	0,2963	0,2120
	$\leq$ 30	3.294	4.278	1,29 [1,20-1,39]	$9,90 \times 10^{-8}$	$1,30 \times 10^{-12}$		
Rauchen	ja	3.022	2.679	1,31 [1,21-1,43]	$3,26 \times 10^{-9}$	$4,95 \times 10^{-10}$	0,7536	0,6549
	nein	1.261	2.011	1,33 [1,18-1,50]	$8,48 \times 10^{-6}$	$1,36 \times 10^{-6}$		
Bluthoch-druck	ja	2.933	1.722	1,33 [1,20-1,47]	$7,92 \times 10^{-8}$	$2,88 \times 10^{-9}$	0,5512	0,6025
	nein	1.536	3.196	1,27 [1,14-1,41]	$1,60 \times 10^{-5}$	$1,62 \times 10^{-6}$		
Hyperlipi-dämie	ja	2.793	2.512	1,32 [1,20-1,46]	$1,11 \times 10^{-7}$	$3,41 \times 10^{-10}$	0,7709	0,7507
	nein	1.674	2.359	1,28 [1,14-1,43]	$2,74 \times 10^{-5}$	$9,82 \times 10^{-8}$		

4.3 Anwendungsbeispiel: Chromosom 9p21,3 und koronare Herzkrankheit

Tabelle 4.3: Ergebnisse genetisches Modell für rs1333049.
Im Minelli-Ansatz (Minelli et al., 2005) ist der Quotient des log Odds Ratios der heterozygoten Individuen und des log Odds Ratios der homozygoten Individuen (λ) dargestellt. Zur Bestimmung der 95% Konfidenzintervalle (KI) von λ wurde ein nichtparametrischer Bootstrap mit 10.000 Wiederholungen verwendet. Beim Hothorn Ansatz (Hothorn und Hothorn, 2009) ist das Modell mit dem kleinsten p-Wert jeweils fett gedruckt und entspricht dem Modell, welches den Erbgang des SNP's am ehesten beschreibt.

Ansatz		GerMIFS II	UK MI	Atherogene	LMD	MONICA	PopGen	Prime	Gesamt
Minelli	λ [95% KI von λ]	0,52 [-0,51-1,22]	1,28 [0,02-2,41]	1,07 [-0,10-2,12]	0,85 [-0,09-1,52]	0,78 [-0,01-1,30]	0,65 [0,00-1,07]	1,23 [0,00-2,12]	0,85 [0,14-1,08]
Hothorn	dominant	0,1361	0,0359	0,0934	0,0567	0,0133	0,0032	0,0378	$3,06 \times 10^{-7}$
	additiv	0,0065	**0,0229**	**0,0384**	**0,0058**	**0,0004**	**$4,51 \times 10^{-6}$**	**0,0184**	**$3,00 \times 10^{-16}$**
	rezessiv	**0,0053**	0,1451	0,1302	0,0170	0,0006	$1,15 \times 10^{-5}$	0,1005	$7,00 \times 10^{-14}$

4.3.4 Diskussion

Der Chromosom 9p21,3 Locus ist inzwischen der am meisten replizierte Locus, der jemals für die koronare Herzkrankheit und den Herzinfarkt untersucht wurde. Neben dieser Replikationsstudie wurden innerhalb kürzester Zeit weitere Replikationsstudien veröffentlicht.

Beispielsweise bestätigte das PROCARDIS Consortium die Assoziation des Locus in vier weiteren unabhängigen Studien (Broadbent et al., 2008). Die Autoren zeigten, ähnlich wie die vorliegende Meta-Analyse, dass die Assoziation zwischen dem Chromosom 9p21,3 Locus und der koronaren Herzkrankheit nicht von Alter, Geschlecht, Rauchstatus, Übergewicht, Bluthochdruck und weiteren Risikofaktoren beeinflusst wird. Des Weiteren belegte das PROCARDIS Consortium, dass der Diabetes und der Herzinfarkt Locus auf Chromosom 9p21,3 unabhängig voneinander sind.

Darüber hinaus gibt es zwei Arbeiten von Shen (Shen et al., 2008a,b), die die Assoziation in Patienten mit koronarer Herzkrankheit aus Südkorea und Patienten mit Herzinfarkt aus Italien bestätigen.

Ye et al. (2008) untersuchten ebenfalls den SNP rs1333049 in einer Kohortenstudie und können eine Assoziation mit der Entwicklung von Atherosklerose, das bedeutet der Ablagerung von Fett, Blutgerinseln, Bindegewebe und Kalk in den Blutgefäßen, und der Inzidenz kardiovaskulärer Erkrankungen zeigen.

Schließlich zeigten Helgadottir et al. (2007), dass der Locus nicht nur mit atherosklerotischen Erkrankungen assoziiert ist, sondern unter anderem auch mit Erkrankungen wie Bauchaortenaneurysma, d. h. einer irreversiblen Verdünnung und Ausweitung der Gefäßwand der Aorta im Bauchraum, einhergeht. Weiterhin berichteten Helgadottir et al. (2007) eine Assoziation des Chromosom 9p21,3 Locus in verschiedenen Bevölkerungen zu kardiogenem Schlaganfall und peripherer arterieller Verschlusskrankheit, die eine fortschreitende Verengung bzw. Verschluss der arteriellen Arm- oder Beingefäße bedeutet.

Eine weitere aktuelle Studie konnte zeigen, dass der Chromosom 9p21,3 Locus ein Hauptrisikolocus für atherosklerotischen Schlaganfall darstellt (Gschwendtner et al., 2009). Auch der Schlaganfall-Locus scheint, ähnlich wie der Diabetes-Locus auf Chromosom 9p21,3, unabhängig vom Locus für die koronare Herzkrankheit zu sein.

Ferner konnte durch eine Studie von Schäfer et al. (2009) nachgewiesen werden,

4.4 Anwendungsbeispiel: LDLR-Locus und koronare Herzkrankheit

dass Parodontitis und koronare Herzkrankheit am Chromosom 9p21,3 Locus genetisch miteinander verwandt sind.
Interessanterweise gibt es inzwischen auch einige Studien, die einen Zusammenhang zwischen dem Chromosom 9p21,3 Locus und verschiedenen Krebsformen entdeckt haben (z. B. Wrensch et al. (2009)). Die beiden Gene *CDKN2A* und *CDKN2A*, die sich am Rand dieses Locus befinden, sind Tumorsuppressorgene. Da diese Gene eine Rolle im Zellzyklus und beim Zelltod spielen (Sherr, 2000), ist der Zusammenhang des Chromosom 9p21,3 Locus mit verschiedenen Krebsformen nicht verwunderlich.
Die Assoziationen dieser vielen unterschiedlichen Erkrankungen zum Chromosom 9p21,3 Locus lassen den Schluss zu, dass diesem Locus starke pleiotrophische Effekte zugrunde liegen. Diese Hypothese ist jedoch noch nicht mittels funktioneller Studien verifiziert.
Neben den beiden Tumorsuppressorgenen konnte durch Broadbent et al. (2008) das nicht-kodierende RNA Gen *ANRIL* innerhalb des Chromosom 9p21,3 Locus identifiziert werden. Dieses Gen ist in Geweben und Zellen exprimiert, die an der Entwicklung von Atherosklerose beteiligt sind. Eine detaillierte funktionelle Analyse des Gens haben Jarinova et al. (2008) durchgeführt. Die Autoren zeigten, dass die Enstehung von Atherosklerose durch die Regulierung der Expression des *ANRIL*-Gens begünstigt werden könnte. Die unterschiedliche Expression könnte wiederum zu einer veränderten Expression von Genen führen, die für den Wachstum bzw. die Vermehrung von Zellen verantwortlich sind.

4.4 Anwendungsbeispiel: Die Reduzierung des LDL-Spiegels aufgrund einer genetischen Variante im *LDLR*-Gen senkt das Risiko eine koronare Herzkrankheit zu entwickeln

Zahlreiche epidemiologische Studien zeigen eine kausale Beziehung zwischen Serum Cholesterin Werten und dem Risiko eine koronare Herzkrankheit zu entwickeln. Ebenso werden seit einigen Jahren für die Behandlung von Patienten mit koronarer Herzkrankheit lipidsenkende Medikamente empfohlen (Grundy et al.,

4.4 Anwendungsbeispiel: LDLR-Locus und koronare Herzkrankheit

2004). Relativ unklar ist hingegen, ob sich die vererbte Variabilität von Cholesterin-Werten auf das Risiko eine koronare Herzkrankheit zu entwickeln, auswirkt. Für eine Variante im *PCSK9*-Gen konnte z. B. gezeigt werden, dass sie mit einer wesentlichen Verminderung der LDL-Cholesterin-Werte einhergeht, die nahezu das Risiko einen Herzinfarkt zu entwickeln beseitigt (Cohen et al., 2006). Im Jahr 2008 sind die ersten genomweiten Assoziationsstudien zu LDL-Cholesterin-Werten durchgeführt wurden (Kathiresan et al., 2008; Sandhu et al., 2008; Willer et al., 2008). Alle drei Studien haben unabhängig voneinander SNPs im *LDL Rezeptor* (*LDLR*) Gen auf Chromosom 19p13,2 identifiziert, die eine signifikante Assoziation mit der Senkung von LDL-Spiegeln zeigen. Willer et al. (2008) konnten ebenso zeigen, dass ein SNP aus diesem Gen mit der koronaren Herzkrankheit assoziiert ist. In diesem Anwendungsbeispiel sollen mittels meta-analytischen Methoden die Assoziationen zum LDL-Cholesterin und zur koronaren Herzkrankheit bestätigt werden. Ferner bietet diese Studie die Gelegenheit eine potentielle kausale Assoziation zwischen dem Risikofaktor LDL-Cholesterin und der koronaren Herzkrankheit zu untersuchen. Dies ist möglich, da durch die „zufällige Verteilung" der genetischen Variante Einflussfaktoren, wie soziale oder Umweltfaktoren, zum großen Teil ausgeschlossen werden können.

Im Folgenden wird zunächst das Studiendesign und die Studienpopulation dieses Anwendungsbeispiels vorgestellt (Abschnitt 4.4.1). Anschließend werden in Abschnitt 4.4.2 die Ergebnisse berichtet. Die Beschreibung des Beispiels wird mit einer Diskussion abgeschlossen (Abschnitt 4.4.3).

4.4.1 Studiendesign und Studienpopulationen

Die Studienstrategie zur Untersuchung des *LDLR*-Gens und alle beteiligten Studienpopulationen sind in Abbildung 4.4 dargestellt.
Im ersten Schritt wurde die Region in 1.644 populationsbasierten Individuen auf eine Assoziation mit LDL-Cholesterin Werten untersucht. Hierfür wurde das „Genechip® Human Mapping 500K Array Set" von Affymetrix einschließlich imputierter Genotypen (siehe Abschnitt 5.2.1) verwendet. Im nächsten Schritt wurde der SNP, der das stärkste Assoziationssignal zeigte, weiter untersucht.

4.4 Anwendungsbeispiel: LDLR-Locus und koronare Herzkrankheit

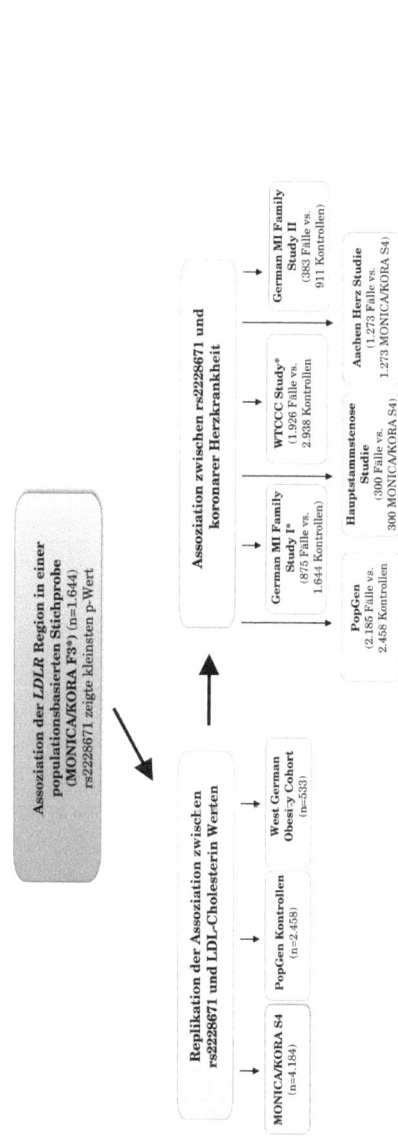

Abbildung 4.4: **Strategie zur Analyse der Assoziation des *LDLR*-Polymorphismus rs2228671 mit Serum LDL-Cholesterin-Werten und koronarer Herzkrankheit in mehreren Populationen.** Studien, die auf imputierten Genotypen basieren sind mit einem „*" gekennzeichnet.

4.4 Anwendungsbeispiel: LDLR-Locus und koronare Herzkrankheit

Insbesondere, wurde die Assoziation zum LDL-Cholesterin in zwei weiteren populationsbasierten Studien und einer Studie mit übergewichtigen Kindern untersucht. Ferner wurde der SNP in sechs Fall-Kontroll-Studien mit koronarer Herzkrankheit betrachtet. Einzelheiten zu den einzelnen Studienpopulationen finden sich im Anhang der zu diesem Projekt veröffentlichten Arbeit: „Lifelong Reduction of LDL-Cholesterol Related to a Common Variant in the LDL-Receptor Gene Decreases the Risk of Coronary Artery Disease - A Mendelian Randomisation Study" (Linsel-Nitschke et al., 2008a).

4.4.2 Ergebnisse

In diesem Abschnitt werden zunächst die Assoziationen zum LDL-Cholesterin und zur koronaren Herzkrankheit beschrieben. Anschließend wird das zugrunde liegende kausale Modell bestimmt.

Assoziation zu LDL-Cholesterin

In der initialen Studie konnten auf Chromosom 19p13,2 nach allen Qualitätskontrollen 33 genotypisierte und 185 imputierte SNPs untersucht werden. Insgesamt zeigten neun genotypisierte und 50 imputierte SNPs einen p-Wert kleiner 0,05 in der Regressionsanalyse mit LDL-Cholesterin. Eine Übersicht der p-Werte dieser SNPs ist in Abbildung 4.5 dargestellt. Der SNP rs2228671 mit dem stärksten Assoziationssignal zeigte auch in den beiden populationsbasierten Replikationsstudien eine Assoziation. In der MONICA/KORA S4 Studie betrug die mittlere Differenz für ein Risikoallel 0,20 mmol/L (95% Konfidenzintervall: [0,13-0,28] mmol/L ; p-Wert: $2,6 x 10^{-8}$). In der populationsbasierten PopGen-Studie konnte entsprechend ein Effekt von 0,14 mmol/L (95% Konfidenzintervall: [0,06-0,23] mmol/L ; p-Wert: 0,0012) gefunden werden. Auch in der West German Obesity Cohort, einer Studie mit Kindern und jungen Erwachsenen, die noch keine lipidsenkenden Medikamente bekommen, war der Effekt schon nachweisbar (0,20 mmol/L; 95% Konfidenzintervall: [0,03-0,37] mmol/L; p-Wert: 0,0220).

4.4 Anwendungsbeispiel: LDLR-Locus und koronare Herzkrankheit

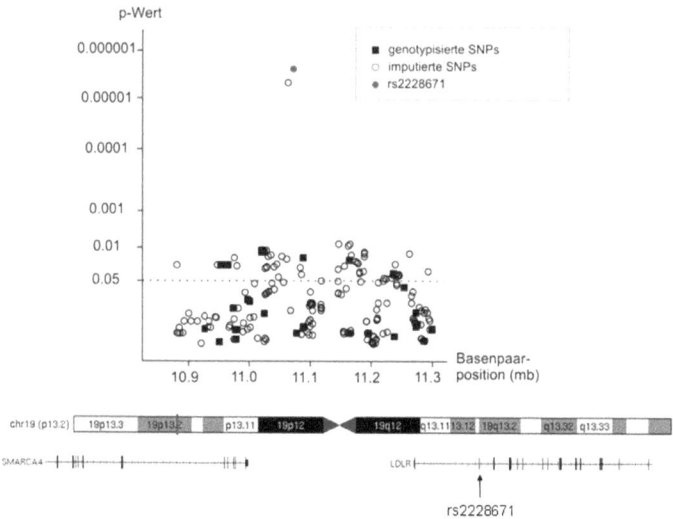

Abbildung 4.5: Darstellung der p-Werte der 19p13,2 Region. Abgebildet sind die p-Werte aus den Regressionen mit LDL-Cholesterin als abhängige und jeweils der genotypisierte bzw. imputierte SNP als unabhängige Variable. Der SNP mit dem stärksten Effekt (rs2228671) ist mit einem roten Punkt dargestellt. Im unteren Teil ist die Position des SNPs veranschaulicht (Quelle: http://genome.ucsc.edu/).

Assoziation zur koronaren Herzkrankheit

Da das seltene Allel des SNPs rs2228671 bei den Trägern zu einer lebenslänglichen Reduzierung der LDL-Cholestrin Werte führt, kann sich dies auch auf eine Senkung des Risikos eine koronare Herzkrankheit zu entwickeln auswirken. Diese Hypothese wurde zunächst anhand des imputierten SNPs rs2228671 in zwei genomweiten Assoziationsstudien überprüft. In beiden Studien konnte eine Assoziation des seltenen Allels, welche mit der Senkung des Risikos für eine koronare Herzkrankheit einhergeht, gezeigt werden (gemeinsames Odds Ratio: 0,80; 95% Konfidenzintervall: [0,76-0,84]; p-Wert < 0,0001). Zusätzlich wurden vier weitere Fall-Kontroll-Studien genotypisiert. In diesen Studien konnte ebenfalls eine Assoziation nachgewiesen werden (gemeinsames Odds Ratio: 0,83; 95% Konfidenzintervall: [0,80-0,86];

4.4 Anwendungsbeispiel: LDLR-Locus und koronare Herzkrankheit

p-Wert < 0,0001). Der zugehörige Forest Plot ist in Abbildung 4.6 dargestellt.

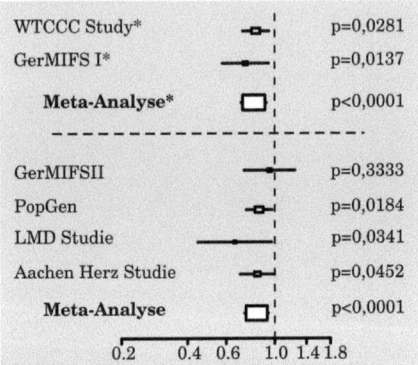

Abbildung 4.6: Forest Plot für die Meta-Analyse von rs2228671 und koronarer Herzkrankheit. Dargestellt sind Odds Ratios und entsprechende 95% Konfidenzintervalle für ein Risikoallel unter der Annahme eines additiven Modells mit festen Effekten. Die Größe der einzelnen Boxen bildet die jeweilige Fallzahl der Studie ab. Die Studien mit imputierten (mit einem „*" gekennzeichnet) und genotypisierten SNPs sind getrennt ausgewertet.

Der Forestplot zeigt, dass die Studien sehr homogen waren. Auch anhand der Cochran'schen Heterogenitätsstatistik und der I^2-Statistik wurde deutlich, dass in der vorliegenden Studie keine Heterogenität vorlag (imputierte Studien: Q=0,6; p-Wert=0,4499; $I^2 = 0\%$; genotypisierte Studien: Q=2,3; p-Wert=0,5054; $I^2 = 0\%$).

Bestimmung des kausalen Modells

Bei der Betrachtung des kausalen Modells am SNP rs2228671 mittels Strukturgleichungen führte ein seltenes Allel zur Senkung der LDL-Cholesterin-Werte. Höhere LDL-Cholesterin-Werte gingen in diesem Modell mit einer Erhöhung des Risikos an einer koronaren Herzkrankheit zu erkranken einher. Im Modell gab es keinen direkten Weg mehr zwischen dem SNP und dem Risiko eine koronare Herzkrankheit zu entwickeln. Somit ließ sich schließen, dass das Risiko an einer koronaren Herzkrankheit zu erkranken aufgrund der häufigen Variante des *LDLR*-Gens allein auf die Erhöhung des LDL-Cholesterins zurückzuführen ist. Die Ergebnisse der Strukturgleichungen sind in Abbildung 4.7 dargestellt.

4.4 Anwendungsbeispiel: LDLR-Locus und koronare Herzkrankheit

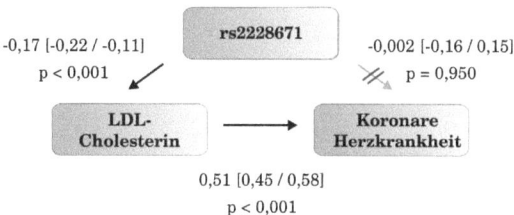

Abbildung 4.7: Kausales Modell zwischen rs2228671, LDL-Cholesterin und koronarer Herzkrankheit. Dargestellt sind die β-Schätzer, 95% Konfidenzintervalle und p-Werte aus den Strukturgleichungen.

4.4.3 Diskussion

Die Assoziationsergebnisse zum LDL-Cholesterin, der koronaren Herzkrankheit und des untersuchten SNPs, legen die Vermutung nahe, dass es sich bei dieser oder einer benachbarten genetischen Variante um einen funktionellen Marker handelt. Dieser vermindert sehr wahrscheinlich durch eine dauerhafte Senkung des LDL-Cholesterins das Risiko an einer koronaren Herzkrankheit zu erkranken. Jedoch ist der zugrunde liegende Mechanismus, der die Senkung des LDL-Cholesterins, die mit dem seltenen Allel einhergeht, noch unklar.

Der SNP rs228671 liegt im ersten Exon des *LDLR*-Gens an der dritten Position eines Triplets, das für die Aminosäure Cystein kodiert. Für keinen Polymorphismus im *LDLR*-Gen, einschließlich rs228671, ist bekannt, dass er einen Amniosäurenaustausch verursacht. Somit scheinen unbekannte Mechanismen für die Assoziation verantwortlich zu sein. Beispielsweise könnte eine Erhöhung der Expression des *LDLR*-Gens die LDL-Cholesterin-Werte beeinflussen.

4.5 Diskussion

Die Anwendungsbeispiele zeigen, dass Meta-Analysen ein äußerst hilfreiches Werkzeug sind, um krankheitsfördernde oder krankheitsauslösende genetische Varianten zu bestätigen und systematisch zu untersuchen. Ferner kann eine möglichst umfassende Datensammlung von Primärdaten zur Generalisierbarkeit der Ergebnisse beitragen.

Genetisch-epidemiologische Meta-Analysen, die auf Primärdaten basieren, sind jedoch vor allem zeit- und kostenintensiv. Viele unterschiedliche Parteien wie beispielsweise Statistiker, Projektleiter und Laborleiter müssen an einem Strang ziehen und ihren Beitrag zum Gelingen leisten, denn der Erfolg einer solch umfangreichen Studie hängt vor allem von der erfolgreichen Kooperation aller Beteiligten ab.

Von immenser Bedeutung ist die Auswahl des statistischen Modells für die Analyse. Modelle mit festen Effekten sind sinnvoll, wenn zum einen kein Zweifel daran besteht, dass die Studien funktionell identisch sind und zum anderen, wenn das Ziel der Studie ist, eine gemeinsame Effektgröße zu bestimmen, die auf die gleiche Bevölkerung verallgemeinert werden kann. Wenn Daten von vielen Studien gemeinsam analysiert werden sollen, die Daten allerdings von verschiedenen Personen generiert wurden, so ist die statistische Analyse mit Modellen mit zufälligen Effekten angebracht. Derartige Daten werden sehr wahrscheinlich funktionell nicht identisch sein. Ein weiterer Vorteil von Modellen mit zufälligen Effekten ist die Generalisierbarkeit. Wenn alle Studien identisch wären und nur Modelle mit festen Effekten Anwendung fänden, so wäre eine Extrapolation auf andere Bevölkerungen nicht möglich. Allerdings können bei einer kleinen Anzahl von gemeinsam analysierten Studien die Variabilitäten zwischen den Studien in Modellen mit zufälligen Effekten nicht exakt geschätzt werden. In dieser Situation liefern nur die Modelle mit festen Effekten adäquate Effektschätzer.

5 Genomweite Assoziationsstudien

Genome-wide association studies are revolutionizing the search for the genes underlying human complex diseases.

(Spencer et al., 2009)

5.1 Motivation

Bereits Mitte der neunziger Jahre haben Risch und Merikangas (1996) prognostiziert, dass genomweite Assoziationsstudien ein starkes Instrument sind, um Gene in komplexen Erkrankungen zu identifizieren. Zu diesem Zeitpunkt schienen genomweite Assoziationsstudien technisch allerdings noch unmöglich. Es existierten noch keine geeigneten genetischen Marker, die das gesamte Genom abdecken und einfach, billig und schnell genotypisiert werden konnten (Maresso und Bröckel, 2008). Erst im Rahmen des humanen Genomprojekts (International HapMap Consortium, 2005) konnten hinreichend viele SNPs für genomweite Assoziationsstudien zusammengetragen werden.

Mittlerweile haben sich genomweite Assoziationsstudien als Methode der Wahl bei der Suche nach genetischen Ursachen komplexer Erkrankungen herausgestellt. Mehr als 300 replizierbare Loci konnten mittels dieses Analyseansatzes für mehr als 70 komplexe Erkrankungen identifiziert werden (Donnelly, 2008).

Auch für die koronare Herzkrankheit konnte mit den ersten genomweiten Assoziationsstudien neue Loci gefunden werden (Helgadottir et al., 2007; McPherson et al., 2007; Samani et al., 2007; Wellcome Trust Case Control Consortium, 2007; Erdmann et al., 2009; Myocardial Infarction Genetics Consortium, 2009). Alle diese Studien zeigen Assoziationen zu Chromosom 9p21,3. Wie in Abschnitt 4.3 gezeigt und diskutiert, haben mittlerweile zahlreiche Studien diesen Locus bestätigt. Auch einige weitere Assoziationssignale auf den Chromosomen 1p13,3, 1q41 und 10q11,21 konnten inzwischen in einer großen Meta-Analyse repliziert werden (Coronary Artery Disease Consortium, 2009). Ferner wurde inzwischen auch eine genomweite Haplotypanalyse für die koronare Herzkrankheit durchgeführt (Trégouët et al., 2009). In dieser Studie konnte die Ansammlung der drei Gene *SLC22A3*, *LPAL2* und *LPA* auf dem Chromosom 6q26-q27 identifiziert werden, die in noch keiner der bisherigen genomweiten Assoziationsstudien entdeckt wurde.

Die genomweite Haplotypanalyse und die bisherigen genomweiten Assoziationsstudien haben einige chromosomale Regionen mit starken Assoziationssignalen identifiziert. Diese chromosomalen Regionen allein erklären allerdings bei weitem nicht die zugrunde liegende genetische Komponente der koronaren Herzkrankheit und des Herzinfarkts. Weitere genomweite Assoziationsstudien sind notwendig, um die genetische Karte dieser Erkrankung zu komplettieren.

Das folgende Kapitel gibt eine Übersicht über die wesentlichen Aspekte, die bei der Planung und der statistischen Analyse einer genomweiten Assoziationsstudie wichtig sind (Abschnitt 5.2). Die Verfahren werden anhand der genomweiten Assoziationsstudie von Erdmann et al. (2009) „New susceptibility locus for coronary artery disease on chromosome 3q22.3" in Abschnitt 5.3 illustriert. Es schließt sich eine Diskussion darüber an, was mit genomweiten Assoziationsstudien erreicht wurde (Abschnitt 5.4). Abschließend werden in Abschnitt 5.5 einige Herausforderungen aufgezeigt, denen sich im Rahmen von genomweiten Assoziationsstudien in Zukunft gestellt werden sollte.

5.2 Methoden

In diesem Abschnitt werden wesentliche Methoden, die bei genomweiten Assoziationsstudien eine Rolle spielen, dargestellt. Der allgemeine Ablauf einer genomweiten Assoziationsstudie ist in Abschnitt 5.2.1 erklärt. Anschließend werden die wichtigsten Aspekte dieses allgemeinen Ablaufs näher erläutert. Zunächst werden Studiendesign (Abschnitt 5.2.2) und Qualitätssicherung (Abschnitt 5.2.3) bei genomweiten Assoziationsstudien beschrieben. Abschließend werden wichtige Aspekte, die bei der statistischen Analyse von Bedeutung sind, dargestellt (Abschnitt 5.2.4).

5.2.1 Allgemeine Vorgehensweise

Eine genomweite Assoziationsstudie lässt sich im Prinzip in sieben Arbeitsschritte unterteilen:

1. **Studiendesign:**
   Wie alle epidemiologischen Studien, müssen auch genomweite Assoziationsstudien sorgfältig geplant werden. Empfehlungen geben einige Übersichtsarbeiten von Hirschhorn und Daly (2005), McCarthy et al. (2008), Pearson und Manolio (2008) oder Sebastiani et al. (2009). Abschnitt 5.2.2 befasst sich näher mit dem Studiendesign genomweiter Assoziationsstudien. In diesem Abschnitt werden die Vor- und Nachteile von qualitativen und quantitativen Phänotypen diskutiert, sowie die Unterschiede zwischen Fall-Kontroll- bzw.

5.2 Methoden

Kohorten-Studien und familienbasierten Studien betrachtet. Darüber hinaus werden stufenweise, gepoolte Analysen und *in-silico* Analysen gegenübergestellt.

2. **Genotypisierung:**
Im zweiten Schritt folgt die Genotypisierung eines SNP-Chips auf einer der beiden im Moment vorhanden Genotypisierungsplattformen Affymetrix oder Illumina. Beide Firmen bieten verschiedene Genotypisierungschips mit unterschiedlicher Anzahl von SNPs, zu unterschiedlichen Preisen an. Die Abdeckung des Genoms kann je nach Größe des Chips variieren. Eine Vergleich der Abdeckung der gängigen Chips findet sich bei Anderson et al. (2008). Eine Übersichtsarbeit zu den Einzelheiten, sowie methodischen Vor- und Nachteilen der verschiedenen Genotypisierungsplattformen geben Maresso und Bröckel (2008).

3. **Genotypcalling:**
Nach der Genotypisierung folgt die Generierung der Genotypen. Dieser Schritt wird auch als „Callen" bezeichnet. Zu diesem Zweck existieren für die unterschiedlichen Genotypisierungsplattformen jeweils verschiedene Algorithmen. Einen Einblick in die Vielzahl der Algorithmen gibt Teo (2008). Plagnol et al. (2007), McCarthy et al. (2008) und Ziegler et al. (2008a) beschreiben in ihren Übersichtsarbeiten explizit Probleme, die beim Callen auftreten können.

4. **Qualitätssicherung:**
Einer der wichtigsten Arbeitsschritte bei genomweiten Assoziationsstudien ist die Qualitätskontrolle (McCarthy et al., 2008; Ziegler et al., 2008a; Sebastiani et al., 2009; Teo, 2010). Es wird zwischen Qualitätskontrollen auf individueller und auf SNP-Ebene unterschieden. Im Abschnitt 5.2.3 sind die einzelnen Qualitätskontrollen dargestellt.

5. **Imputation von Genotypen:**
Durch die Qualitätssicherung reduziert sich der Datensatz um ungefähr 30-40% der initial genotypisierten SNPs. Vor allem ein Vergleich von zwei oder mehr genomweiten Assoziationsstudien ist somit schwieriger, da die Qualitätssicherung für jede Studie und jeden SNP-Chip seperat durchgeführt wer-

den muss. Eine Lösungsmöglichkeit für dieses Problem ist die Imputation von nicht genotypisierten SNPs und SNPs, die die Qualitätskontrollen nicht erfüllen.

Die Grundidee des Imputatierens besteht darin, dass mit Hilfe von genotypisierten benachbarten Markern, die in hohem Kopplungsungleichgewicht zu den nicht genotypisierten Markern stehen, die Genotypen der nicht genotypisierten Marker geschätzt werden. Einen Überblick über die unterschiedlichen Imputationsansätze, die im Moment verwendet werden, geben Halperin und Stephan (2009). Die Algorithmen unterscheiden sich im Wesentlichen bezüglich des Vorgehens bei den Annahmen der zugrunde liegenden Haplotypstruktur der Vorfahren und der Übergangswahrscheinlichkeiten. Ferner werden unterschiedliche Optimierungsprozeduren verwendet. Vergleiche der Effizienz und Genauigkeit der wichtigsten Imputationsalgorithmen geben Pei et al. (2008), Hao et al. (2009) und Spencer et al. (2009). Die Autoren zeigen u. a., dass Imputationen in Studien mit afrikanischen Bevölkerungen nicht so erfolgreich sind wie Imputationen in Studien deren Populationen kaukasischen Hintergrund haben. Ferner belegen diese Arbeiten mittels Simulationen, dass die Imputation von Genotypen die Abdeckung insgesamt nicht wesentlich erhöht. Die am weitesten verbreiteten Algorithmen zur Genotypimputation sind MACH (Li und Abecasis, 2006) und IMPUTE (Marchini et al., 2007) bzw. dessen Verbesserung IMPUTE V2 (Howie et al., 2009).

6. **Statistische Analyse:**

Die Analysestrategie ist vor allem abhängig von der biologischen Hypothese auf der die genomweite Assoziationsstudie basiert. Aus dieser biologischen Hypothese ergibt sich zum einen der Datentyp der Zielvariable und zum anderen das genetische Modell. Das genetische Modell ist wiederum für die Auswahl des statistischen Modells ausschlaggebend. In Abschnitt 5.2.4 finden sich, sowohl für qualitative, als auch für quantitative Phänotypen, Empfehlungen. Des Weiteren wird in Abschnitt 5.2.4 auf die bei der Analyse von genomweiten Assoziationsstudien wichtigen Aspekte der Populationsstratifikation, d. h. Verzerrungen bei der statistischen Analyse, die sich durch die Mischung von Populationen unterschiedlicher ethnischer Herkunft und unterschiedlicher Erkrankungsraten ergeben, und der genomweiten Signifikanz näher eingegangen.

5.2 Methoden

7. **Reproduktion, Replikation, und Validierung:**
Der letzte Schritt bei genomweiten Assoziationsstudien dient dazu, die Gültigkeit der Ergebnisse zu zeigen. Unumgänglich ist hierbei eine Reproduktion eines Teils der Genotypen. Diese umfasst eine erneute Genotypisierung der besten SNPs in einem Teil der initial genotypisierten Individuen auf einer anderen Genotypisierungsplattform. Ferner sollten die Ergebnisse in mindestens einer weiteren unabhängigen Studie repliziert oder validiert werden. Hierbei sind die beiden Begriffe „Replikation" und „Validierung" strikt zu unterscheiden (Igl et al., 2009). Bei einer Replikationsstudie wird der Befund in einer weiteren Stichprobe aus der ursprünglichen Bevölkerung nachgewiesen. Im Gegensatz dazu stammt bei einer Validierungsstudie die Stichprobe aus einer anderen Bevölkerung. Eine Validierungsstudie eignet sich somit eher zur Generalisierbarkeit von Ergebnissen als eine Replikationsstudie. Allerdings reicht bei den meisten genomweiten Assoziationsstudien eine Reproduktion und eine Replikation aus. Wenn mit diesen beiden Schritten das initiale Assoziationssignal bestätigt werden kann, so können technische Fehler und Fehler im Studiendesign ausgeschlossen werden.

5.2.2 Studiendesign

Dieser Abschnitt gibt eine Übersicht über die wesentlichen Aspekte, die bei der Planung einer genomweiten Assoziationsstudie eine Rolle spielen. Unter anderem geben die Übersichtsarbeiten von Hirschhorn und Daly (2005), Kraft und Cox (2008), McCarthy et al. (2008) und Pearson und Manolio (2008) Empfehlungen für die Planung.

Qualitative vs. quantitative Phänotypen

In den meisten Fällen ist ein qualitativer Phänotyp, d. h. eine für die Krankheit mit „ja/nein" kodierte Variable, die Zielgröße, die von Interesse ist. Der wesentliche Nachteil bei qualitativen Zielgrößen besteht darin, dass die Einteilung sehr subjektiv sein kann und dies zu Fehlklassifizierungen führt. Zudem sind keine meßbaren Abstufungen zwischen einzelnen Individuen möglich.

5.2 Methoden

Bei der Verwendung von quantitativen Zielgrößen wird meist auf intermediäre Phänotypen zurückgegriffen. Diese sind im Gegensatz zu qualitativen Zielgrößen objektiver, da sie insgesamt weniger von Umwelteinflüssen verändert werden. Allerdings beeinflussen Gene, die den intermediären Phänotyp beeinflussen, nicht zwangsweise auch die zugehörige Erkrankung.

Ein Großteil der bisher veröffentlichten genomweiten Assoziationsstudien betrachtet im ersten Schritt die qualitative Zielgröße. Im zweiten Schritt wird untersucht, ob die interessanten SNPs zusätzlich mit verschiedenen intermediären Phänotypen assoziiert sind. In jüngster Zeit gibt es allerdings auch zahlreiche genomweite Assoziationsstudien zu verschiedenen qualitativen Zielgrößen, in denen im Nachhinein noch ein klinischer, quantitativer Phänotyp gesucht wird, der an den interessanten Markern assoziiert ist. Ein Beispiel hierfür geben Teupser et al. (2010). Sie identifizierten Varianten im *ABCG8*- und *ABO*-Gen, die mit einer signifikanten Veränderung von Phytosterol-Werten einhergehen. Phytosterole sind cholesterinähnliche Fette, die in Pflanzen vorkommen. Da Phytosterole und Cholesterin, das über die Nahrung aufgenommen wird, eine ähnliche Struktur besitzen, können Phytosterole die Aufnahme des Nahrungscholesterins ins Blut hemmen. Die verminderte Cholesterinaufnahme führt somit zu einer Senkung des Cholesterinspiegels. Teupser et al. (2010) zeigen sowohl die Assoziation zwischen Phytosterol-Werten, als auch die Assoziation zwischen koronarer Herzkrankheit und Varianten aus beiden Genen. Ausgehend von einem quantitativen Phänotyp konnte in dieser Studie also auch eine Assoziation für eine Erkrankung gefunden werden.

Eine dritte Möglichkeit besteht darin, eine quantitative Zielgröße zu dichotomisieren. Die binäre Variable wäre dann leichter zu interpretieren und ist in den meisten Fällen klinisch relevanter als der ursprüngliche quantitative Phänotyp. Allerdings ist die Dichotomisierung bei quantitativen Zielgrößen meist willkürlich und unpräzise. Eine ausführliche Diskussion der Probleme, die sich bei Dichotomisierung einer kontinuierlichen Variable ergeben findet sich in einem Kommentar von Altman (1994).

Insgesamt ist die statistische Macht eine Assoziation zu entdecken bei der Analyse von qualitativen Phänotypen höher als bei quantitativen Phänotypen (Ziegler und König, 2006, **Kapitel 8**).

5.2 Methoden

Stufenweise vs. gemeinsame vs. in-silico Analyse

Bei der Planung der Analysestrategie gibt es in Abhängigkeit vom Studienziel zahlreiche Möglichkeiten. Viele bisher veröffentlichte genomweite Assoziationsstudien verwenden einen mehrstufigen Analyseansatz (Hirschhorn und Daly, 2005). Dort wird in der ersten Stufe das komplette Markerset in einer kleinen Bevölkerung untersucht. In der nächsten Stufe werden die besten SNPs aus der ersten Stufe in einer größeren Bevölkerung betrachtet. Mit jeder weiteren Stufe wird die Bevölkerungsgröße erhöht und die Anzahl der zu untersuchenden SNPs reduziert. Hirschhorn und Daly (2005) schlagen zwei bis drei Analysestufen vor. Der wesentliche Vorteil dieser Analysestrategie besteht darin, dass mit jeder zusätzlichen Stufe die vielen falsch-positiven Resultate ausgeschlossen werden können und am Ende die wenigen tatsächlich positiven Assoziationen übrig bleiben. Wesentlicher Nachteil dieses Analyseansatzes ist, dass meist die Bevölkerung in der ersten Stufe so klein ist, dass nur Marker mit starken Signalen entdeckt werden können und kleinere Effekte unentdeckt bleiben. Eine größere statistische Macht, auch kleinere Effekte aufzudecken, bietet der Ansatz von Skol et al. (2006). Die Autoren schlagen vor, die Replikationsstufe auszulassen und alle Fälle und Kontrollen mit dem gesamten Markerset zu analysieren. Ein ähnlicher Ansatz besteht darin, bei verschiedenen genomweiten Assoziationsstudien, wie z. B. in Samani et al. (2007), eine gemeinsame Analyse durchzuführen. Auf diese Weise können kleinere Effekte entdeckt werden. Da bei dieser Vorgehensweise und dem Ansatz von Skol et al. (2006) keine Replikationsstufe geplant ist, sollte bei diesen beiden Verfahren mit einem hohen Anteil falsch-positiver Assoziationssignale gerechnet werden. Praktisch ist diese Analyse durch Zusammenschlüsse in Consortien möglich, was jedoch sehr aufwendig ist.

Eine dritte Analysestrategie, die die Vorteile von stufenweisen und gemeinsamen Analysen verknüpft, ist die so genannte *„in-silico"* Analyse. Bei diesem Ansatz werden in der genomweiten Assoziationsstudie SNPs mit einem sehr liberalen p-Wert, von beispielsweise kleiner 10^{-3}, ausgewählt. Um die Echtheit der Effekte dieser SNPs beurteilen zu können, werden in einer zweiten Analyse diese SNPs in anderen genomweiten Assoziationsstudien untersucht. Dies hat den Vorteil, dass nicht alle Marker neu genotypisiert werden müssen. Somit entstehen keine zusätzlichen Genotypisierungskosten, die sich z. B. in einem klassischen stufenweisen Ansatz in der Replikationsstufe ergeben. Ferner müssen nicht, wie bei einer gemeinsamen Analy-

5.2 Methoden

se, die kompletten Ergebnisse der jeweiligen Studien ausgetauscht werden, was die Zusammenarbeit erleichtert. Darüber hinaus eignet sich eine *in-silico* Analyse sehr gut dazu, falsch-positive SNPs auszuschließen. Die beiden ersten Stufen dienen der Hypothesengenerierung. Aus diesem Grund ist eine dritte Stufe zu empfehlen, die zum statistischen Testen verwendet werden kann. Die Genotypisierung in der dritten Stufe sollte auf einer anderen Genotypisierungsplattform durchgeführt werden als die ersten beiden Stufen. Der *in-silico* Ansatz hat den Vorteil, dass er, ähnlich wie der Ansatz der gemeinsamen Analyse, auch assoziierte Marker mit kleinen Effekten oder kleinen Allelfrequenzen aufdecken kann. Andererseits kann mit diesem Studiendesign, wie beim stufenweisen Ansatz, die Anzahl der falsch-positiven enorm reduziert werden. Somit ist ein Großteil der SNPs, die am Ende übrig bleiben, tatsächlich positiv.

Fall-Kontroll- und Kohorten-Studien vs. familienbasierte Studien

Wie bei klassischen genetisch-epidemiologischen Assoziationsstudien, können genomweite Assoziationsstudien sowohl in Fall-Kontroll- und Kohorten-Studien, als auch in Familien durchgeführt werden. Eine systematische Übersicht über die jeweiligen Vor- und Nachteile geben Pearson und Manolio (2008).
Generell ist es aufwendiger Familienstudien zu rekrutieren als Fall-Kontroll- oder Kohorten-Studien. Des Weiteren sind die Genotypisierungskosten bei Fall-Kontroll- und Kohorten-Studien geringer als bei Familienstudien, da die Anzahl der zu genotypisierenden Individuen kleiner ist. Sowohl mit Fall-Kontroll- und Kohorten-Studien, als auch mit Familienstudien wurden bisher erfolgreich neue krankheitsfördernde und krankheitsauslösende Loci entdeckt. Allerdings kann nur mit Hilfe von Familienstudien gezeigt werden, wie eine Krankheit vererbt, also von Generation zu Generation weitergegeben wird. Darüber hinaus lassen sich bestimmte genetische Besonderheiten, wie genomische Prägung, nur in Familienstudien entdecken. Zusätzlich existieren in Familienstudien möglicherweise weniger Verzerrungsquellen als in Fall-Kontroll- und Kohorten-Studien, denn Umweltfaktoren haben bei nicht-verwandten Personen eine viel größere Bedeutung als bei verwandten Personen. Zudem spielt die Ethnizität eine wesentliche Rolle bei Fall-Kontroll- und Kohorten-Studien. Zusätzlich können Genotypisierungsfehler in Familienstudien durch Mendelüberprüfungen einfacher aufgedeckt werden.

5.2 Methoden

Familienstudien eignen sich inbesondere dazu, seltene Varianten zu identifizieren. Im Gegensatz dazu lassen sich häufige Varianten fast ausschließlich nur mit Fall-Kontroll- und Kohorten-Studien finden. Darüber hinaus haben Fall-Kontroll- und Kohorten-Studien eine höhere statistische Macht als familienbasierte Studien (Risch und Merikangas, 1996). Da sich bei Fall-Kontroll- und Kohorten-Studien jedoch große Probleme durch Populationsstratifikation ergeben können, sind familienbasierte Studien wesentlich weniger anfällig für falsch-positive Resultate. Dessen ungeachtet sind i. d. R., aufgrund des immensen Aufwands, der sich aus der Rekrutierung von familienbasierten Studien ergibt, Fall-Kontroll- und Kohorten-Studien das Studiendesign der Wahl. Daher wird sich im Folgenden auf dieses Design beschränkt und gegebenenfalls auf Besonderheiten bei Familienstudien hingewiesen.

Auswahl von Fällen und Kontrollen

Die Auswahl von Fällen und Kontrollen sollte, wie bei anderen genetischen-epidemiologischen Studien, sehr sorgfältig durchgeführt werden. Einige Empfehlungen geben z. B. McCarthy et al. (2008) in ihrer Übersichtsarbeit.
Bei der Zusammenstellung der Fälle sollte die phänotypische und genotypische Heterogenität möglichst minimiert werden. Sowohl die kulturellen und sozialen, als auch die Umwelteinflüsse, sollten bei allen Individuen annähernd gleich sein. Dies ist bei komplexen Erkrankungen, wie bereits in Abschnitt 1.3 diskutiert, nur schwierig zu realisieren. Durch den Einschluss von Fällen mit positiver Familienanamnese und/oder frühem Erstmanifestationsalter kann die Heterogenität reduziert werden. In welchem Ausmaß sich dadurch die statistische Macht, krankheitsfördernde und krankheitsauslösende Loci zu identifizieren, erhöht, ist jedoch unklar (McCarthy et al., 2008).
Auch eine sorgfältige Auswahl der Kontrollen kann zum Erfolg einer genomweiten Assoziationsstudie wesentlich beitragen. In Abhängigkeit von der Häufigkeit einer Erkrankung beschreiben McCarthy et al. (2008) verschiedene Szenarien für die Auswahl von Kontrollen. Neben populationsbasierten Kontrollen, können auch Individuen bei denen die Krankheit ausgeschlossen werden kann verwendet werden. Die Nutzung dieser so genannten „hypernormalen" Kontrollen liefert in jedem von McCarthy et al. (2008) simulierten Szenario die größte statistische Macht. Der enor-

me Aufwand, der mit der Rekrutierung von hypernormalen Kontrollen einhergeht, ist jedoch immens. Ferner ist die Rekrutierung solcher Kontrollen bei kardiovaskulären Erkrankungen meist ethisch nicht vertretbar, da einige kardiologische Untersuchungsverfahren, wie z. B. die Herzkatheteruntersuchung, nur bei Individuen mit Symptomen durchgeführt werden dürfen. Durch eine Erhöhung der Fallzahl von populationsbasierten Kontrollen kann auf einfache Art und Weise eine ähnliche Power wie bei der Verwendung von hypernormalen Kontrollen erreicht werden (McCarthy et al., 2008).

5.2.3 Qualitätsicherung

Ohne eine ausführliche Qualitätskontrolle kann eine genomweite Assoziationsstudie nicht durchgeführt werden. Empfehlungen zu den wesentlichen Aspekten der Qualitätssicherung geben u. a. die Übersichtsarbeiten von McCarthy et al. (2008), Ziegler et al. (2008a), Sebastiani et al. (2009) und Teo (2010).
Einen Überblick über alle unbedingt notwendigen Qualitätsschritte gibt Abbildung 5.1. Es wird zwischen Qualitätskontrolle auf individueller und auf SNP-Ebene unterschieden. Im Folgenden werden die einzelnen Schritte erläutert und insbesondere die Qualitätskriterien für kardiovaskuläre Erkrankungen beschrieben.

5.2 Methoden

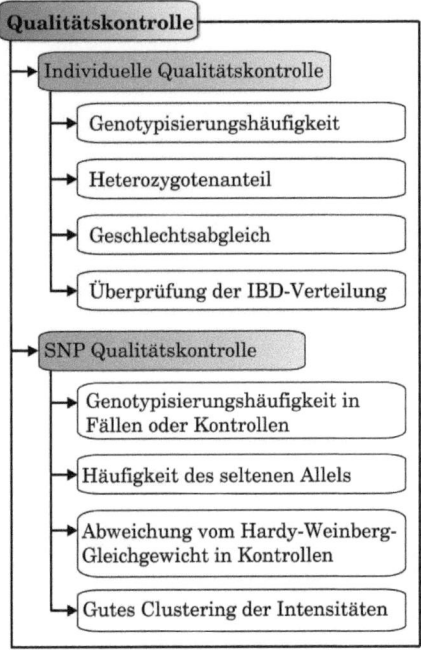

Abbildung 5.1: Qualitätskontrolle bei genomweiten Fall-Kontroll- oder Kohorten-Studien.

Qualitätssicherung auf Individuenebene

Auf individueller Ebene müssen die folgenden vier verschiedene Qualitätsaspekte berücksichtigt werden:

1. **Genotypisierungshäufigkeit:**
   Zunächst wird für jedes Individuum die individuelle Genotypisierungshäufigkeit, auch als „call rate", bezeichnet über alle SNPs hinweg betrachtet. Es wird folglich untersucht, an wievielen SNPs pro Individuum ein Genotyp vorliegt. In der Regel sollte die Genotypisierungshäufigkeit bei mindestens 95-97% sein.

5.2 Methoden

2. **Heterozygotenanteil:**
Weiterhin wird für jedes Individuum der Heterozygotenanteil betrachtet. Dieser gibt den Anteil der heterozygoten Genotypen bezogen auf alle Genotypen für jedes Individuum an. Im Wesentlichen sollte sich der Heterozygotenanteil eines Individuums vom Mittelwert aller Heterozygotenanteile nicht mehr als drei Standardabweichungen unterscheiden.

3. **Geschlechtsabgleich:**
Darüber hinaus wird mittels der SNPs auf dem X-Chromosom das Geschlecht der genetischen Daten bestimmt und mit dem Geschlecht der zugehörigen Person aus den Phänotypen verglichen. Hierzu wird beispielsweise der Heterozygotenanteil am X-Chromosom berechnet.

4. **Überprüfung der IBD-Verteilung:**
Abschließend wird überprüft, ob sich doppelte oder verwandte Individuen im Datensatz befinden. Hierzu wird das Konzept der IBD-Verteilung verwendet, welches bereits in Abschnitt 3.2.4 eingeführt wurde und dort die Basis für modellfreie Kopplungsanalysen bildete. Im Rahmen der Qualitätssicherung wird für jedes Individuenpaar der Anteil gleicher IBD folgendermaßen berechnet:

$$\pi = P(\text{IBD} = 2) + 0,5 \cdot P(\text{IBD} = 1). \tag{5.1}$$

Für die Bestimmung der IBD-Statistik sind i. d. R. nicht alle Marker notwendig. Grundsätzlich reichen 200.000 bis 300.000 zufällig auf dem Genom verteilte Marker für die Berechnung aus. Individuenpaare mit einem $\hat{\pi} \geq 0,125$ bedürfen einer kritischen Kontrolle (Fellay et al., 2007). Ist dieser Wert überschritten, so haben die beiden untersuchten Individuen überzufällig viele identische Allele. Ferner kann anhand des $\hat{\pi}$-Wertes für jedes Individuenpaar eine mögliche Beziehung geschätzt werden. Ist der Wert zwischen 0,2 und 0,3, so handelt es sich wahrscheinlich um ein Halbgeschwisterpaar oder ein Elternteil mit einem Nachkommen. Liegt $\hat{\pi}$ zwischen 0,4 und 0,6, so kann von Vollgeschwistern ausgegangen werden. Bei einem Wert nahe bei 1,0 sind entweder zwei identische Proben oder eineiige Zwillinge in der Analyse. Bei allen kritischen Individuenpaaren sollte jeweils ein Individuum ausgeschlossen werden. Hierbei kann entweder das Individuum mit der größeren Anzahl an fehlenden Werten oder ein zufällig bestimmtes Individuum entfernt werden.

5.2 Methoden

Qualitätssicherung auf SNP-Ebene

Ist die Qualitätskontrolle für jedes Individuum abgeschlossen, wird im nächsten Schritt die Qualität der SNPs bewertet. Hierfür werden für jeden SNP die folgenden vier Kriterien überprüft:

1. **MiF:**
Bei kardiovaskulären Erkrankungen sollte die Häufigkeit der fehlenden Werte (engl: missing frequency) pro SNP und Untersuchungsgruppe im Allgemeinen nicht größer als 2% sein.

2. **MAF:**
Die Häufigkeit des seltenen Allels (engl: minor allele frequency; Abk: MAF) an einem SNP sollte bei genomweiten Assoziationsstudien von kardiovaskulären Phänotypen mindestens 1% betragen.

3. **p_{HWE}:**
Bei der Überprüfung des Hardy-Weinberg-Gleichgewichts wird sich i. d. R. darauf beschränkt, den weniger rechenintensiven χ^2-Anpassungstest auf Abweichung zu testen (Diskussion siehe dazu Abschnitt 4.2.2). Der Test wird nur in den Kontrollen durchgeführt, denn in den Fällen kann eine Abweichung an einem Locus, der mit der Krankheit assoziiert ist, durchaus plausibel sein. Dies lässt sich damit begründen, dass gerade an einem dieser Krankheitsloci für die Fälle erwartet wird, dass die kausale oder eine benachbarte Variante, über- oder unterrepräsentiert ist. Somit ist es naheliegend, dass die Fälle am Krankheitslocus gerade nicht im Hardy-Weinberg-Gleichgewicht liegen. Bei genomweiten Assoziationsstudien kardiovaskulärer Erkrankungen wurden i. d. R. bisher SNPs ausgeschlossen, die durch einen p-Wert von kleiner 10^{-4} auf eine starke Abweichung vom Hardy-Weinberg-Gleichgewicht hinwiesen.

4. **Überprüfung der Intensitätsplots:**
An jedem SNP werden für jedes Individuum jeweils zwei Intensitäten gemessen. Diese geben die Stärke des Signals für jedes Allel an. Ist die Intensität für das eine Allel hoch und für das andere Allel niedrig, so ist das Individuum an diesem SNP homozygot. Sind die Intensitäten an beiden Allelen gleich hoch, so ist das Individuum heterozygot. In einem Intensitätsplot werden die In-

tensitäten der Allele für jedes Individuum abgebildet. Dabei hat der Punkt die jeweilige Farbe des Genotyps, der dem Individuum beim Callen zugeteilt wurde. Intensitätsplots für SNPs, die von größerem Interesse sind, sollten von zwei Personen unabhängig begutachtet werden, da die Beurteilung eines Intensitätsplots sehr subjektiv ausfallen und auch bei vorher festgelegten Begutachtungskriterien sich voneinander unterscheiden kann. Eine ausführliche Diskussion zu Intensitätsplots findet sich beispielsweise bei Plagnol et al. (2007), McCarthy et al. (2008), Ziegler et al. (2008a) und Teo (2010).

Ohne die hier beschriebenen Qualitätskontrollen sollte unter keinen Umständen eine genomweite Fall-Kontroll- oder Kohorten-Studie durchgeführt werden. Bei genomweiten familienbasierten Assoziationsstudien ist zusätzlich eine Überprüfung der Mendelfehler auf Individuen- und auf SNP-Ebene möglich. Darüber hinaus können bei familienbasierten Studien die Beziehungen innerhalb einer Familie überprüft werden. Hierfür wird untersucht, ob der Anteil gleicher IBD, der aus den genomweiten Daten für ein Verwandtschaftsverhältnis geschätzt werden kann, mit der Verbindung im Stammbaum übereinstimmt.

5.2.4 Statistische Analyse

Im Folgenden werden Aspekte, die bei der Analyse von genomweiten Assoziationsstudien wichtig sind, beschrieben. Es werden Empfehlungen für Teststatistiken für qualitative und quantitative Phänotypen gegeben. Des Weiteren befasst sich der Abschnitt mit den beiden wesentlichen Problemen „Populationsstratifikation" und „multiples Testen", die bei der Analyse von genomweiten Assoziationsstudien auftreten.

Genomweite Analyse dichotomer Phänotypen

In der genetischen Epidemiologie werden Fall-Kontroll- und Kohorten-Studien ähnlich ausgewertet wie in der klassischen Epidemiolgie.
Im Wesentlichen wird getestet, ob Phänotyp und genetischer Marker unabhängig voneinander sind. Ziel ist es, die Nullhypothese: „keine Assoziation" zugunsten

der Alternativhypothese: „Assoziation" abzulehnen. Der genetische Marker lässt sich hierbei in Form von Allelen oder Genotypen modellieren. Da Genotypen biologisch plausibler sind und bei den Tests mit Genotypen kein Hardy-Weinberg-Gleichgewicht notwendig ist, sind sie dem Testen von Allelen vorzuziehen (Sasieni, 1997).

Darüber hinaus hängt die Auswahl eines Assoziationstests bei genomweiten Fall-Kontroll- und Kohorten-Studien im Wesentlichen vom genetischen Modell ab. Im optimalen Fall wird das genetische Modell über eine biologische Hypothese abgebildet. Wenn die Studie nicht auf Basis einer biologischen Hypothese geplant wurde, so hat das additive Modell die größte statistische Macht eine Assoziation zu finden (Sasieni, 1997). Der Cochran-Armitage Trend Test (Cochran, 1954; Armitage, 1955), der in diesem Fall verwendet werden sollte, entspricht einer logistischen Regression. In dieser wird der Fall-Kontroll-Status als abhängige und der Genotyp als unabhängige Variable modelliert. Im additiven Modell ist die Genotypvariable mit null, eins oder zwei kodiert. Hierbei bekommen alle Individuen, die homozygot häufig sind, eine Null, alle heterozygoten Individuen eine eins und die Individuen, die das seltene Allel zweimal besitzen, eine zwei (Ziegler und König, 2006). In einigen genomweiten Assoziationsstudien wird nicht der homozygot seltene Genotyp mit zwei kodiert, sondern der Risikogenotyp. Die Information, welches Allel das Risikoallel für die untersuchte Erkrankung ist, ist grundsätzlich aber nicht genomweit verfügbar. Die Verwendung von logistischen Regressionen zur Modellierung des Effekts hat den Vorteil, dass auch weitere erklärende Variablen, wie z. B. Risikofaktoren, mit in das Modell aufgenommen und untersucht werden können.

Genomweite Analyse quantitativer Zielgrößen

Ähnlich wie bei dichotomen Zielgrößen, spielt bei der Testauswahl zunächst das zugrunde liegende genetische Modell eine wichtige Rolle. Aus dem genetischen Modell ergibt sich die Anzahl der unabhängigen Gruppen, die untersucht werden. Das dominante und rezessive Modell weist jeweils zwei unabhängige Gruppen auf. Im additiven Modell werden drei unabhängige Gruppen analysiert. Des Weiteren ist für die Entscheidung des richtigen Tests relevant, ob die quantitative Zielgröße annähernd normalverteilt ist, sich in eine Normalverteilung transformieren lässt oder keine Verteilungsannahmen vorliegen. Mit Hilfe der Informationen zu genetischem

5.2 Methoden

Modell und Verteilung der Zielgröße kann schließlich ein geeigneter statistischer Test ausgewählt werden. Bei einem dominanten oder rezessiven Modell und einem normalverteilten Phänotyp bietet sich der klassische zwei-Stichproben t-Test für unabhängige Stichproben an. Im additiven Modell kann entsprechend eine einfache Varianzanalyse durchgeführt werden. Bei Zielgrößen, die nicht normalverteilt sind und die sich auch nicht in eine Normalverteilung transformieren lassen, können die verschiedensten nicht-parametrischen Verfahren verwendet werden. Im dominanten bzw. rezessiven Fall kann beispielsweise der U-Test nach Wilcoxon durchgeführt werden. Für das additive Modell kann die Verallgemeinurng des U-Test, der Kruskal-Wallis Test, verwendet werden. Das Vorgehen bei diesen gängigen Testverfahren wird beispielsweise von Sachs und Hedderich (2006) näher erläutert.
Analog zur logistischen Regression bei dichotomen Zielgrößen, können mittels linearer Regressionsmodelle auch weitere erklärende Variable untersucht werden. Dies ist allerdings nur möglich, falls die quantitative Zielgröße, gegeben dem genetischen Marker und der zusätzlichen erklärenden Variablen, normalverteilt ist.

Populationsstratifikation

Das Phänomen der Populationsstratifikation, auch als Populationsheterogenität oder Störung durch Ethnizität bezeichnet, bezieht sich auf Unterschiede in den Allelfrequenzen zwischen Fällen und Kontrollen oder innerhalb von Fällen und Kontrollen. Die Abweichungen, die beim Vorliegen von Populationsstratifikation beobachtet werden, werden eher durch systematische Unterschiede in der Herkunft als durch die Assoziation von SNPs mit einer Krankheit verursacht (Ziegler et al., 2008a). Populationsstratifikation kann zu einem wesentlichen Anstieg der Teststatistiken und damit zu einer Überinterpretation der Ergebnisse führen. Dadd et al. (2009) zeigen beispielsweise in einer Simulationsstudie, dass auch kleine Unausgewogenheiten zwischen zwei ähnlichen Teilbevölkerungen, vor allen bei kleinen p-Werten, zu einer erheblichen Erhöhung des Fehlers 1. Art führen können. Das bedeutet, eine Assoziation für einen Marker wird entdeckt, obwohl in Wirklichkeit keine Assoziation vorliegt.
Aus diesem Grund ist es unumgänglich in einer genomweiten Assoziationsstudie zu zeigen, dass Populationsstratifikation nicht berücksichtigt werden muss. Kann dies nicht nachgewiesen werden, so müssen die Teststatistiken, für die in den Daten

5.2 Methoden

vorhandene Populationstratifikation, adjustiert werden.
In der deutschen Bevölkerung haben Steffens et al. (2006) das Ausmaß von Populationsstratifikation untersucht. Hierfür schätzen sie zur Bestimmung der gemeinsamen Herkunft die Korrelation der Allele von unterschiedlichen Individuen in der gleichen Bevölkerung (F_{st}). Mit einem $F_{st} = 1,7x10^{-4}$ der Einwohner von Nord- und Süddeutschland, sowie einem $F_{st} = 5,4x10^{-4}$ der Bewohner von Ost- und Süddeutschland zeigten die Autoren, dass der genetische Unterschied sehr gering ist. Aufgrund dieser kleinen Ausprägung, kann prinzipiell die Heterogenität in der deutschen Bevölkerung in genetisch-epidemiologischen Studien vernachlässigt werden. Somit kann auf eine Adjustierung der p-Werte bei Studien in der deutschen Bevölkerung verzichtet werden.

Einen Eindruck darüber, ob nichtsdestotrotz Populationsstratifikation vorliegt, kann anhand von Quantil-Quantil-Abbildungen (Q-Q-Plots) gewonnen werden. Q-Q-Plots vergleichen die empirische und die theoretische Verteilungsfunktion der Teststatistiken, d. h. es werden die beobachteten Teststatistiken und die Teststatistiken, die unter der Nullhypothese erwartet werden, gegenübergestellt. Anhand dieser Abbildungen ist leicht zu erkennen, ob die Studie mehr signifikante Ergebnisse hervorbringt als zufällig in der Studie erwartet werden (McCarthy et al., 2008). Eine statistische Maßzahl zur Bestimmung des Ausmaßes der Populationsstratifikation ist der Inflationsfaktor λ. Bei einem additiven Modell kann als Schätzer für λ beispielsweise folgende Gleichung verwendet werden (Ziegler und König, 2006, Kapitel 10):

$$\hat{\lambda} = \frac{\text{median}(\chi_1^2, \chi_2^2, \ldots, \chi_L^2)}{0,4549} \qquad (5.2)$$

Dabei sind $\chi_1^2, \chi_2^2, \ldots, \chi_L^2$ die Teststatistiken der SNPs. Der Werte 0,4549 entspricht dem 50% Quantil der χ_1^2-Verteilung. Ist der Wert von $\hat{\lambda}$ kleiner, gleich oder nahe bei eins, so kann davon ausgegangen werden, dass keine Populationsstratifikation in der Studie vorliegt. Ist $\hat{\lambda} > 1$, so müssen die Teststatistiken am Kandidatengenlocus korrigiert werden. Die korrigierte Teststatistik ergibt sich aus dem Quotient von Originalteststatistik und $\hat{\lambda}$ (Ziegler und König, 2006, Kapitel 10).

Die Konzepte zu Untersuchung der Populationsstratifikation wurden ursprünglich für Kandidatengenstudien entwickelt. In diesen Studien wurde die Populationsstratifikation in Stichproben von zufälligen, nicht assoziierten Markern bestimmt. Bei genomweiten Assoziationsstudien bieten sich verschiedene Möglichkeiten für die Schätzung des Inflationsfaktors λ und die Erstellung von Q-Q-Plots. Im Allgemei-

5.2 Methoden

nen werden dort alle SNPs verwendet, die die Qualitätskriterien erfüllen. Ziegler et al. (2008a) empfehlen zusätzlich, nur die qualitätsgeprüften SNPs zu benutzen, die nicht mit der Krankheit assoziiert sind. Es könnten jedoch auch zufällig ausgewählte SNPs verwendet werden (Dadd et al., 2009).

Einen Überblick und Vergleich weiterer Methoden zur Bestimmung von $\hat{\lambda}$ geben beispielsweise Ziegler und König (2006, Kapitel 10) und Dadd et al. (2009). Eine weitere Möglichkeit für Populationsstratifikation zu adjustieren besteht beispielsweise darin, die Herkunft der Individuen mittels Hauptkomponentenanalysen zu schätzen. Ferner existieren in einigen Datensätzen auch geographische Informationen zu den Individuen, die die Populationsstratifikation erklären. In diesen Fällen kann die geographischen Herkunft als Stratifzierungsvariable in die Analyse aufgenommen werden.

Genomweite Signifikanz

Durch das gleichzeitige Testen aller SNPs in genomweiten Assoziationsstudien entsteht ein multiples Testproblem. Das globale Signifikanzniveau, von i. d. R. 5%, muss somit auf die einzelnen Tests aufgeteilt werden.
Bei beispielsweise $k = 500.000$ SNPs ist die klassische Bonferroni-Methode mit $\frac{1}{\alpha^k} = \frac{1}{0,05^{500.000}} = 1,0x10^{-7}$ oder auch deren Verbesserung von Sidàk (1967) mit $1 - (1 - \alpha)^{1/k} = 1 - (1 - 0,05)^{1/500.000} = 1,03x10^{-7}$ sehr konservativ. Der wesentliche Nachteil dieser klassischen Adjustierungsmethoden besteht darin, dass sie nicht berücksichtigen, dass die SNPs auf den Genotypisierungschips nicht vollständig unabhängig voneinander sind.
Die Methode der Wahl bei der Adjustierung für multiples Testen in klassischen genetischen Assoziationsstudien sind Permutationstest. Bei diesen Verfahren werden die Phänotypen permutiert, während die SNPs gleich bleiben. Auf diese Weise bleibt die Korrelationsstruktur zwischen den SNPs erhalten. Dieser Ansatz ist jedoch aufgrund der großen Anzahl an Permutationen bei genomweiten Assoziationsstudien praktisch nicht mehr realisierbar. Han et al. (2009) geben beispielsweise an, dass die Berechnung von einer Millionen Permutationen für 500.000 SNPs mit der Software PLINK (Purcell et al., 2007) ungefähr vier CPU Jahre dauern würde.
Da Permuattionstests bei genomweiten Assoziationsstudien somit nicht für das

gesamte Genom machbar sind, wurden bisher in vielen genomweiten Assoziationsanalysen die mittels Bonferroni- oder Sidàk-Methode theoretisch bestimmten Schranken als Grenzen verwendet. Studien, wie beispielsweise von Dudbridge und Gusnanto (2008), haben gezeigt, dass die Größenordnung dieser Annahmen realistisch ist. Mittels Permutationstests zeigten Dudbridge und Gusnanto (2008), dass alle SNPs unter dem Grenzwert $7,2x10^{-8}$ als „genomweit signifkant" bezeichnet werden können. Ein alternativer Vorschlag von Duggal et al. (2008) empfahl stattdessen, die Schwellenwerte $1,0x10^{-6}$, $1,0x10^{-7}$, und $1,0x10^{-9}$ zu verwenden und entsprechend von „möglichen", „signifikanten" und „hoch signifikanten" p-Werten zu sprechen.

Inzwischen existieren viele weitere Ansätze um für das multiple Testen in genomweiten Assoziationsstudien zu adjustieren. Gao et al. (2010) schlugen beispielsweise vor, die effektive Anzahl der unabhängigen Tests zu bestimmen. Die Methode von Han et al. (2009) berücksichtigte hingegen die Korrelation innerhalb einer bestimmten Region. Beide Vorschlägen zeigten jeweils die beste Annäherung an die Ergebnisse aus den Permutationstests.

5.3 Anwendungsbeispiel: Genomweite Assoziationsstudie identifiziert neue Loci für koronare Herzkrankheit

Mit Hilfe eines dreistufigen genomweiten Ansatzes konnten in der im Folgenden beschriebenen Studie, zum einen ein neuer Locus für die koronare Herzkrankheit auf Chromosom 3q22,3 und zum anderen ein möglicher Locus auf Chromosom 12q24,31 identifiziert werden. Ausgangspunkt war die genomweite Assoziationsstudie von Erdmann et al. (2009), bei der die in diesem Kapitel beschriebenen Methoden angewendet wurden. Der genomweiten Assoziationsstudie schließen sich zwei weitere Analyseschritte in weiteren Bevölkerungen an. In diesen beiden Stufen kommen die meta-analytischen Methoden, die in Kapitel 4 vorgestellt wurden, zur Anwendung.

Zunächst wird die Analysestrategie in Abschnitt 5.3.1 vorgestellt. Die vorgenommenen Qualitätskontrollen und Analysen sind in Abschnitt 5.3.2 erläutert. Die Ergebnisse dieser Studie werden abschließend in Abschnitt 5.3.3 dargestellt.

5.3.1 Analysestrategie und Studienpopulationen

Die Analysestrategie ist in Abbildung 5.2 illustriert. Die Studie umfasste drei Analysestufen. Ausgangspunkt war eine explorative genomweite Assoziationsstudie in 1.222 Fällen mit Herzinfarkt und 1.298 populationsbasierten Kontrollen. Alle Fälle erlitten bereits vor dem sechzigsten Lebensjahr einen Herzinfarkt. Darüber hinaus wiesen 59,4% dieser Patienten eine positive Familienanamnese auf. Die populationsbasierten Kontrollen stammten zum einen Teil aus der MONICA/KORA Augsburg Bevölkerungsstudie S4 und wurden zum anderen im Rahmen der PopGen Blutspenderstudie rekrutiert.

SNPs, die in der ersten Analysestufe alle Qualitätskriterien erfüllten und im asymptotischen, zweiseitigen Cochran-Armitage Trend Test einen p-Wert kleiner 0,001 zeigten, wurden in die zweite Stufe übergeben.

Die zweite Stufe beinhaltete eine *in-silico* Replikationsstudie, die in drei weiteren genomweiten Assoziationsstudien mit insgesamt 5.768 Fällen mit koronarer Herzkrankheit und 7.657 Kontrollen durchgeführt wurde. In der zweiten Stufe wurde zum einen für jede Studie separat ein einseitiger, asymptotischer Cochran-Armitage Trend Test durchgeführt. Zum anderen wurden kombinierte Effekte und p-Werte mit Hilfe des einseitigen, asymptotischen Cochran-Mantel-Haenszel Tests bestimmt. Im nächsten Schritt wurde geprüft, welche der SNPs die folgenden Kriterien erfüllten:

1. „Mindestens zwei der drei *in-silico* genomweiten Assoziationsstudien zeigten im einseitigen Cochran-Armitage Trend Test einen p-Wert $\leq 0{,}05$."

2. „Mindestens zwei benachbarte SNPs (innerhalb 25 kb) zeigten ebenfalls p-Werte $\leq 0{,}05$."

3. „Der p-Wert im einseitigen Cochran-Mantel-Haenszel Test war $\leq 0{,}05$."

Aus allen SNPs, die diese Kriterien erfüllten, wurde für alle Genregionen, die noch in keiner vorherigen Studie identifiziert wurden, ein SNP ausgewählt und in der

5.3 Anwendungsbeispiel

letzten Stufe genotypisiert. Die Auswahl des SNPs erfolgte auf Basis der Allelfrequenzen, Genotypisierungsqualitäten und dem Kopplungsungleichgewicht zwischen den SNPs in der Region.

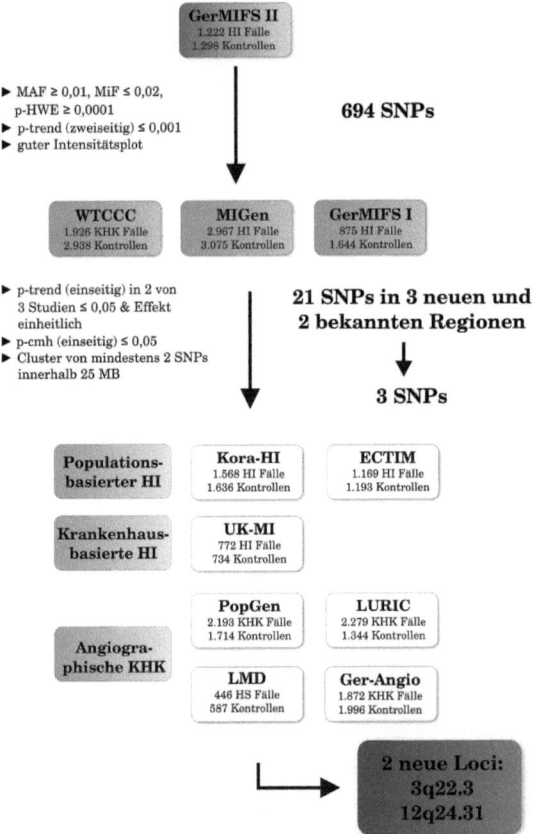

Abbildung 5.2: Analysestrategie der vorliegenden genomweiten Assoziationsstudie. HI - Herzinfarkt, KHK - koronare Herzkrankheit, MAF - Minor allele frequency, MiF - Missing frequency, p-HWE - Abweichung vom Hardy-Weinberg-Gleichgewicht, p-trend - asymptotischer Cochran-Armitage Trend Test, p-cmh - asymptotischer Cochran-Mantel-Haenszel Test.

5.3 Anwendungsbeispiel

Die letzte Stufe umfasste weitere 10.299 Fällen und 9.204 Kontrollen, die in einer prospektiv geplanten, gepoolten Analyse untersucht wurden. Erst in dieser Stufe wurde für das multiple Testen adjustiert.

Alle Studienteilnehmer waren europäischen Ursprungs und hatten vor der Teilnahme eine schriftliche Einverständniserklärung abgegeben. Ein positives Votum der regionalen Ethikkommissionen lag für alle Studien vor.

Einzelheiten zur Rekrutierungsstrategie und beschreibende Statistiken finden sich im Anhang der zu diesem Projekt entstandenen Publikation „New susceptibility locus for coronary artery disease on chromosome 3q22.3" (Erdmann et al., 2009).

5.3.2 Qualitätskontrolle

In diesem Abschnitt werden zunächst die Ergebnisse der individuellen Qualitätskontrolle dargestellt. Anschließend werden die Resultate aus der SNP-basierten Qualitätskontrolle erläutert. Alle Qualitätskontrollen wurden mit der Software PLINK (Purcell et al., 2007) durchgeführt.

Individuelle Qualitätskontrolle

Eine Übersicht der Ausschlussgründe findet sich in Tabelle 5.1. Nach der individuellen Qualitätskontrolle blieben von den 1.370 Fällen und den 1.452 Kontrollen, die initial auf dem „Genome-Wide Human SNP Array 6.0" Chip von Affymetrix genotypisiert wurden, für die Analyse 1.222 Fälle und 1.298 Kontrollen übrig. Die Kontrollen setzten sich aus den zwei unterschiedlichen Studien KORA und PopGen zusammen.

5.3 Anwendungsbeispiel

Tabelle 5.1: Überblick zur individuellen Qualitätskontrolle in der genomweiten Assoziationsstudie. Dargestellt sind die absoluten Fallzahlen.

	Fälle	Kontrollen		Gesamt
		KORA	PopGen	
Genotypisiert gesamt	1.370	898	554	2.822
Genotypisierungshäufigkeit	62	34	59	155
Heterozygotenanteil	4	5	3	12
Geschlecht	7	6	1	14
Genotypisierungshäufigkeit, Heterozygotenanteil	4	5	3	12
Genotypisierungshäufigkeit, Geschlecht	2	0	0	2
Genotypisierungshäufigkeit, Heterozygotenanteil, Geschlecht	8	1	0	9
Keine Phänotypen	1	0	0	1
Hapmap Referenzdatei	12	18	0	30
Identische Individuen	37	12	4	53
Geschwisterpaare	13	2	9	24
Individuen für Analyse	1.222	820	478	2.520

SNP-basierte Qualitätskontrollen

Von den insgesamt 906.600 SNPs, die sich auf dem „Genome-Wide Human SNP Array 6.0" Chip befanden, lagen 869.224 SNPs auf den Autosomen. Des Weiteren enthielt der Chip 113 SNPs ohne Annotation, d. h. diesen SNPs konnte auf dem

5.3 Anwendungsbeispiel

Genom keine eindeutige Position zugeordnet werden. Die übrigen 37.376 SNPs verteilten sich auf das X-Chromosom (36.886), das Y-Chromosom (258) und das Mitochondrium-Chromosom (119) und werden in den folgenden Analysen nicht weiter betrachtet.

Nach Anwendung der Qualitätskriterien (MAF > 1%, MiF in Fällen $\leq$ 2%, MiF in Kontrollen $\leq$2%, p-Wert für Abweichung vom HWE > $1x10^{-4}$) auf alle autosomalen SNPs, blieben insgesamt 567.119 SNPs für die Analyse übrig. Ein großer Teil der SNPs musste aufgrund fehlender Werte (n=195.258) oder der Häufigkeit des seltenen Allels (n=134.020) entfernt werden. Nur ein geringer Teil der SNPs musste infolge von Abweichungen vom Hardy-Weinberg-Gleichgewicht entfernt werden (n=50.021). Ein Großteil der insgesamt 302.105 entfernten SNPs musste aufgrund von mindestens zwei nicht erfüllten Qualitätskriterien entfernt werden.

Von den SNPs, die alle Qualitätskriterien erfüllten, zeigten 790 im zweiseitigen, asymptotischen Cochran-Armitage Trend Test einen p-Wert kleiner als 0,001. Von diesen 790 SNPs wurden die Intensitätsplots von zwei unabhängigen Personen begutachtet. Insgesamt wurden 96 dieser SNPs aufgrund schlechter Intensitätsplots ausgeschlossen. Abbildung 5.3 gibt jeweils ein Beispiel für einen guten und einen schlechten Intensitätsplots aus der Studie.

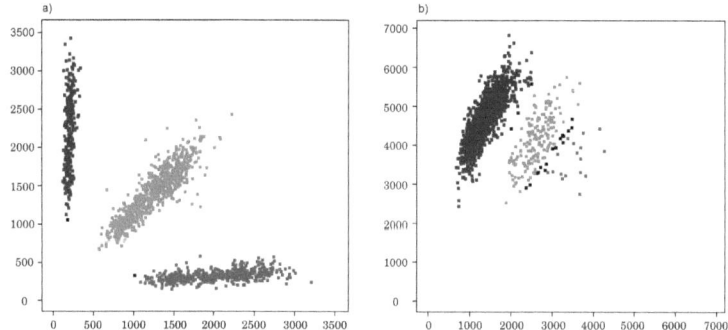

Abbildung 5.3: Beispiele für Intensitätsplots. Darstellung eines a) guten und b) schlechten Intensitätsplots. Abgetragen sind die jeweiligen Intensitäten der beiden Allele. Der beim Callen zugeordnete Genotyp ist durch eine der Farben blau, grün oder rot gekennzeichnet. Individuen, denen kein Genotyp zugeordnet wurde, sind durch einen schwarzen Punkt markiert.

5.3 Anwendungsbeispiel

Populationsstratifikation

Der geschätzte Inflationsfaktor $\hat{\lambda}$ war in dieser Studie 1,04 (Standardfehler: $9,2x10^{-5}$).
Des Weiteren zeigt der Q-Q-Plot der 567.119 SNPs, die alle Qualitätskriterien erfüllten, in Abbildung 5.4 keine besonderen Auffälligkeiten. Somit kann Populationsstratifikation in dieser Studie vernachlässigbar werden und erklärt nicht die Assoziationen der 694 SNPs, die kleiner als 0,001 sind.

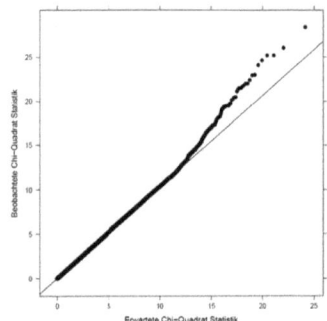

Abbildung 5.4: Q-Q-Plot der qualitätsgeprüften SNPs. Dargestellt sind alle 567.119 SNPs, die die Qualitätskriterien erfüllten (MAF > 1%, MiF in Fällen ≤ 2%, MiF in Kontrollen ≤ 2%, p-Wert für Abweichung vom HWE > $1x10^{-4}$).

5.3.3 Ergebnisse

Zunächst werden die Ergebnisse der in-silico Replikation und der prospektiv geplanten, gepoolten Analyse beschrieben. Anschließend werden die beiden Regionen auf Chromosom 3q22,3 und 12q24,41, die in allen drei Analysestufen positive Ergebnisse zeigten, dargestellt.

5.3 Anwendungsbeispiel

Ergebnisse der in-silico Replikation und der prospektiv geplanten, gemeinsamen Analyse

Alle 694 SNPs wurden in einer *in-silico* Repliationsstudie in drei weiteren genomweiten Assoziationsstudien mit insgesamt 5.768 Fällen mit koronarer Herzkrankheit und 7.657 Kontrollen analysiert. Hierfür wurden die genomweiten Assoziationsstudien in den jeweiligen Zentren mit den Algorithmen MACH (Li und Abecasis, 2006) oder IMPUTE (Marchini et al., 2007) imputiert. Für jede der Studien wurde separat eine Qualitätskontrolle mit ähnlichen Kriterien, wie in der initialen genomweiten Assoziationsstudie, durchgeführt. Abschließend blieben 528 SNPs übrig, die in allen drei Studien verfügbar waren.

Insgesamt 21 SNPs in fünf chromosomalen Regionen erfüllten alle Kriterien um in der dritten Stufe analysiert zu werden. Die beiden Regionen auf Chromosom 9p21,3 (9 SNPs) und 1q41 (2 SNPs) waren bereits aus vorherigen genomweiten Assoziationsstudien bekannt (Helgadottir et al., 2007; McPherson et al., 2007; Samani et al., 2007; Wellcome Trust Case Control Consortium, 2007). Für die drei neuen Regionen (3q22,3: 4 SNPs, 9p24,2: 3 SNPs, 12q24,31: 3 SNPs) wurde jeweils ein SNP zur Genotypisierung in der dritten Stufe ausgewählt (3q22,3: rs9818870, 9p24,2: rs7048915, 12q24,31: rs2259816).

Um die Reproduzierbarkeit der Genotypen in der ersten Stufe zu zeigen, wurden, neben den 10.299 Fällen mit koronarer Herzkrankheit und den 9.204 Kontrollen, in der dritten Stufe zusätzlich 1.300 Individuen aus der ersten Stufe genotypisiert. An allen drei SNPs betrug die Übereinstimmung zwischen den Genotypen, die mittels des TaqMans und mittels des „Genome-Wide Human SNP Array 6.0" Chips genotypisiert wurden, mehr als 99.5%.

Darüber hinaus zeigten sich, wie in den vorherigen Stufen, für alle drei SNPs in allen untersuchten Studiengruppen keine Abweichungen vom Hardy-Weinberg-Gleichgewicht. Nach der Adjustierung für das multiple Testen blieben zwei der drei SNPs im einseitigen, asymptotischen Cochran-Armitage Trend Test signifikant (rs9818870: $p_{FE} = 2,52x10^{-6}$, rs2259816: $p_{FE} = 0,0408$). Im Folgenden sind die Ergebnisse dieser beiden SNPs beschrieben und die zugehörigen Regionen näher beleuchtet.

5.3 Anwendungsbeispiel

Übersicht Ergebnisse 3q22,3

In Abbildung 5.5 sind für diese Region die Ergebnisse aller drei Stufen des untersuchten SNPs rs9818870 mittels eines Forestplot dargestellt.

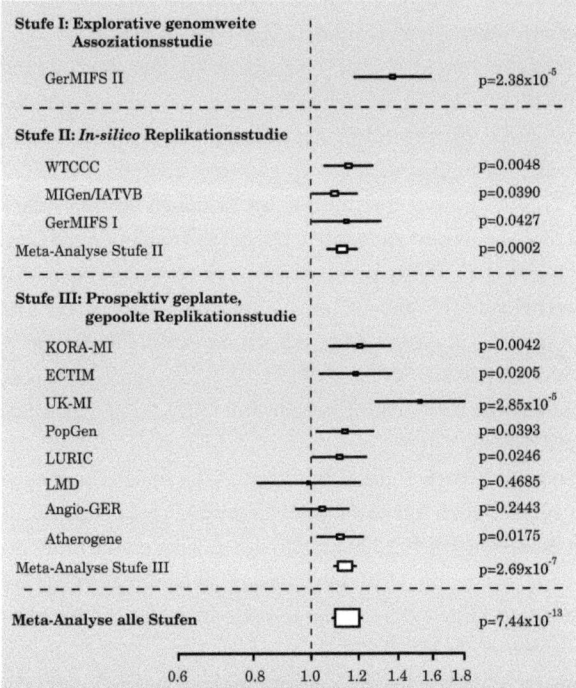

Abbildung 5.5: Forest Plot für rs9818870 (Region 3q22,3). Dargestellt sind Odds Ratios (OR) und Konfidenzintervalle (KI) für ein seltenes Allel unter der Annahme eines additiven Modells mit festen Effekten. Die Größe des jeweiligen Punktschätzers bildet den Stichprobenumfang der einzelnen Studien ab. Stufe I: zweiseitiger, asymptotischer Cochran-Armitage Trend Test (CATT) mit zugehörigem OR und 95% KI; Stufe II: Einzelstudienanalyse: einseitiger, asymptotischer CATT mit zugehörigem OR und 90% KI, Meta-Analyse: einseitiger, asymptotischer Cochran-Mantel-Haenszel Test mit zugehörigem OR und 90% KI; Stufe III: Einzelstudienanalyse: einseitiger, asymptotischer CATT mit zugehörigem OR und 90% KI, Meta-Analyse: p-Wert, OR und 90% KI aus logistischer Regression mit Adjustierung für feste Studieneffekte und multiples Testen; Meta-Analyse gesamt: p-Wert, OR und 95% KI aus logistischer Regression mit Adjustierung für feste Studieneffekte.

5.3 Anwendungsbeispiel

Anhand des Forestplots wird deutlich, dass die Studien insgesamt sehr homogen waren. Die Cochran'schen Heterogenitätsstatistik und die I^2-Statistik zeigten gleichermaßen in den einzelnen Replikationsstufen keine bzw. leichte Heterogenität (Stufe II: Q=0,7; p-Wert=0,7191; $I^2 = 0\%$; Stufe III: Q=11,5; p-Wert=0,0733; $I^2 = 39,0\%$).

Die Übersicht der Region ist in Abbildung 5.6 zu sehen. Der SNP rs9818870 liegt sehr nah an einer MikroRNA Bindungsstelle im 3' Bereich des *MRAS* Gens. Das bedeutet der SNP befindet sich unweit einer Bindestelle für kurze RNA-Sequenzen, die die Expression von Genen reguliert. Der SNP befindet sind in einem Cluster mit drei weiteren assoziierten SNPs (rs1199338, rs234252, rs3732837). Die SNPs liegen in einem LD Block, der das gesamte Gen abdeckt.

Das *MRAS*-Gen kodiert für das M-ras Protein und gehört zur ras Superfamilie von GTP-Bindungsproteinen. Diese Gene sind in der Membran verankerte, intrazelluläre Signaltransduktoren, die für die Vielseitigkeit der Zellfunktionen verantwortlich sind. Das M-ras Protein wird in vielen Geweben exprimiert, u. a. auch im kardiovaskulären System, vorzugsweise im Herzen.

5.3 Anwendungsbeispiel

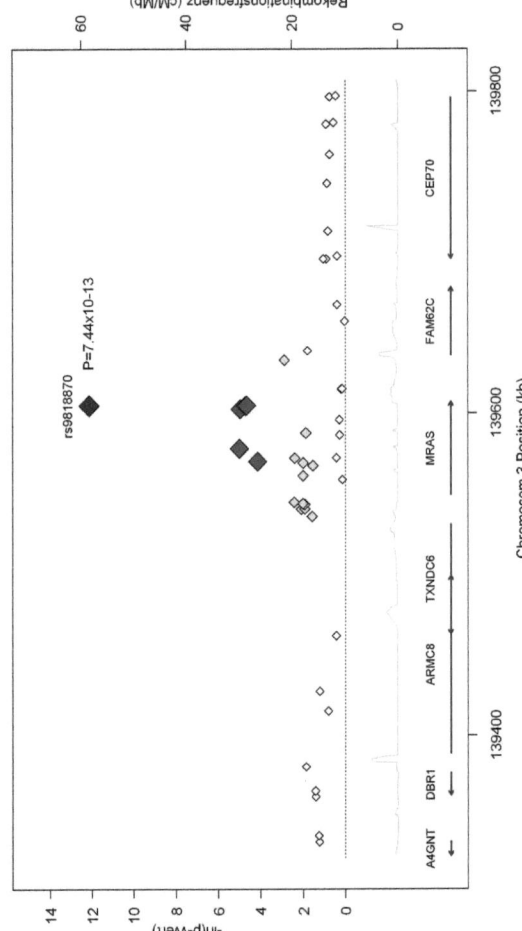

Abbildung 5.6: Übersicht Region 3q22,3. Dargestellt sind die Assoziationsergebnisse aus der ersten Stufe für die Region 3q22,3. Die zugehörigen genomischen Positionen stammen vom „UCSC Genome Browser Human March 2006" (http://genome.ucsc.edu/). Abgebildet sind alle SNPs, die die Qualitätskriterien in der ersten Stufe erfüllen. Der p-Wert aus allen drei Stufen für den SNP rs9818870 ist mit einer blauen Raute markiert. Angrenzende Marker sind durch kleinere Rauten dargestellt. Rote Rauten weisen darauf hin, dass der SNP in hohem Kopplungsungleichgewicht ($r^2 \geq 0,8$) mit rs9818870 liegt. Orangefarbige Rauten stehen für ein angemessenes Kopplungsungleichgewicht ($0,5 \leq r^2 < 0,8$) und gelbe Rauten stellen SNPs mit schwachem Kopplungsungleichgewicht ($0,2 \leq r^2 < 0,5$) dar. SNPs, die in keinem Kopplungsungleichgewicht zu rs9818870 stehen ($r^2 < 0,2$) oder für die keine Information zum Kopplungsungleichgewicht verfügbar war, sind durch eine weiße Raute gekennzeichnet. Die Positionen der Gene in dieser Region, sowie die Rekombinationsfrequenzen und Rekombinationshotspots folgen der Definiton von McVean et al. (2004).

5.3 Anwendungsbeispiel

Übersicht Ergebnisse 12q24,31

Der Forestplot aller Studienstufen für den SNP rs2259816, der stellvertretend für die Region auf 12q24,31 untersucht wurde, ist in Abbildung 5.7 dargestellt.

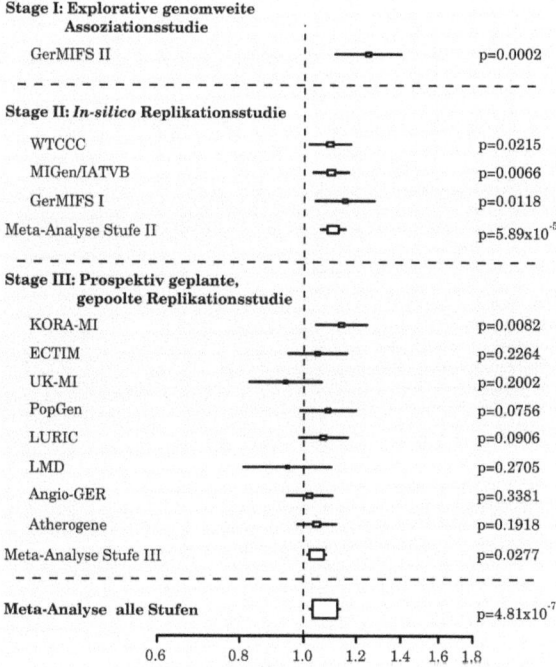

Abbildung 5.7: Forest Plot für rs2259816 (Region 12q24,31). Dargestellt sind Odds Ratios (OR) und Konfidenzintervalle (KI) für ein seltenes Allel unter der Annahme eines additiven Modells mit festen Effekten. Die Größe des jeweiligen Punktschätzers bildet den Stichprobenumfang der einzelnen Studien ab. Stufe I: zweiseitiger, asymptotischer Cochran-Armitage Trend Test (CATT) mit zugehörigem OR und 95% KI; Stufe II: Einzelstudienanalyse: einseitiger, asymptotischer CATT mit zugehörigem OR und 90% KI, Meta-Analyse: einseitiger, asymptotischer Cochran-Mantel-Haenszel Test mit zugehörigem OR und 90% KI; Stufe III: Einzelstudienanalyse: einseitiger, asymptotischer CATT mit zugehörigem OR und 90% KI, Meta-Analyse: p-Wert, OR und 90% KI aus logistischer Regression mit Adjustierung für feste Studieneffekte und multiples Testen; Meta-Analyse gesamt: p-Wert, OR und 95% KI aus logistischer Regression mit Adjustierung für feste Studieneffekte.

5.3 Anwendungsbeispiel

Der Forestplot, die Cochran'schen Heterogenitätsstatistik, sowie die I^2-Statistik wiesen in der *in-silico* Replikationsstufe keine Heterogenität auf (Q=0,9; p-Wert=0,6379; $I^2 = 0\%$). Die Studien in der dritten Stufe waren an diesem SNP etwas inhomogener (Q=7,3; p-Wert=0,2901; $I^2 = 4\%$). Jedoch ist diese gerfingfügige Heterogenität vernachlässigbar.

Einen Überblick über die Region 12q24,31 gibt Abbildung 5.8.

Der SNP rs2259816, der den Genort 12q24,31 repräsentiert, befindet sich im Intron 7 des *TCF1* Gens. Neben rs2259816 liegen zwei weitere SNPs (rs1169313, rs2258287), die in der initialen genomweiten Assoziationsstudie eine Assoziation mit dem Herzinfarkt zeigten. Die grafische Darstellung der Region in Abbildung 5.8 zeigt, dass der zu diesen SNPs gehörende Kopplungsungleichgewichtsblock die kompletten kodierenden Regionen der beiden Gene *TCF1* und *C12orf43* umfasst. Das *TCF1*-Gen, welches auch unter dem Namen *HNF1A*-Gen bekannt ist, besteht aus zehn Exons und kodiert für einen Transkriptionsfaktor, der an die Promotoren verschiedener Gene bindet, die ausschließlich in der Leber exprimiert werden. Das *C12orf43*-Gen ist ein direkter Nachbar des *TCF1*-Gens und liegt nur 500 Basenpaare entfernt. Dieses Gen kodiert für das hypothetische Protein LOC64897, das aus 263 Aminosäuren besteht.

5.3 Anwendungsbeispiel

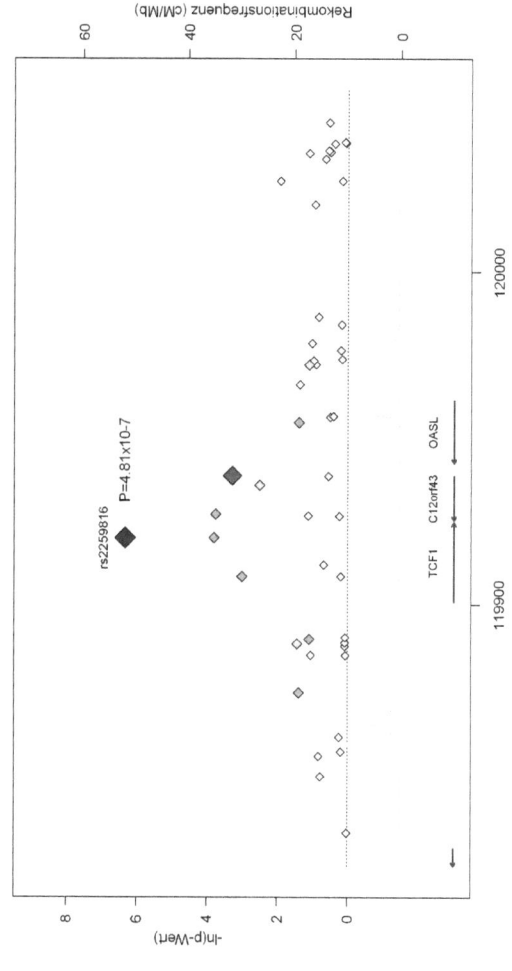

Abbildung 5.8: Übersicht für Region 12q24,31. Dargestellt sind die Assoziationsergebnisse aus der ersten Stufe für die Region 12q24,31. Die zugehörigen genomischen Positionen stammen vom „UCSC Genome Browser Human March 2006" (http://genome.ucsc.edu/). Abgebildet sind alle SNPs, die die Qualitätskriterien in der ersten Stufe erfüllen. Der p-Wert aus allen drei Stufen für den SNP rs2259816 ist mit einer blauen Raute markiert. Angrenzende Marker sind durch kleinere Rauten dargestellt. Rote Rauten weisen darauf hin, dass der SNP in hohem Kopplungsungleichgewicht ($r^2 \geq 0,8$) mit rs2259816 liegt. Orangefarbige Rauten stehen für ein angemessenes Kopplungsungleichgewicht ($0,5 \leq r^2 < 0,8$) und gelbe Rauten stellen SNPs mit schwachem Kopplungsungleichgewicht ($0,2 \leq r^2 < 0,5$) dar. SNPs, die in keinem Kopplungsungleichgewicht zu rs2259816 stehen ($r^2 < 0,2$) oder für die keine Information zum Kopplungsungleichgewicht verfügbar war, sind durch eine weiße Raute gekennzeichnet. Die Positionen der Gene in dieser Region, sowie die Rekombinationsfrequenzen und Rekombinationshotspots folgen der Definiton von McVean et al. (2004).

5.4 Diskussion

In den letzten zwei Jahren wurden zahlreiche Übersichtsarbeiten zu Vor- und Nachteilen, Chancen und Problemen von genomweiten Assoziationsstudien veröffentlicht. Im Wesentlichen argumentieren die Autoren ähnlich. Eine in Lektionen für nicht-psychiatrische Krankheiten gegliederte Zusammenstellung geben beispielsweise Craddock et al. (2008). Die Hauptaussagen dieser Lektionen sollen im Folgenden die Basis für die Diskussion von genomweiten Assoziationsstudien für die koronare Herzkrankheit bilden.

1. „Genomweite Assoziationsstudien funktionieren!":
Die Tatsache, dass genomweite Assoziationsstudien bei der Identifikation von krankheitsfördernden und krankheitsauslösenden Loci für komplexe Erkankungen hilfreich sind, haben zahlreichen Studien in den letzten beiden Jahren gezeigt. Auch im kardiovaskulären Bereich haben genomweite Assoziationsstudien für die koronare Herzkrankheit (Helgadottir et al., 2007; McPherson et al., 2007; Samani et al., 2007; Wellcome Trust Case Control Consortium, 2007; Erdmann et al., 2009; Myocardial Infarction Genetics Consortium, 2009) zu einem besseren Verständnis der Ätiologie und der Pathophysiologie dieser Erkrankung beigetragen. Darüber hinaus konnte auch mit der in diesem Kapitel beschriebenen genomweiten Assoziationsstudie ein neuer Locus auf Chromosom 3q22,3 und ein möglicher Locus auf Chromosom 12q24,31 für die koronare Herzkrankheit identifiziert werden. Zusätzlich konnten die Loci auf Chromosom 9p21,3 und 1q41, die bereits in den ersten genomweiten Assoziationsstudien identifiziert wurden, durch die vorliegende genomweite Assoziationsstudie bestätigt werden.

2. „Effektstärken sind üblicherweise klein, somit sind große Stichproben notwendig!":
Hierzu führen Craddock et al. (2008) als Beispiel die sieben genomweiten Assoziationsstudien zu komplexen Erkrankungen, die das Welcome Trust Case Control Consortium durchgeführt hat (Wellcome Trust Case Control Consortium, 2007), an. Die identifizierten Odds Ratios für ein Risikoallel lagen dort zwischen 1,2 und 1,5. Auch eine der genomweiten Assoziationsstudien zur koronaren Herzkrankheit war Teil

5.4 Diskussion

dieser Analyse. In der in diesem Kapitel beschriebenen Studie gab es unter den besten SNPs in der genomweiten Assoziationsstudie, SNPs mit Odds Ratios zwischen 0,4 und 2,5. Allerdings ließen sich in den weiteren Stufen nur SNPs mit moderaten Effekten zwischen 0,7 und 1,4 replizieren. Hinzu kam, dass bei genomweiten Assoziationsstudien häufig der von Hirschhorn et al. (2002) beschriebene „Jackpot Effekt" vorliegt. Dieser beinhaltet, dass in der initialen Studie eine mögliche Überschätzung des wahren genetischen Effekts existieren könnte. Bei genomweiten Assoziationsstudien erhöht diese Tatsache in natürlicher Weise die Möglichkeit einen neuen Locus zu entdecken. Auf der anderen Seite ist bei der Replikation des Locus eine wesentlich größere Stichprobengröße notwendig um den Effekt zu bestätigen. Dieses Phänomen trat auch in der in diesem Kapitel beschriebenen Studie auf. Die Odds Ratios betrugen in der ersten Stufe für den Locus auf 3q22,3 noch 1,37 und für den 12q24,31 Locus noch 1,25. In der zweiten und dritten Stufe reduzierten sich die Odds Ratios für den Locus auf 3q22,3 auf 1,14 und 1,15. Für den 12q24,31 veringerten sich die Odds Ratios sogar auf 1,05 und 1,08. Die Effekte, die nach der Replikation übrig blieben, waren sehr gering. Die Konfidenzschätzer in den letzten beiden Stufen enthielten sogar den ursprünglichen Punktschätzer nicht mehr.

3. **„Strenge Qualitätskontrolle sind vorrangig!":**
Strikte Qualitätskontrollen sind bei genomweiten Assoziationsstudien unumgänglich. Sie helfen, die unzähligen Artifakte, die bei bei einer Hochdurchsatztechnologie auftreten können, zu reduzieren. Beispielsweis können über die Häufigkeit des seltenen Allels polymorphe Marker nicht entdeckt und ausgeschlossen werden. Ein weiteres Beispiel ist die visuelle Bewertung der Signalintensitätsplots. Durch diesen Qualitätskontrollschritt können Fehler beim Callen der Genotypen aufgedeckt werden. Da vor allem SNPs mit extrem kleinen p-Werten in vielen Fällen berechtigte Qualitätsprobleme aufweisen, sind Qualitätskontrollen unvermeidbar. Viele falsch-positive Ergebnisse können auf diese Weise schon vor der Replikation ausgeschlossen werden.

4. **„Genomweite Assoziationsstudien reichen nicht aus um verantwortliche Gene zu entdecken!":**
Diese Aussage beinhaltet die größten Probleme dieses Ansatzes. Sie umfasst die Tatsache, dass genomweite Assoziationsstudie nicht die statistische Macht

5.4 Diskussion

besitzen, funktionell relevante krankheitsfördernde oder krankheitsauslösende Varianten zu entdecken. In den meisten Studien wurden bisher nicht die kausalen Varianten, sondern nur ein Proxy-SNPs, identifiziert. Lösungsansätze für dieses Hauptprobleme von genomweiten Assoziationsstudien werden in den zahlreichen Übersichtsarbeiten vorgeschlagen. Donnelly (2008) empfiehlt beispielsweise, eine Feinkartierung oder Sequenzierung der Loci zur Identifikation von kausalen und damit funktionell relevanten Varianten. Letzteres umfasst die Anwendung des Konzepts aus der Mendelschen Genetik, in welchem eine interessante Region auf seltene Mutationen untersucht wird. Für das Problem der Entdeckung seltener krankheitsfördernder und krankheitsauslösender Varianten liefern die folgenden Aspekte von Craddock Lösungsmöglichkeiten.

5. „Es ist wichtig über die wenigen Tophits hinauszuschauen!":
Viele bisher veröffentlichte genomweite Assoziationsstudien haben nur die stärksten Assoziationssignale näher beschrieben und weiter untersucht. Craddock et al. (2008) geben zu bedenken, dass theoretisch nachgewiesen werden kann, dass krankheitsrelevante Loci mit plausiblen Effektgrößen auch in großen Studien möglicherweise nicht unter den besten SNPs sind. In der in diesem Kapitel beschriebenen genomweiten Assoziationsstudie lagen sieben der zehn SNPs mit den besten p-Werten beispielsweise auf dem schon bekannten Chromosom 9p21,3 Locus, der bereits mehrfach repliziert ist. Die drei übrigen SNPs unter den besten zehn SNPs ließen sich in keiner der drei *in silico* Studien replizieren. Die SNPs mit denen der 3q22,3 Locus letztendlich entdeckt wurde, lagen auf den Position 24, 34, 38 und 76 und wären bei einer Replikation der ersten 100 SNPs repliziert werden. Die SNPs des zweiten Locus hätten sich, wenn man ausschließlich nach der Größe des p-Wertes die SNP-Auswahl getroffen worden wäre, auf den Plätzen 124, 138 und 289 wiedergefunden. Diese Zahlen zeigen, dass es sinnvoll ist, einen Blick hinter die allerbesten SNPs zu werfen.
Darüber hinaus ist es sicherlich sinnvoll komplette Pathways zu untersuchen. Einen Vorschlag wie funktionell verwandte Gene gemeinsam untersucht werden können geben beispielsweise Medina et al. (2009).

6. „Kollaborationen sind wichtig!":
Diese Aussage beschreibt das Problem, dass mit Hilfe von den meisten genom-

5.4 Diskussion

weiten Assoziationsstudien bisher keine seltenen Varianten entdeckt wurden. Die Hauptursache dafür besteht darin, dass viele Studien eine zu kleine Fallzahl untersucht haben. Durch die gemeinsame Analyse mehrerer genomweiter Assoziationsstudien kann die Fallzahl erheblich erhöht werden. Möglicherweise könnten dadurch auch seltene krankheitsrelevante Varianten entdeckt werden. Für die koronare Herzkrankheit sind derartige genomweite Meta-Analysen zwar geplant, aber noch nicht komplett abgeschlossen. Solche Kollaborationen, z. B. in Konsortien, sind sehr schwierig zu koordinieren, denn jeder der Partner muss vor den Analysen einen Großteil seiner Daten zur Verfügung stellen. Zunächst muss das Misstrauen in der Datenhaltungspolitik abgebaut werden. Darüber hinaus muss sichergestellt werden, dass die statistischen Modelle, unterschiedliche Studiendesigns, unterschiedliche Genotypisierungstechnologien oder auch unterschiedliche Datenqualität geeignet abbilden. Für eine kleine SNP-Liste, wie die Analysestufen II und III in diesem Kapitel zeigen, ist der Datenaustausch mittlerweile kein Problem mehr. Derartige Studien bilden die Basis für einen Zusammenschluss auf genomweiter Ebene. Ein Beispiel, dass derartige Studien erfolgreich durchgeführt werden können, gibt die Meta-Analyse von Ramachandran et al. (2009). Dort wurden Parameter der Struktur und Funktion des Herzens systematisch in fünf Studien mit mehr als 12.000 Individuen untersucht. Einige Empfehlungen, die für die Durchführung und Analyse von genomweiten Meta-Analysen hilfreich sind, geben die Übersichtsarbeiten von de Bakker et al. (2008), Kaye et al. (2009) oder Zeggini und Ioannidis (2009).

7. „Phänotypauswahl ist wichtig!":
Auch bei genomweiten Assoziationsstudien sollten die Studienplanungskriterien aus der klassischen Epidemiologie beachtet werden. Die Auswahl von Fällen und Kontrollen sollte sorgfältig durchgeführt werden. Eine Zusammenstellung der wesentlichen Aspekte und Fehlerquellen finden sich z.B. in den Übersichtsarbeiten von McCarthy et al. (2008) oder Kraft und Cox (2008).

Diese Lektionen, die Craddock et al. (2008) und viele andere Forscher aus den bisherigen genomweiten Assoziationsstudien gezogen haben, waren bei der Analyse der in diesem Kapitel beschriebenen genomweiten Assoziationsstudie hilfreich. Darüber hinaus lieferte die Analyse weitere Beispiele zur Untermalung dieser Behauptungen. Es ist deutlich geworden, dass genomweite Assoziationsstudien wesentlich dazu beigetragen haben und beitragen werden die genetische Basis komplexer Erkrankungen, insbesondere der koronaren Herzkrankheit, zu verstehen. Einige weitere Aspekte, die mit der Hilfe von genomweiten Assoziationsstudien in Zukunft noch möglich und notwendig sind, werden im nächsten Abschnitt erläutert.

5.5 Herausforderungen

Viele Übersichtsarbeiten zu genomweiten Assoziationsstudien schließen mit ähnlichen Schlussfolgerungen. Craddock et al. (2008) umschreiben die Situation mit den Worten: „Der erste Schritt auf einer langen Reise." Mit einer „ Spitze des Eisbergs" und „vielen Puzzleteilen, die noch fehlen" stellt Donnelly (2008) die Situation dar. Schließlich betonen McCarthy und Hirschhorn (2008): „Die Erfolge waren spektakulär, aber es ist offensichtlich, wieviel noch zu tun bleibt". Eine Auflistung der wichtigsten Schritte, die sich an genomweite Assoziationsstudien anschließen geben u. a. McCarthy und Hirschhorn (2008) oder Ioannidis et al. (2009). Im Folgenden sollen einige gegenwärtige und zukünftige Herausforderungen anhand der Übersichtsarbeit von McCarthy und Hirschhorn (2008) erläutert werden.

Eine sowohl aus biologischer, als auch aus statistischer Sicht spannende Herausforderung, bieten die so genannten „Copy Number Variations" (Abk: CNVs). CNVs bilden die Anzahl an Kopien einer bestimmten Teilsequenz auf dem Genom ab. Ob es möglich ist, durch genomweite Analysen relevante CNVs, die in der Pathogenese einer Erkrankung eine Rolle spielen, zu entdecken, ist noch umstritten. Die erste und bisher einzige genomweite Analyse von CNVs im kardiovaskulären Bereich stammt vom Myocardial Infarction Genetics Consortium (2009). Dort konnten jedoch keine replizierbaren CNV-Loci, die mit dem Herzinfarktrisiko assoziiert sind, identifiziert werden. Das Methodenspektrum ist groß. Einige Ansätze beschreibt McCarroll (2008). Eine aktuelle Übersicht zu bisher identifizierten CNVs geben Wain et al. (2009). Ferner stellen die Autoren aktuelle und zukünftige Perspektiven bei der CNV-Analyse dar.

Ein weiterer Ansatz ist die Analyse von genomweiten Expressionsdaten. Mit Hilfe von genomweiten Expressionsstudien sollen die signifikanten SNPs aus den genomweiten Assoziationsstudien in den richtigen biologischen Kontext gerückt werden (Nica und Dermitzakis, 2008; Cookson et al., 2009). Der Ansatz basiert auf dem

5.5 Herausforderungen

biologischen Modell, das in Abbildung 5.9 dargestellt ist.

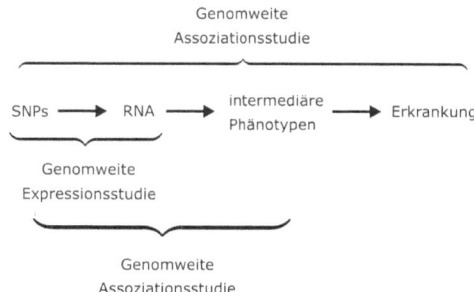

Abbildung 5.9: Einordnung von genomweiten Assoziations- und Expressionsstudien in das biologische Modell.

Sollten plausible Assoziationen in der Kombination von genomweiten Assoziations- und Expressionstudien gefunden werden, so gibt das Aufschluß über die regulatorischen Effekte und die Ätiologie einer Erkrankung.

Eine Herausforderung stellen ebenfalls genomweite Interaktionsanalysen dar. Einen Überblick zu Verfahren um Gen-Gen-Interaktionen zu identifizieren gibt beispielsweise Cordell (2009). Die Schwierigkeiten und Chancen von genomweiten Gen-Umwelt-Assoziationsstudien stellen Khoury und Wacholder (2009) dar. Beispiele für Verfahren zur Identifizierung von Genen, die in eine Gen-Umweltinteraktion verursachen, diskutieren u. a. Chatterjee und Wacholder (2009) und Murcray et al. (2009). Aktuell bestehen die Hauptprobleme bei genomweiten Interaktionsanalysen darin, dass sie rechentechnisch sehr aufwändig und schwierig zu interpretieren sind.

Ein Großteil der erfolgreichen genomweiten Assoziationsstudien wurde in Stichproben europäischer Herkunft durchgeführt. Die Verallgemeinerung auf Bevölkerungen mit nicht-europäischer Herkunft stellt somit in naher Zukunft ebenfalls eine Herausforderung dar (Cooper et al., 2008). Genomweite Assoziationsstudien in weiteren ethnischen Gruppen könnten möglicherweise auch zur Identifizierung von noch unbekannten krankheitsverursachenden Loci führen, denn diesen Gruppen liegen an manchen Loci eventuell günstigere Haplotypstrukturen zugrunde.

Ein weiteres, noch kaum erforschtes Gebiet, welches eine Herausforderung im Rahmen von genomweiten Assoziationsstudien darstellt, ist die Pharmakogenetik. Die

5.5 Herausforderungen

Pharmakogenetik umfasst ein Teilgebiet der Pharmakologie, das sich mit dem Einfluss genetischer Merkmale auf die Wirkung von Arzneimitteln beschäftigt. Eine sehr gute genomweite pharmakogenetische Studie stammt beispielsweise von Link et al. (2008). Mit einer relativ kleinen Fallzahl von 85 Fällen und 90 Kontrollen konnte dort ein Effekt des Medikaments Simvastatin auf Muskelerkrankungen festgestellt werden. Der Effekt konnte in einer umfangreichen Replikationsstudie, die 20.000 Individuen umfasste, bestätigt werden. In dieser Studie konnte jedoch nur ein einziger SNP gefunden werden, der eine genomweite signifikante Assoziation zeigte. Das Beispiel verdeutlicht, dass bei pharmakogenetischen Studien die Effekte hinreichend groß sein müssen. Vor allem die Fallzahlen sollten bei solchen Studien wesentlich erhöht werden.

Eine aus klinischer Sicht sehr interessante Herausforderung umfasst die Erstellung genetischer Profile und entsprechender genetischer Risikoscores für komplexe Erkrankungen. Aspekte, die auf dem Weg zur Erstellung solcher Profile eine wichtige Rolle spielen stellen Kraft et al. (2009) dar. Die Autoren weisen darauf hin, dass der Prozess von der Markerentdeckung bis zu einer Profilbewertung, aus der letztendlich eine erfolgreiche Therapie oder Präventionsstrategie resultiert, ein mehrstufiger Prozess ist. In jeder einzelnen Stufe werden dabei die unterschiedlichsten statistischen Verfahren verwendet. Um die Genauigkeit von genetischen Profilen und deren klinische Validität abzuschätzen, empfehlen Kraft et al. (2009) beispielsweise die Verwendung der epidemiologischen Maßzahlen Sensitivität, Spezifität, sowie positive und negative prädiktive Werte. Eine Übersicht der Herausforderungen, die sich ergeben, wenn ein genetischer Tests im klinischen Alltag angewendet werden soll, geben beispielsweise Rogowski et al. (2009). Für kardiovaskuläre Erkrankungen wurden inzwischen erste genetische Scores entwickelt. Kathiresan et al. (2008) stellen z. B. einen Score aus neun SNPs vor, die in genomweiten Assoziationsstudien mit Veränderungen von LDL- und HDL-Cholesterin assoziiert waren. Obwohl die Autoren für diesen Score zeigen konnten, dass er ein unabhängiger Risikofaktor für kardiovaskuläre Erkrankungen ist, kann der Score nichts zur Verbesserung der Risikostratifizierung beitragen. Bei Verwendung des Scores war lediglich eine geringe Verbesserung der klinischen Risikoklassifizierung für einzelne Individuen mit koronarer Herzkrankheit neben der Anwendung der klassischen klinischen Faktoren zu beobachten. Für die Erstellung genetischer Profile bieten sich viele statistische Verfahren an. Neben den klassischen Methoden, in denen die Risikoallele summiert werden oder die Effekte einzelner SNPs in Regressionen modelliert werden, finden

5.5 Herausforderungen

mittlerweile auch Klassifizierungsmethoden wie neuronale Netze oder Zufallswälder Anwendung. Die Ergebnisse dieser Klassifizierungsverfahren sind schwieriger zu interpretieren als die Ergebnisse der klassischen Ansätze. Jedoch haben Klassifizierungsmethoden den enormen Vorteil, dass sie mit der hohen Anzahl an Variablen, die einer wesentlichen kleineren Anzahl an Beobachtungen gegenübersteht, besser umgehen können als klassische Verfahren (Schunkert et al., 2008b).

6 Diskussion

We are far from the end of this particular voyage, and recent discoveries are nothing more than initial forays into the terra incognita of our genomes.

(McCarthy et al., 2008)

Die vorliegende Arbeit gibt einen Überblick über wichtige Studiendesigns und Methoden der genetischen Epidemiologie und Statistik. Die einzelnen Verfahren werden anhand von Anwendungsbeispielen aus dem kardiovaskulären Bereich veranschaulicht.

Zunächst wird dargestellt, wie mittels komplexen Segregationsanalysen das plausibelste Vererbungsmuster in Mehrgenerationen-Stammbäumen geschätzt werden kann. Die Verfahren werden anhand eines Stammbaums aus einer isolierten Bevölkerung aus Südtirol veranschaulicht. Es wird deutlich, dass der Stammbaum nicht sehr gut geeignet ist, um die Vererbung der Herzfrequenzvariabilitätsparameter zu schätzen. Nichtsdestotrotz können Segregationsanalysen ein starkes Instrument sein, um monogene Hauptgeneffekte nachzuweisen.

Ferner befasst sich diese Arbeit mit Kopplungsanalysen in Mehrgenerationen-Stammbäumen. Die Verfahren werden auf Familien mit Herzinfarkt angewendet, die mindestens ein betroffenes, lebendes Geschwisterpaar und einen weiteren betroffenen, lebenden Verwandten beinhalten. Für einen Großteil der Familien konnte zunächst eine autosomal-dominante Vererbung gezeigt werden. Vier verschiedene Loci, davon zwei in jeweils zwei Familien, konnten mittels modellbasierten und modellfreien Kopplungsanalysen identifiziert werden. Der modellbasierte LOD-Score ist nur in einer Familie kleiner als der modellfreie LOD-Score. Die Analysen deuten darauf hin, dass auch bei der komplexen Erkrankung Herzinfarkt monogene genetische Varianten auftreten, die autosomal-dominant vererbt werden.

Darüber hinaus werden meta-analytische Verfahren zur statistischen Analyse genetisch-epidemiologischer Studien dargestellt. Insbesondere werden Methoden zur Bestimmung des genetischen und kausalen Modells beschrieben, die im Rahmen von Meta-Analysen untersucht werden können. Die Verfahren werden anhand von Beispielstudien, die Kandidatengenregionen zur koronaren Herzkrankheit untersuchen, veranschaulicht. Die Anwendungsbeispiele verdeutlichen die enorme Bedeutung von Meta-Analysen bei der systematischen Analyse von Kandidatengenen. Darüber hinaus leisten Meta-Analysen einen erheblichen Beitrag zur Generalisierbarkeit dieser Gene.

Abschließend beschäftigt sich diese Arbeit mit genomweiten Assoziationsstudien. Es wird das generelle Vorgehen dargestellt. Ferner konzentriert sich das Kapitel auf wichtige Aspekte im Studiendesign, in der Qualitätskontrolle und den Analysemethoden. Die Konzepte werden anhand einer genomweiten Assoziationsstudie zur koronaren Herzkrankheit illustriert. Neben der Bestätigung bereits bekannter Loci, konnten mit dieser Studie ein neuer krankheitsfördernder und ein möglicherweise krankheitsfördernder Locus entdeckt werden.

Zusammengefasst werden in dieser Arbeit umfassende Möglichkeiten dargestellt um die genetischen Faktoren, die bei der Entstehung komplexer Erkrankungen, speziell im kardiovaskulären Bereich, eine Rolle spielen, zu identifizieren. Es wird deutlich, dass erst der Einsatz von Meta-Analysen und genomweiten Assoziationsstudien zu neuen Erkenntnissen über die zugrunde liegenden genetischen Mechanismen führte. Die Anwendung dieser beiden Verfahren hat schon in kurzer Zeit mehr zum Verständnis der genetischen Grundlagen beigetragen als die langjährige Verwendung von Segregations- und Kopplungsanalysen.

Zur Identifizierung neuer krankheitsfördernder oder krankheitsauslösender Loci sind aus methodischer Sicht ebenfalls im Moment genomweite Assoziationsstudien die Methode der Wahl. Zahlreiche Arbeiten haben gezeigt, dass dieses Verfahren eine größere statistische Macht besitzen als Kopplungsanalysen. Jedoch weisen auch genomweite Assoziationsstudien nach wie vor erhebliche Probleme auf. Zum einen sind diese Verfahren im Moment noch mit hohen Kosten verbunden. Dies führt unter anderem dazu, dass die Fallzahlen zu klein sind um auch kleine Effekte aufzudecken. Ein Lösungsansatz hierfür sind beispielsweise genomweite Meta-Analysen. Doch selbst wenn nur aggregierte Daten gemeinsam analysiert werden, ist der Aufwand hierfür immens. Ein weiteres Problem von genomweiten Assoziationsstudien ist die große Anzahl der falsch-positiven Resultate. Die Genotypisierungstechnologie kann an dieser Stelle noch wesentlich verbessert werden. Auch wenn genomweite Assoziationsstudien schon in kurzer Zeit mehr zum Verständnis der genetischen Grundlagen kardiovaskulärer Erkrankungen beigetragen haben als Segregations- und Kopplungsanalysen, wird in Zukunft nicht auf Segregations- und Kopplungsanalysen verzichtet werden können. Zum einen bleiben Kopplungsanalysen das Verfahren der Wahl um kausale Gendeffekte zu identifizieren oder Imprintingeffekte nachzuweisen. Auf der anderen Seite kann nur mit Segregationsanalysen der Erbgang einer Erkrankung bestimmt werden. Bei Kopplungs- und Segregationsanalysen müssen zwar viele Annahmen getroffen werden, die bei komplexen Erkrankungen i. d. R. nicht zutreffen. Jedoch gibt es bei vielen komplexen Erkrankungen auch monogene Formen, die mit Hilfe von Kopplungs- und Segregationsanalysen erfolgreich analysiert und entdeckt werden können.

Ein wesentlicher Kritikpunkt an genomweiten Analysen, unabhängig davon ob es Kopplungs- oder Assoziationsstudien sind, ist die Tatsache, dass das Vorgehen bei diesen Studien hypothesenfrei ist. In vielen Studien liefern genomweite Analysen Gene oder sogar Regionen ohne Gene, die aus biologischer Sicht vorher niemals als krankheitsfördernd oder krankheitsauslösend für die untersuchte Krankheit in Betracht gezogen worden wären. So wurde beispielsweise für den Chromosom 9p21,3 Locus die Assoziation mit vielen kardiovaskulären Phänotypen in zahlreichen unabhängigen Studien gezeigt, die zugrunde liegende Funktion ist hingegen bis heute ein ungelöstes Rätsel. Eine vermeintliche funktionelle Variante, hinter der ein biologisch glaubwürdiges Kandidatengen steht, würde hingegen eine sehr starke funktionelle Hypothese liefern, die direkt untersucht werden kann. Derartige Varianten lassen sich aber nur selten mittels genomweiten Ansätzen identifizieren. Methodische Ansätze, mit denen funktionelle Varianten identifiziert werden können, existieren zur Zeit noch nicht.

Insgesamt konnte in den letzten Jahren durch genetisch-epidemiologische Studien ein erheblicher Beitrag zum Verständnis der Ätiologie von kardiovaskulären Phänotypen gewonnen werden. Auf der einen Seite konnten mittels Segregations- und Kopplungsanalysen erfolgreich monogene Formen beschrieben und entdeckt werden. Auf der anderen Seite konnten für komplexe kardiovaskuläre Phänotypen mittels Meta-Analysen und genomweiten Assoziationsstudien krankheitsfördernde und krankheitsauslösende genetische Varianten identifiziert und charakterisiert werden. Die nächsten Schritte umfassen vor allem die funktionelle Analyse der monogenen und komplexen Loci und die Umsetzung dieses Wissens in klinisch relevante Erkenntnisse sowie die daraus resultierenden Maßnahmen.

A Anhang

A.1 Stammbaumanalysen

Zunächst wird in Abschnitt A.1.1 der Aufbau eines Stammbaums erläutert. Abschnitt A.1.2 befasst sich mit der Aufdeckung von Stammbaumfehlern. Anschließend wird der Aufbau der Likelihood (Abschnitt A.1.3) beschrieben. Abschnitt A.1.4 erläutert das Vorgehen bei der Berechnung einer Likelihood für einen Stammbaum. Abschließend werden Methoden zum Umgang mit großen Stammbäumen vorgestellt (Abschnitt A.1.5).

A.1.1 Aufbau eines Stammbaums

Ein Stammbaum ist eine graphische Zusammenstellung verwandter Individuen. Für die Darstellung von Stammbäumen gelten Konventionen. Die wichtigsten Symbole sind in Abbildung A.1 dargestellt.

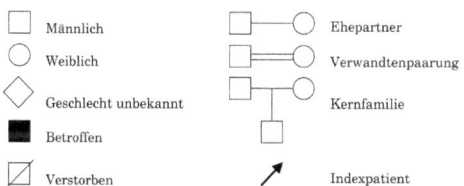

Abbildung A.1: Symbole zur Darstellung von Stammbäumen.

A.1 Stammbaumanalysen

Ehepartner und deren Nachkommen sind in Stammbäumen durch Linien miteinander verknüpft. Jedes Individuum im Stammbaum hat entweder zwei Eltern oder ist ein so genannter „Founder". Founder, auch Gründer genannt, der Familie sind Individuen, die im Stammbaum keine Eltern besitzen. Existiert für ein Individuum nur ein bekannter Elternteil, so wird der andere Elternteil mit unbekanntem Phänotyp in den Stammbaum eingezeichnet.

A.1.2 Aufdeckung von Stammbaumfehlern

Fehler in der Familienstruktur werden als Stammbaumfehler bezeichnet. Klassische Mendelchecks, wie in Abschnitt 3.2.6 eingeführt, können zwar dazu beitragen diese zu entdecken, funktionieren jedoch nicht, wenn einige Individuen nicht genotypisiert wurden. Aus diesem Grund haben McPeek und Sun (2000) und Sun et al. (2002) Verfahren entwickelt, um Stammbaumfehler für verschiedene Verwandtschaftsbeziehungen aufzudecken, die mit klassischen Mendelchecks nicht zu erkennen sind. Die Basisidee besteht darin zu überprüfen, ob sich die Verteilung gemeinsamer Allele zweier verwandter Individuen von der Verwandtschaftsbeziehung, die im Stammbaum zu finden ist, unterscheidet. McPeek und Sun (2000) empfehlen die vier Teststatistiken IBS, EIBD, AIBS und MLLR. Bis auf die MLLR-Statistik basieren alle Statistiken auf den Kennzahlen IBS und IBD, die in Abschnitt 3.2.4 eingeführt wurden. Die Statistiken werden folgendermaßen definiert:

1. **IBS:**
   Statistik, die im Wesentlichen auf IBS-Werten basiert.

2. **EIBD** (engl: conditional expected IBD):
   Kennzahl, die über die bedingte erwartete Anzahl gemeinsamer IBD Allele definiert ist. Die EIBD-Werte unter der Nullhypothese sind in Tabelle A.1 angegeben.

3. **AIBS** (engl: adjusted IBS):
   Statistik, die die Anzahl gemeinsamer Allele, bedingt auf die Wahrscheinlichkeit unter der Nullhypothese diese Allele gemeinsam zu haben, abbildet.

4. **MLLR** (engl: maximized log-likelihood ratio):
   Kennzahl, die den maximierten Likelihoodquotienten der Likelihood unter der Nullhypothese und alternativen Beziehungen untersucht.

Kleine p-Werte der Statistiken können auf falsch spezifizierte Beziehungen hindeuten. Zur Abschätzung der wirklichen Beziehung können die Wahrscheinlichkeiten p_0, p_1, und p_2 herangezogen werden. Sie geben an, wie viele Marker kein, ein oder zwei Allele IBD in der analysierten Beziehung gemeinsam haben. Die Verteilung von p_0, p_1, und p_2 kann einen Hinweis darauf geben, welche andere Beziehung zwischen den beiden untersuchten Individuen bestehen könnte. Die theoretischen Werte für p_0, p_1, und p_2 für verschiedene Verwandtschaftsbeziehungen sind in Tabelle A.1 aufgeführt.

Ein weiteres Maß, welches die Beziehung zweier Individuen abbildet, ist der Verwandtschaftskoeffizient c_R. Mit der Statistik c_R kann die Wahrscheinlichkeit bestimmt werden, dass bei zwei Individuen am gleichen autosomalen Locus ein zufällig ausgewähltes Allel IBD ist (Ziegler und König, 2006, Kapitel 7). Die Werte unter der Nullhypothese, d. h. unter der Annahme, dass die Beziehung zwischen zwei Individuen innerhalb des Stammbaums korrekt ist, sind für verschiedene Verwandtschaftsbeziehungen in Tabelle A.1 angegeben.

McPeek und Sun (2000) und Sun et al. (2002) haben für alle vier Teststatistiken Poweranalysen durchgeführt. Der MLLR-Test hat eine größere statistische Macht als die übrigen drei Tests. Die Signifikanz der EIBD-, AIBS- und IBS-Statistiken wird jedoch über approximative Normalverteilungen bestimmt. Auf diese Weise können diese Tests wesentlich schneller als der MLLR-Test berechnet werden. Beim MLLR-Test ist hingegen bei jedem Verwandtschaftspaar eine Simulation notwendig. Um zuverlässige empirische p-Werte für die MLLR-Statistik zu erhalten, sollten für jedes Verwandtschaftspaar 100.000 Simulationen durchgeführt werden. Die Simulationsstudien von Sun et al. (2002) zeigen außerdem, dass die statistische Macht der EIBD-Statistik nicht wesentlich geringer als die Power der MLLR-Statistik ist. In den meisten Fällen ist die Teststärke sogar größer als bei den beiden Statistiken, die auf dem IBS-Wert basieren. Ferner besitzt die AIBS-Statistik eine höhere statistische Macht als die IBS-Statistik. Vor allem bei der Beziehung „Eltern-Nachkommen" haben die AIBS- und die IBS-Statistik nur sehr geringe statistische Macht. Da die EIBD-Statistik nicht auf die Beziehung „Eltern-Nachkommen" angewendet werden kann, sollte dort, neben den weniger starken IBS- und AIBS-Statistiken, auch die aufwendige MLLR-Statistik betrachtet werden. Weiterhin kann sowohl die IBS, als auch die

A.1 Stammbaumanalysen

EIBD-Statistik nicht für „nicht-verwandte" Paare berechnet werden. Da bei der Bestimmung der p-Werte der EIBD-, AIBS- und IBS-Statistiken eine approximative Normalverteilung zugrunde gelegt wird, sollte die Anzahl der untersuchten Marker hinreichend groß sein. Die vier Statistiken sind in den Programmen PREST und ALTERTEST implementiert (Sun et al., 2002).

Tabelle A.1: Verwandtschaftsparameter unter der Nullhypothese. Die Wahrscheinlichkeiten p_0, p_1 und p_2 entsprechen den Wahrscheinlichkeiten unter der Nullhypothese kein, ein oder zwei Allele IBD zu besitzen. c_R ist der Verwandtschaftskoeffizient unter der Nullhypothese. EIBD ist der Wert der Teststatistik des EIBD-Tests unter der Nullhypothese. Zwei Individuen sind Halbgeschwister und Cousin gleichzeitig, wenn sie die gleiche Mutter und verschiedene Väter haben und diese Väter Vollgeschwister sind oder entsprechend den gleichen Vater und unterschiedliche Mütter, die Schwestern sind. Beim Cousin handelt es sich jewils um den Cousin ersten Grades.

Beziehung	p_0	p_1	p_2	c_R	EIBD
eineiige Zwillinge	0	0	1	0,5	2
Eltern-Nachkommen	0	1	0	0,25	1
Vollgeschwister	0,25	0,5	0,25	0,25	1
Halbgeschwister und Cousin	0,375	0,5	0,125	0,1874	0,75
Halbgeschwister	0,5	0,5	0	0,125	0,5
Großeltern-Enkel	0,5	0,5	0	0,125	0,5
Onkel	0,5	0,5	0	0,125	0,5
Cousin	0,75	0,25	0	0,0625	0,25
Halb-Onkel	0,75	0,25	0	0,0625	0,25
Halb-Cousin	0,875	0,125	0	0,003125	0,125
nicht-verwandt	1	0	0	0	0

A.1.3 Beschreibung von Stammbäumen mittels einer Likelihood

Sowohl bei Segregationsanalysen, als auch bei modellbasierten Kopplungsanalysen, werden die Stammbäume mittels einer Likelihoodfunktion beschrieben. Diese ergibt sich aus den folgenden drei Komponenten:

1. **Genotypwahrscheinlichkeiten der Founder:** $P(g)$
   Für die Founder in einem Stammbaum müssen die Genotypwahrscheinlichkeiten bestimmt werden. Dies geschieht unter der Annahme des Hardy-Weinberg-Gleichgewichts. Bei der Untersuchung von Erkrankungen, also dichotomen Zielgrößen, geht die Allelfrequenz des Krankheitsallels ein. Bei quantitativen Phänotypen wird die Häufigkeit des Allels, das zu einer Erhöhung des quantitativen Phänotyps führt, verwendet.
   Ferner wird bei Multilocus-Analysen, d.h. Analysen mit mehreren Markern, Kopplungsgleichgewicht angenommen. Somit ergibt sich für einen Founder k für n Marker die Wahrscheinlichkeit eines Multilocus-Genotyps als
   $P(g_k) = P(g_k^1) \cdot P(g_k^2) \cdot \ldots \cdot P(g_k^n)$.
   Die dritte zentrale Annahme bei der Bestimmung der Genotypwahrscheinlichkeiten der Gründer der Familie besteht darin, dass die Genotypen von unterschiedlichen Foundern unabhängig voneinander sind. Die Wahrscheinlichkeiten verschiedener Gründer können also einfach miteinander multipliziert werden.

   Beispiel (Genotypwahrscheinlichkeiten eines Founders):
   An einem Gründer einer Familie werden zwei genetische Marker M_1 (mutiertes Allel: a, normales Allel: A) und M_2 (mutiertes Allel: b, normales Allel: B) genotypisiert. Die Allelfrequenz für das mutierte Allel beträgt an M_1 5% und an M_2 10%. Der Gründer hat die Genotypen Aa und bb. Somit ergeben sich unter Annahme des Hardy-Weinberg-Gleichgewichts (Ziegler und König, 2006, Kapitel 2) die Genotyphäufigkeiten $P(M_1) = 2 \cdot 0,05 \cdot 0,95 = 0,095$ und $P(M_2) = 0,07^2 = 0,0049$. Aufgrund des Kopplungsgleichgewichts können die beiden Wahrscheinlichkeiten multipliziert werden: $P(M_1, M_2) = P(M_1) \cdot P(M_2) = 4,66 \times 10^{-4}$.

A.1 Stammbaumanalysen

2. **Penetranzwahrscheinlichkeiten:** $P(y|g)$
Die Penetranz ist definiert als die bedingte Wahrscheinlichkeit einen Phänotyp, bei gegebenem Genotyp, zu entwickeln. Penetranzen werden unter der Annahme, dass die Phänotypen innerhalb von Familien unabhängig sind, bestimmt.
Es wird zwischen vollständiger und unvollständiger Penetranz unterschieden. Bei vollständiger Penetranz kommt es immer zur Ausprägung des Phänotyps. Bei unvollständiger Penetranz gibt es hingegen auch kranke Individuen, die den Phänotyp nicht entwickeln. Ferner kann es bei unvollständiger Penetranz auch Individuen geben, die, obwohl sie die krankheitsrelevante Mutation tragen, gesund sind. Unvollständige Penetranzen können sich durch geschlechts- oder altersspezifische Unterschiede oder auch Umwelteffekte ergeben. Da bei der koronaren Herzkrankheit das Erstmanifestationsalter über 50 Jahre ist, sind dort beispielsweise Kinder und junge Erwachsene, obwohl sie die mutierte Variante tragen, noch nicht erkrankt. Darüber hinaus können unvollständige Penetranzen auch durch modifizierende Gene hervorgerufen werden.

Beispiel (vollständige Penetranz):
An einem beliebigen Individuum wird M_1 aus dem vorherigen Beispiel genotypisiert. Bei einer rezessiv vererbten Erkrankung mit vollständiger Penetranz ergeben sich folgende Penetranzwahrscheinlichkeiten: P(erkrankt I aa)=1, P(erkrankt I aA)=0, P(erkrankt I AA)=0. Die Wahrscheinlichkeiten bei einer Erkrankung, der dominante Vererbung zugrunde liegt, sind entsprechend: P(erkrankt I aa)=1, P(erkrankt I aA)=1, P(erkrankt I AA)=0.

Beispiel (unvollständige Penetranz):
An einem beliebigen Individuum wird erneut der Marker M_1 genotypisiert. Bei einer dominant vererbten Erkrankung mit verminderter Penetranz ergeben sich beispielsweise folgende Penetranzwahrscheinlichkeiten: P(erkrankt I aa)=0,9, P(erkrankt I aA)=0,9, P(erkrankt I AA)=0,1. Diese Verteilung der Penetranzwahrscheinlichkeiten würde bedeuten, dass sowohl 10% aller erkrankten Individuen den Phänotyp nicht zeigen, als auch dass 10% aller nicht erkrankten Individuen den Phänoytp aufweisen.

A.1 Stammbaumanalysen

3. Transmissionswahrscheinlichkeiten: $P(g|g_{fa}, g_{mo})$
Mit Transmissions- oder Übergangswahrscheinlichkeit wird die Wahrscheinlichkeit bezeichnet, dass ein Kind bei gegebenen elterlichen Genotypen einen bestimmten Genotyp übertragen bekommt. Hierbei wird angenommen, dass die Vererbung eines Allels von jedem Elternteil auf das Kind unabhängig voneinander ist. Die Transmission folgt dem ersten Mendelschen Gesetz. Darüber hinaus sind die Genotypen von Geschwistern bei gegebenen Genotypen der Eltern voneinander unabhängig.

Beispiel (Transmissionswahrscheinlichkeiten):
Der Marker M_1 aus den vorherigen Beispielen wird an einem Elternpaar und zwei zugehörigen Kindern genotypisiert. Der Vater ist an M_1 heterozygot ($g_{fa} = Aa$). Die Mutter besitzt einen homozygoten Genotyp für das mutierte Allel ($g_{mo} = aa$). Das erste Kind ist heterozygot ($g_1 = Aa$) und das zweite Kind homozygot für das mutierte Allel ($g_2 = aa$). Für die Transmissionswahrscheinlichkeiten in dieser Kernfamilie ergibt sich:
$P(g_1 = Aa, g_2 = aa | g_{fa} = Aa, g_{mo} = aa)$
$= P(g_1 = Aa | g_{fa} = Aa, g_{mo} = aa) \cdot P(g_2 = aa | g_{fa} = Aa, g_{mo} = aa)$
Hierbei ergibt sich für Kind 1:
$P(g_1 = Aa | g_{fa} = Aa, g_{mo} = aa)$
$= P(g_1 = A | g_{fa} = Aa) \cdot P(g_1 = a | g_{mo} = aa)$
$+ P(g_1 = a | g_{fa} = Aa) \cdot P(g_1 = A | g_{mo} = aa)$
$= 0,5 \cdot 1 + 0,5 \cdot 0$
$= 0,5$
Entsprechend ergibt sich für Kind 2:
$P(g_2 = aa | g_{fa} = Aa, g_{mo} = aa)$
$= P(g_2 = a | g_{fa} = Aa) \cdot P(g_2 = a | g_{mo} = aa)$
$+ P(g_2 = a | g_{fa} = Aa) \cdot P(g_2 = a | g_{mo} = aa)$
$= 0,25 \cdot 1 + 0,25 \cdot 1$
$= 0,5$
Die Wahrscheinlichkeit für das Ehepaar beträgt somit 25% ein homozygotes und ein heterozygotes Kind zu bekommen.

Fasst man diese drei Komponenten zusammen, so erhält man die Likelihood eines Stammbaums. Für einen Stammbaum mit f Gründern und insgesamt n Individuen ergibt sich:

$$\begin{aligned} L &= P(y_1, \ldots, y_n) \\ &= \sum_{g_1, \ldots, g_n} \underbrace{\prod_{i=1}^{f} P(g_i)}_{(1)} \underbrace{\prod_{i=1}^{n} P(y_i|g_i)}_{(2)} \underbrace{\prod_{i=f+1}^{n} P(g_i|g_{i,fa}, g_{i,mo})}_{(3)}. \end{aligned}$$
(A.1)

A.1.4 Algorithmen zur Schätzung der Likelihood

Die Bestimmung der Likelihood ist für Segregationsanalysen, sowie modellbasierte und modellfreie Kopplungsanalysen von enormer Bedeutung. Für erweiterte Stammbäume ist jedoch eine Berechnung per Hand nahezu unmöglich. Aus diesem Grund werden i. d. R. entweder der Elston-Stewart- oder der Lander-Green-Algorithmus zur Berechnung verwendet. Im Folgenden werden die wesentlichen Prinzipien, sowie Vor- und Nachteile dieser beiden Algorithmen erläutert. Die Ausführungen sind im Wesentlichen an die ausführliche Darstellung der beiden Algorithmen von Strauch (2002, Kapitel 3) angelehnt.

Elston-Stewart-Algorithmus

Für die Berechnung der Likelihood eines Stammbaumes, wie in Gleichung A.1 angegeben, ist die Berechnung von Mehrfachsummen über alle Genotypkombinationen für alle Individuen im Stammbaum notwendig. Bei einem Stammbaum mit neun Individuen und einem Marker mit drei Allelen resultieren beispielsweise sechs verschiedene Genotypen. Dies macht für die Likelihhood insgesamt $6^9 = 10.077.696$ verschiedene Genotypkombinationen, die berechnet werden müssen. Typischerweise werden alle Genoytypkombinationen aufgelistet und anschließend die entfernt, bei denen $P(y|g) = 0$ und $P(g|g_{fa}, g_{mo}) = 0$. Im nächsten Schritt wird über alle Möglichkeiten iteriert. Dies ist bei Kernfamilien unproblematisch. Bei größeren Stammbäumen ist die Iteration per Hand allerdings kaum noch möglich. Für diese Situation haben Elston und Stewart den nach ihnen benannten Elston-Stewart-Algorithmus entwickelt (Elston und Stewart, 1971).
Das Hauptziel des Elston-Stewart-Algorithmus besteht darin, die Genotypkombi-

A.1 Stammbaumanalysen

nationen vor der Berechnung zu reduzieren und die Likelihood auf geschickte Art und Weise umzubauen. Hierdurch wird die Berechnung einfacher. Die Basisidee besteht darin, den Stammbaum rekursiv abzuarbeiten. Hierbei werden die Informationen aus den Stammbaumzweigen jeweils auf die nächste Generation übertragen. Im Detail geht der Elston-Stewart-Algorithmus wie folgt vor:

1. Der Stammbaum wird in Kernfamilien unterteilt.

2. Eine Kernfamilie wird an einer Ecke des Stammbaums ausgewählt und deren „Teil-Likelihood" $L^*_{i_1}(g_{i_1})$ berechnet. Hierzu werden bei der Person i_1 die Genotypen g_{i_1} festgehalten. Als i_1 wird gerade das Individuum verwendet, das die Kernfamilie mit dem Rest des Stammbaums verbindet. i_1 wird auch als Pivotelement bezeichnet. Der Index 1 steht für die erste Kernfamilie. Die Teil-Likelihood ist mit einem „*" markiert. Dieser gibt an, dass sich diese Likelihood nur auf die Individuen bezieht, die in der untersuchten Kernfamilie enthalten sind.

3. Die Likelihood $L^*_{i_2}(g_{i_2})$ der nächsten Kernfamilie wird berechnet. Die zweite Kernfamilie enthält das Pivotelement i_1. Da die erste Familie auf i_1 kollabiert ist, trägt das Element i_1 seinen eigenen Anteil und den seiner Familie zur Likelihood bei. Die Likelihood $L^*_{i_2}(g_{i_2})$ bezieht sich wiederum auf ihr eigenes Pivotelement i_2, durch das es mit dem Rest des Stammbaums verbunden ist. Nach Abarbeitung der zweiten Kernfamilie, folgt die dritte Kernfamilie und so weiter. Dieser Vorgang wird auch als „Peeling" bezeichnet.
Es kann vorkommen, dass nicht alle Kernfamilien zusammenhängen. In diesem Fall kann, bevor es an der ursprünglichen Stelle weiter geht, an eine andere Stelle im Stammbaum gesprungen werden.
Das Pivotelement in der letzten Kernfamilie ist beliebig.

4. Im letzten Schritt wird die Gesamtlikelihood durch Aufsummierung der Teil-Likelihoods über alle Genotypen des letzten Pivots berechnet.

Das Vorgehen beim Peeling wird mit Hilfe des Stammbaumes in Abbildung A.2 veranschaulicht und anhand des folgenden Beispiels illustriert.

A.1 Stammbaumanalysen

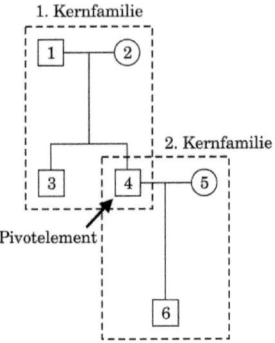

Abbildung A.2: Elston-Stewart-Peeling an einem Beispielstammbaum. Die einzelnen Kernfamilien und das Pivotelement sind gekennzeichnet.

Beispiel (Peeling):

$$L = P(y_1, y_2, y_3, y_4, y_5, y_6)$$

⇓ Einsetzen in Gleichung A.1

$$= \sum_{g_1,\ldots,g_6} \prod_{i=1}^{3} P(g_i) \prod_{i=1}^{6} P(y_i|g_i) \prod_{i=3}^{6} P(g_i|g_{i,fa}, g_{i,mo})$$

⇓ Auflösung der Produkte

$$= \sum_{g_1} \cdots \sum_{g_6} P(g_1) P(g_2) P(g_5)$$
$$\cdot P(y_1|g_1) P(y_2|g_2) P(y_3|g_3) P(y_4|g_4) P(y_5|g_5) P(y_6|g_6)$$
$$\cdot P(g_3|g_1,g_2) P(g_4|g_1,g_2) P(g_6|g_4,g_5)$$

⇓ Umsortierung nach Individuen

$$= \sum_{g_1} \cdots \sum_{g_6} P(y_1|g_1) P(g_1) \cdot P(y_2|g_2) P(g_2)$$
$$\cdot P(y_3|g_3) P(g_3|g_1,g_2) \cdot P(y_4|g_4) P(g_4|g_1,g_2)$$
$$\cdot P(y_5|g_5) P(g_5) \cdot P(y_6|g_6) P(g_6|g_4,g_5)$$

A.1 Stammbaumanalysen

$\Downarrow$ Umsortierung nach Elston-Stewart-Algorithmus

$$
\begin{aligned}
= & \sum_{g_1} P(y_1|g_1)P(g_1) \cdot \sum_{g_2} P(y_2|g_2)P(g_2) \\
& \cdot \sum_{g_3} P(y_3|g_3)P(g_3|g_1,g_2) \cdot \sum_{g_4} P(y_4|g_4)P(g_4|g_1,g_2) \\
& \cdot \sum_{g_5} P(y_5|g_5)P(g_5) \cdot \sum_{g_6} P(y_6|g_6)P(g_6|g_4,g_5)
\end{aligned}
$$

Das Beispiel zeigt, dass zur Berechnung der Likelihood im Wesentlichen die Summen soweit wie möglich nach innen geschoben werden. Die Umsortierung ist möglich, da die Likelihood-Therme einer Kernfamilie unabhängig von den Genotypen der anderen Kernfamilien sind und auf diese Weise nicht jedes Mal berechnet werden müssen.

Der Elston-Stewart-Algorithmus eignet sich vor allem für sehr große Stammbäume. Die Rechenzeit steigt linear mit der Anzahl der Personen. Ein wesentlicher Nachteil des Elston-Stewart-Algorithmus besteht darin, dass die Rechenzeit exponentiell mit der Anzahl der zu untersuchenden Marker wächst und somit nur wenige Marker gleichzeitig analysiert werden können.

Lander-Green-Algorithmus

Der Lander-Green-Algorithmus basiert, wie der Name schon sagt, auf einem Vorschlag von Lander und Green (1987). Im Gegensatz zum Elston-Stewart-Algorithmus werden alle Individuen gleichzeitig analysiert. Die genetischen Marker werden hingegen nacheinander abgearbeitet.

Die zentrale Idee des Lander-Green-Algorithmus besteht darin, dass die gesamten Informationen der IBD-Verteilung innerhalb einer Familie an einer chromosomalen Position t in einem Vererbungsvektor $v(t)$ enthalten sind. Der Lander-Green-Algorithmus dient dazu, die Wahrscheinlichkeit von $v(t)$ zu berechnen. Wenn die Anzahl der Gründer f ist, so ergibt sich für die Anzahl der Meiosen $m = 2 \cdot f$. Für jeden Stammbaum existieren demnach 2^m Vererbungsvektoren an einer beliebigen chromosomalen Position t. In dieser Darstellung beschreibt ein Element des Vererbungsvektors genau eine bestimmte Meiose. Falls das maternale Allel vererbt wird, enthält jede einzelne Komponente des Vektors eine „1". Die Komponenten des Vektors werden entsprechend mit „0" markiert, wenn paternale Vererbung vorliegt. Der Zeilenvektor hat somit die Länge m.

Beispiel (Vererbungsvektoren):
Eine Familie mit zwei Kindern besteht aus $f = 2$ Gründern. Somit sind $m = 2 \cdot 2 = 4$ Meiosen in dieser Familie möglich und es lassen sich $2^4 = 16$ Vererbungsvektoren der Länge vier. Für jedes Geschwisterteil sind also zwei Elemente notwendig.

Im nächsten Schritt wird jedem der theoretisch möglichen Vererbungsvektoren eine Wahrscheinlichkeit zugeordnet. Schließlich wird aus der Summe der einzelnen Vererbungsvektoren die IBD-Verteilung bestimmt. Je größer die Anzahl der Founder, desto schneller wächst die Rechenzeit, denn die Anzahl der zu bestimmenden Vererbungsvektoren wächst exponentiell an. Somit steigt die Rechenzeit mit der Anzahl der Individuen eines Stammbaums. Dies ist offensichtlich ein Nachteil gegenüber dem Elston-Stewart-Algorithmus, denn dadurch können mit dem Lander-Green-Algorithmus nur kleine bis mittelgroße Familien analysiert werden. Da der Lander-Green-Algorithmus jedoch, im Gegensatz zum Elston-Stewart-Algorithmus, Locus für Locus abarbeitet, kann er viele Marker gleichzeitig bewältigen, so dass die Rechenzeit mit der Anzahl der Marker nur linear anwächst.

A.1.5 Umgang mit erweiterten Stammbäumen

Der Elston-Stewart- und der Lander-Green-Algorithmus zur Berechnung der Likelihood ohne Schleifen ist unproblematisch. Sobald ein Stammbaum jedoch größer ist und Schleifen enthält, können diese Algorithmen den Stammbaum nicht mehr korrekt abarbeiten. Beim Elston-Stewart-Algorithmus kann schon der erste Schritt, die Aufteilung in Kernfamilien, nicht mehr exakt durchgeführt werden. Aus diesem Grund müssen die Schleifen aufgelöst werden. Im Folgenden werden Empfehlungen gegeben, wie dabei vorzugehen ist. Eine weitere Hürde bei der Bestimmung der Likelihood in erweiterten Stammbäumen mit Hilfe des Lander-Green-Algorithmus ergibt sich, wenn die Zahl der Meiosen innerhalb eines Stammbaums zu groß wird. Die meisten Programme können nur für eine bestimmte Stammbaumgröße Kopplungsanalysen durchführen. Im Allgemeinen darf in diesen Anwendungen eine BIT-Zahl von 36 nicht überschritten werden. Die BIT-Zahl ergibt sich aus der Differenz von zweimal der Gesamtanzahl der Individuen des Stammbaums und der Gründer des Stammbaums, also BIT $= 2 \cdot n - f \leq 36$. Die Stammbäume müssen in diesem Fall verkleinert werden. Der folgende Abschnitt befasst sich deshalb ebenfalls mit Möglichkeiten eine derartige Reduktion vorzunehmen.

Auflösen von Stammbaumschleifen

Es werden zwei verschiedene Arten von Stammbaumschleifen unterschieden: Inzuchtschleifen und Heirats-Schleifen (Strauch, 2002, Kapitel 3). Inzuchtschleifen treten auf, wenn ein Individuenpaar, das bereits im Stammbaum eine Verwandtschaftsbeziehung besitzt, noch eine zusätzliche Beziehung eingeht und Kinder zeugt. Diese Situation tritt u. a. ein, wenn Cousin und Cousine oder zwei Halbgeschwister heiraten. Ein Stammbaum, in dem zwei Halbgeschwister eine Beziehung eingehen, ist in Abbildung A.3 (A) dargestellt. Im Prinzip können Inzuchtschleifen durch das Einfügen von Platzhaltervariablen, so genannten Dummyvariablen, aufgelöst werden. Wenn diesen Dummyvariablen identische Phänotypen gegeben werden und wenn ihre Genotypen eindeutig aus ihren Phänotypen abgeleitet werden können, so ist die Approximation durch eine Dummyvariable exakt (Lange und Elston, 1975). Die Abbildung A.3 (C) zeigt eine mögliche Auflösung des Stammbaumes in Abbildung A.3 (A). Die Schleife wird an Individuum 4 gebrochen. Das Individuum 4* ist die zugehörige Dummyvariable. Die Phänotypen und Genotypen von Individuum 4* werden identisch zu denen des Individuums 4 gesetzt, denn so kann die Likelihood adäquat geschätzt werden. Auch Individuum 2 oder 5 würden sich als Schleifenbrecher eignen.

Eine Kette mehrerer Heiraten innerhalb eines Stammbaums wird als Heiratsschleife bezeichnet. Ein Beispiel für eine Heiratsschleife gibt Abbildung A.3 (B). Auch Heiratsschleifen können durch das Einfügen von Dummyvariablen aufgelöst werden. Für die Heiratsschleife Abbildung A.3 (B) können z. B. die Individuen 1, 2 oder 3 als Schleifenbrecher verwendet werden. Wie der Schleifenbruch an Individuum 1 aussehen könnte ist in Abbildung A.3 (D) dargestellt.

A.1 Stammbaumanalysen

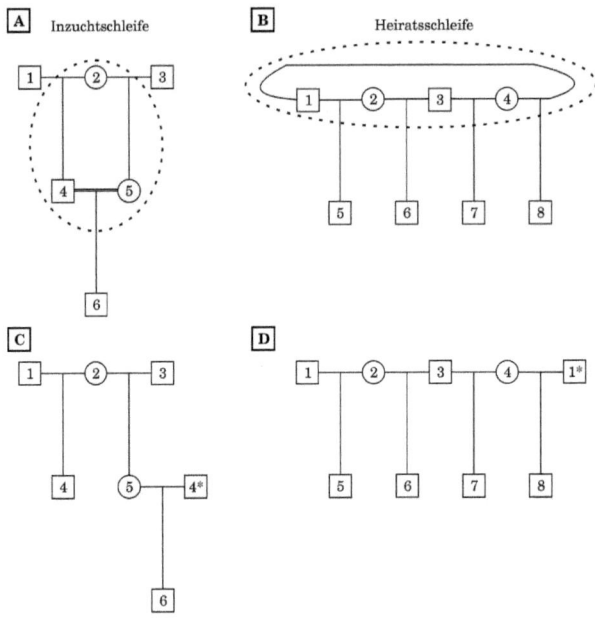

Abbildung A.3: Beispiele für die Auflösung von Stammbaumschleifen. Dargestellt sind Stammbäume mit einer Inzuchtschleife (A) und einer Heiratsschleife (B). Die Abbildungen (C) und (D) zeigen jeweils eine Möglichkeit die Schleifen aufzulösen.

Stammbaumschleifen sind in großen Stammbäumen nichts Ungewöhnliches. Ein Beispiel aus der Praxis liefert Stammbaum U (siehe Abbildung A.45). Auch der Stammbaum des Dorfes Martell (Abschnitt 2.3) enthält einige Schleifen. Schleifen entstehen in einem Isolat in natürlicher Art und Weise, da es dort laut Definition nur eine kleine Anzahl an Foundern gibt, die Inzuchtrate hoch und Einwanderung zu vernachlässigen ist.

In solch großen Stammbäumen lassen sich die Schleifen nicht mehr von Hand auflösen. Für diese Situation schlagen Stricker et al. (1995) einen rekusiven Algorithmus vor, der Schleifen in beliebigen Stammbäumen ohne eine visuelle Betrachtung auflösen kann. Die Schleifen werden, wie oben beschrieben, durch das Einführen einer Dummyvariablen beseitigt. Eine sinnvolle Erweiterung des Ansatzes von Stricker

A.1 Stammbaumanalysen

et al. (1995) schlagen Axenovich et al. (2008) vor. Die Autoren empfehlen, dass die Auswahl der Individuen, an denen die Schleifen aufgelöst werden, nicht automatisch vorgenommen werden sollte. Stattdessen sollte eine optimale Zusammenstellung an Schleifenbrechern bestimmt werden. Hierfür führen Axenovich et al. (2008) gerade für die Individuen Dummyvariablen ein, bei denen der Verlust der Beziehungen innerhalb des Stammbaums minimal ist. Mit diesem Schritt wird der Informationsverlust minimiert und die Schleifen werden effektiver aufgelöst. Die Erweiterungen auf Basis des Vorschlags von Stricker et al. (1995) haben Axenovich et al. (2008) in der Software LOOP EDGE implementiert.

Reduzierung von Stammbäumen

Die Individuen eines Stammbaums sind, gemessen an dem Anteil den sie zum LOD-Score beisteuern, von unterschiedlicher Bedeutung. Am Wichtigsten sind folgende Gruppen:

1. Von enormer Relevanz sind genotypisierte Individuen, die den Phänotyp zeigen.

2. Unabhängig davon, ob betroffen oder nicht betroffen und genotypisiert oder nicht genotypisiert, müssen alle Individuen, die die Individuen im 1. Schritt verbinden, im Stammbaum enthalten sein.

3. Kranke Individuen, die nicht genotypisiert sind, aber Kinder haben, so dass deren Genotypen in der Analyse rekonstruiert werden können.

Beispiel (Reduzierung von Stammbäumen):
Der Stammbaum D in Abbildung A.20 enthält 77 Individuen. Davon sind 18 Individuen Founder. Mit $2 \cdot 77 - 18 = 136$ BIT ist der Stammbaum viel zu groß für die Berechnung der Likelihood mit dem Lander-Green-Algorithmus, der in vielen Softwarepaketen auf 30-36 BIT beschränkt ist. Um die BIT-Zahl zu reduzieren, werden zunächst alle Familienzweige, die bisher nicht-betroffene Individuen enthalten, entfernt. Der reduzierte Stammbaum ist in Abbildung A.4 (A) dargestellt. Die Zahl der Individuen konnte in diesem ersten Schritt auf 38 reduziert werden. Die Anzahl der Founder beträgt in diesem Stamm-

A.1 Stammbaumanalysen

baum nur noch zehn. Die resultierende BIT-Zahl ist mit 66 allerdings immer noch zu hoch. Um die BIT-Zahl nochmals zu reduzieren, wird im nächsten Schritt zusätzlich die vierte Generation entfernt (Abbildung A.4 (B)). Es bleiben insgesamt 19 Individuen mit 5 Foundern übrig. Die BIT-Zahl beträgt nun 33. Je nachdem, welche Software zur Analyse des Stammbaums verwendet wird, könnten zur weiteren Reduzierung der BIT-Zahl noch einige der nicht erkrankten Individuen aus der dritten Generation aus dem Stammbaum entfernt werden.

A.1 Stammbaumanalysen

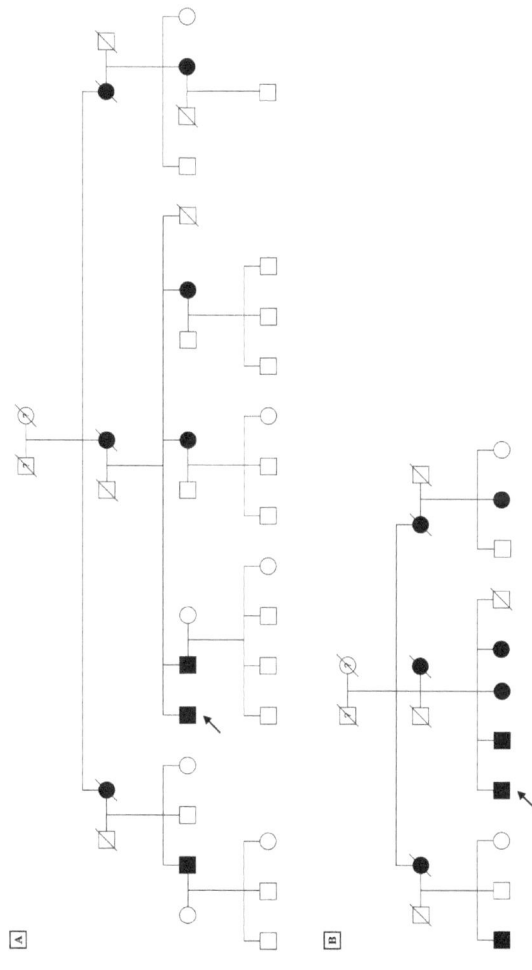

Abbildung A.4: Reduzierung der BIT-Zahl in einem Stammbaum. Dargestellt ist die Reduzierung der BIT-Zahl des Stammbaums D in Abbildung A.20 (ursprünglich 66 BIT). In Abbildung (A) wurden alle Familienzweige mit nicht-betroffenen Individuen entfernt und die BIT-Zahl somit auf 48 reduziert. Ein weiterer möglicher Reduktionsschritt ist in Abbildung (B) dargestellt. Dort wird zusätzlich die vierte Generation entfernt. Die BIT-Zahl kann durch diesen Schritt auf 33 reduziert werden.

A.2 Detaillierte Ergebnisse der Segregationsanalysen

A.2.1 Ergebnisse Segregationsanalysen: Zeitbezogene Parameter

In Abbildung A.5 sind die Histogramme der drei zeitbezogenen Parameter RR-Intervall, SDNNi und rMSSD dargestellt.

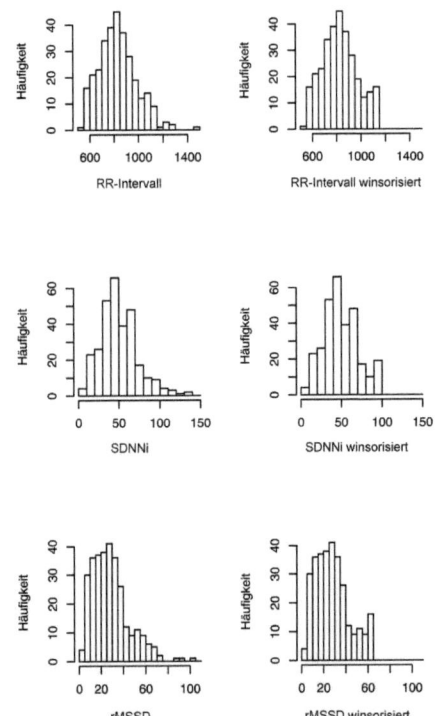

Abbildung A.5: Histogramme zeitbezogener Parameter. Auf der linken Seite sind die Variablen ohne Transformation dargestellt. Auf der rechten Seite sind die entsprechenden winsorisierten Parameter abgebildet.

A.2 Detaillierte Ergebnisse der Segregationsanalysen

Ergebnisse RR-Intervall

Abbildung A.6 zeigt die Residuen des RR-Intervalls mit und ohne Winsorisierung. Für beide Variablendefinitionen fand sich ein positiver linearer Zusammenhang mit dem Alter (β-Schätzer $\pm$ Standardfehler, ohne Winsorisierung: $1,00 \pm 0,54$, mit Winsorisierung: $0,90 \pm 0,51$). Ferner wiesen Frauen kleinere RR-Intervalle als Männer auf (β-Schätzer $\pm$ Standardfehler, ohne Winsorisierung: $-48,06 \pm 17,59$, mit Winsorisierung: $-50,53 \pm 16,57$).

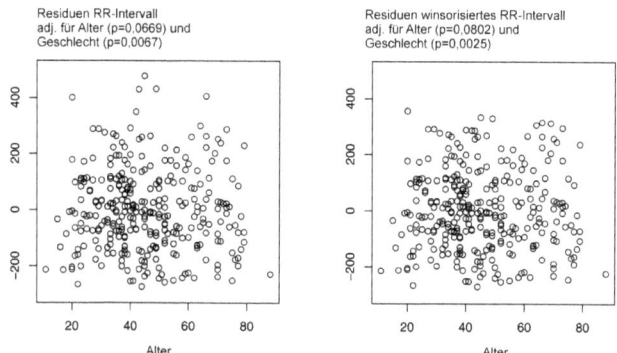

Abbildung A.6: Residuenplot RR-Intervall. Auf der linken Seite sind die Residuen ohne Transformation dargestellt. Auf der rechten Seite sind die Residuen auf Basis des winsorisierten RR-Intervalls abgebildet.

Die Ergebnisse der Segregationsanalysen des RR-Intervalls sind in Tabelle A.2 dargestellt. Obwohl die einzelnen Modelle teilweise unterschiedliche Ergebnisse lieferten, wird anhand der AIC-Werte deutlich, dass das RR-Intervall in diesen Daten einem Mendelschen Erbgang folgt. Das sporadische Modell und das Modell mit familiärer Komponente zeigten jeweils erheblich schlechtere Werte als die Mendelschen Modellen und das homogene gemischte Modell. Die aus diesen Segregationsmodellen geschätzte Heritabilität des RR-Intervalls schwankte zwischen 31% und 71%.

A.2 Detaillierte Ergebnisse der Segregationsanalysen

Tabelle A.2: Ergebnisse der Segregationsanalysen für das RR-Intervall. Die Erklärungen der Parameter sind den Abschnitten 2.2.2 und 2.2.3 zu entnehmen. Alle nicht geschätzten Parameter sind mit Klammern versehen. Die Modelle mit den kleinsten AIC-Werten für die jeweilige Parametrisierung sind fett gedruckt.

Variable	Modell	$\widehat{p}_A$	$\widehat{\mu}_{AA}$	$\widehat{\mu}_{AB}$	$\widehat{\mu}_{BB}$	$\widehat{\sigma}$	$\widehat{\tau}_{AA}$	$\widehat{\tau}_{AB}$	$\widehat{\tau}_{BB}$	$\widehat{\rho}_{FM}$	$\widehat{\rho}_{PO}$	$\widehat{\rho}_{SS}$	$\widehat{h}^2$	$\widehat{\ln L}$	AIC
RR-Intervall	M_S	-	832	-	-	23.575	-	-	-	-	-	-	-	-1.994	3.992
	M_{P_1}	-	834	-	-	23.731	-	-	-	0,1	0,2	0,1	-	-1.989	3.988
	M_{G_1}	0,45	1.028	801	760	14.089	(1)	(0,5)	(0)	-	-	-	0,41	-1.985	3.980
	M_{G_2}, M_{G_3}	0,47	1.019	781	(μ_{AB})	14.093	(1)	(0,5)	(0)	-	-	-	0,41	-1.985	3.979
	M_{G_4}	0,14	1.205	991	777	13.817	(1)	(0,5)	(0)	-	-	-	0,44	-1.985	3.978
	M_M	**0,33**	**1.075**	**800**	**800**	**16.101**	**0,3**	**1,0**	**0,4**	**0,2**	**0,3**	**0,0**	**0,31**	**-1.976**	**3.973**
RR-Intervall winsorisiert	M_S	-	829	-	-	21.055	-	-	-	-	-	-	-	-1.976	3.957
	M_{P_1}	-	831	-	-	20.700	-	-	-	0,1	0,2	0,1	-	-1.972	3.953
	M_{G_1}	0,55	985	778	739	11.087	(1)	(0,5)	(0)	-	-	-	0,48	-1.967	3.943
	M_{G_2}, M_{G_3}	0,55	982	764	(μ_{AB})	11.910	(1)	(0,5)	(0)	-	-	-	0,44	-1.968	3.945
	M_{G_4}	0,14	1.205	991	777	13.817	(1)	(0,5)	(0)	-	-	-	0,44	-1.985	3.978
	M_M	**0,42**	**1.056**	**856**	**688**	**6.521**	**0,4**	**0,6**	**0,7**	**0,3**	**0,3**	**0,4**	**0,71**	**-1.960**	**3.942**
Residuen RR-Intervall	M_S	-	-1	-	-	22.830	-	-	-	-	-	-	-	-1.989	3.982
	M_{P_1}	-	2	-	-	22.840	-	-	-	0,1	0,2	0,1	-	-1.983	3.977
	M_{G_1}	**0,13**	**495**	**149**	**-50**	**13.906**	**(1)**	**(0,5)**	**(0)**	-	-	-	**0,44**	**-1.979**	**3.968**
	M_{G_2}, M_{G_3}	0,46	189	-49	(μ_{AB})	13.690	(1)	(0,5)	(0)	-	-	-	0,41	-1.980	3.969
	M_{G_4}	**0,13**	**368**	**158**	**-51**	**13.934**	**(1)**	**(0,5)**	**(0)**	-	-	-	**0,41**	**-1.980**	**3.968**
	M_M	0,28	293	49	-75	14.267	0,5	0,9	0,6	0,5	0,5	0,4	0,43	-1.973	3.969
Residuen RR-Intervall winsorisiert	M_S	-	-1	-	-	20.292	-	-	-	-	-	-	-	-1.971	3.946
	M_{P_1}	-	2	-	-	20.472	-	-	-	0,1	0,2	0,1	-	-1.965	3.941
	M_{G_1}	0,54	158	-48	-98	10.054	(1)	(0,5)	(0)	-	-	-	0,51	-1.960	3.931
	M_{G_2}, M_{G_3}	**0,55**	**153**	**-65**	**(μ_{AB})**	**10.375**	**(1)**	**(0,5)**	**(0)**	-	-	-	**0,49**	**-1.961**	**3.929**
	M_{G_4}	0,20	253	96	-60	12.958	(1)	(0,5)	(0)	-	-	-	0,38	-1.965	3.937
	M_M	**0,40**	**226**	**31**	**-129**	**7.639**	**0,4**	**0,6**	**0,7**	**0,4**	**0,4**	**0,5**	**0,66**	**-1.954**	**3.929**

A.2 Detaillierte Ergebnisse der Segregationsanalysen

Ergebnisse SDNNi

Abbildung A.7 zeigt die Residuen der Variable SDNNi mit und ohne Winsorisierung. Für beide Variablendefinitionen fand sich ein negativer linearer Zusammenhang mit dem Alter (β-Schätzer $\pm$ Standardfehler, ohne Winsorisierung: $-0{,}60 \pm 0{,}07$, mit Winsorisierung: $-0{,}57 \pm 0{,}07$). Darüber hinaus zeigten Frauen kleinere SDNNi-Werte als Männer (β-Schätzer $\pm$ Standardfehler, ohne Winsorisierung: $-5{,}95 \pm 2{,}39$, mit Winsorisierung: $-5{,}28 \pm 2{,}18$). Die Ergebnisse der Segregations-

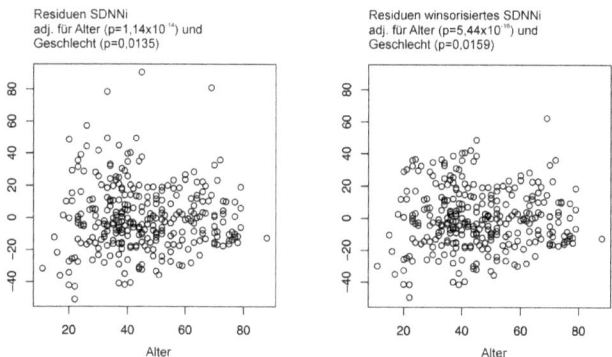

Abbildung A.7: Residuenplot SDNNi. Auf der linken Seite sind die Residuen ohne Transformation dargestellt. Auf der rechten Seite sind die Residuen auf Basis der winsorisierten SDNNi-Werte abgebildet.

analysen der Variable SDNNi sind in Tabelle A.3 abgebildet. Bei den Residuen der nicht winsorisierten SDNNi-Werte zeigten das rezessive und das homogene gemischte Modell vergleichbare Schätzungen und AIC-Werte. Die aus diesen Modellen geschätzte Heritabilität lag zwischen 22% und 30%. Bei den anderen Parametrisierungen zeigte das homogene gemischte Modell die beste Anpassung. Bei den Modellen der winsorisierten Parameter lag die geschätzte Heritabilität zwischen 55% bis 58%. Für die SDNNi-Werte ohne Winsorisierung betrug hingegen die durch genetische Einflüsse erklärte Variabilität im homogenen gemischten Modell 31%.

A.2 Detaillierte Ergebnisse der Segregationsanalysen

Tabelle A.3: Ergebnisse der Segregationsanalysen für die Variable SDNNi. Die Erklärungen der Parameter sind den Abschnitten 2.2.2 und 2.2.3 zu entnehmen. Alle nicht geschätzten Parameter sind mit Klammern versehen. Die Modelle mit den kleinsten AIC-Werten für die jeweilige Parametrisierung sind fett gedruckt.

Variable	Modell	$\hat{p}_A$	$\hat{\mu}_{AA}$	$\hat{\mu}_{AB}$	$\hat{\mu}_{BB}$	$\hat{\sigma}$	$\hat{\tau}_{AA}$	$\hat{\tau}_{AB}$	$\hat{\tau}_{BB}$	$\hat{\rho}_{FM}$	$\hat{\rho}_{PO}$	$\hat{\rho}_{SS}$	$\hat{h}^2$	$\widehat{\ln L}$	AIC
SDNNi	M_S	-	50,5	-	-	528,6	-	-	-	-	-	-	-	-1.407	2.818
	M_{P_1}	-	50,0	-	-	594,1	-	-	-	0,4	0,0	0,3	-	-1.399	2.808
	M_{G_1}	0,33	71,2	47,4	47,4	523,3	(1)	(0,5)	(0)	-	-	-	0,10	-1.405	2.820
	M_{G_2}, M_{G_3}	0,27	97,7	46,5	(μ_{AB})	340,1	(1)	(0,5)	(0)	-	-	-	0,35	-1.394	2.795
	M_{G_4}	0,03	122,6	85,4	48,2	447,6	(1)	(0,5)	(0)	-	-	-	0,16	-1.405	2.819
	M_M	**0,26**	**99,0**	**46,5**	**46,5**	**389,2**	**1,0**	**0,4**	**0,9**	**0,0**	**0,0**	**0,3**	**0,31**	**-1.385**	**2.793**
SDNNi winsorisiert	M_S	-	49,8	-	-	447,3	-	-	-	-	-	-	-	-1.381	2.767
	M_{P_1}	-	49,4	-	-	495,0	-	-	-	0,4	0,0	0,3	-	-1.373	2.756
	M_{G_1}	0,56	61,4	43,9	43,9	371,0	(1)	(0,5)	(0)	-	-	-	0,15	-1.380	2.771
	M_{G_2}, M_{G_3}	0,42	78,0	43,3	(μ_{AB})	263,9	(1)	(0,5)	(0)	-	-	-	0,40	-1.376	2.761
	M_{G_4}	0,00	90,8	70,3	49,8	447,3	(1)	(0,5)	(0)	-	-	-	0,00	-1.381	2.769
	M_M	**0,51**	**74,8**	**45,4**	**31,4**	**209,7**	**1,0**	**0,1**	**0,7**	**0,0**	**0,0**	**0,0**	**0,55**	**-1.363**	**2.747**
Residuen SDNNi	M_S	-	0,0	-	-	421,6	-	-	-	-	-	-	-	-1.372	2.749
	M_{P_1}	-	0,2	-	-	441,5	-	-	-	0,2	0,1	0,2	-	-1.369	2.749
	M_{G_1}	**0,15**	**68,4**	**12,0**	**-6,2**	**275,7**	**(1)**	**(0,5)**	**(0)**	-	-	-	**0,38**	**-1.361**	**2.731**
	M_{G_2}, M_{G_3}	0,17	57,3	-1,5	(μ_{AB})	333,5	(1)	(0,5)	(0)	-	-	-	0,22	-1.362	2.731
	M_{G_4}	0,13	42,8	18,2	-6,4	284,4	(1)	(0,5)	(0)	-	-	-	0,32	-1.367	2.742
	M_M	0,24	47,9	-2,4	-2,4	316,1	1,0	1,0	0,6	0,2	0,2	0,2	0,30	-1.356	2.734
Residuen SDNNi winsorisiert	M_S	-	0,0	-	-	350,0	-	-	-	-	-	-	-	-1.344	2.691
	M_{P_1}	-	0,3	-	-	364,3	-	-	-	0,2	0,1	0,2	-	-1.340	2.690
	M_{G_1}	0,49	20,9	-3,5	-12,1	204,7	(1)	(0,5)	(0)	-	-	-	0,42	-1.339	2.689
	M_{G_2}, M_{G_3}	0,54	17,9	-7,4	(μ_{AB})	217,1	(1)	(0,5)	(0)	-	-	-	0,38	-1.340	2.687
	M_{G_4}	0,27	23,8	7,4	-9,0	245,3	(1)	(0,5)	(0)	-	-	-	0,30	-1.341	2.690
	M_M	**0,53**	**21,6**	**-2,8**	**-18,7**	**152,1**	**0,1**	**0,5**	**0,9**	**-0,2**	**-0,2**	**-0,1**	**0,58**	**-1.325**	**2.671**

A.2 Detaillierte Ergebnisse der Segregationsanalysen

Ergebnisse rMSSD

Abbildung A.8 zeigt die Residuen des Parameters rMSSD mit und ohne Winsorisierung. Für beide Variablendefinitionen fand sich ein negativer linearer Zusammenhang mit dem Alter (β-Schätzer $\pm$ Standardfehler, ohne Winsorisierung: $-0,40 \pm 0,05$, mit Winsorisierung: $-0,38 \pm 0,05$). Frauen und Männer wiesen vergleichbare rMSSD Werte auf. Die Ergebnisse der Segregationsanalysen der Variable

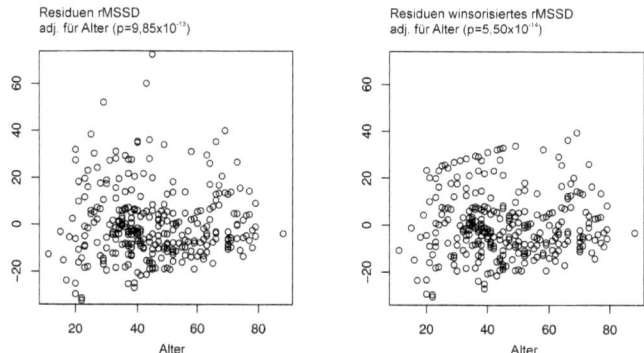

Abbildung A.8: Residuenplot rMSSD. Auf der linken Seite sind die Residuen ohne Transformation dargestellt. Auf der rechten Seite sind die Residuen auf Basis der winsorisierten rMSSD-Werte abgebildet.

rMSSD sind in Tabelle A.4 aufgeführt. Die Mendelschen Modelle der rMSSD-Werte lieferten zum Teil keine plausiblen Schätzungen. Die entsprechenden AIC-Werte waren teilweise größer als beim sporadischen Modell und dem Modell mit familiärer Vererbung. Bei allen Parametrisierungen zeigte nichtsdestotrotz das homogene gemischte Modell die beste Anpassung. Die aus diesen Modellen geschätzten Heritabilitäten lagen zwischen 55% und 78%.

A.2 Detaillierte Ergebnisse der Segregationsanalysen

Tabelle A.4: Ergebnisse der Segregationsanalysen der Variable rMSSD. Die Erklärungen der Parameter sind den Abschnitten 2.2.2 und 2.2.3 zu entnehmen. Alle nicht geschätzten Parameter sind mit Klammern versehen. Die Modelle mit den kleinsten AIC-Werten für die jeweilige Parametrisierung sind fett gedruckt. M_M^*: Die Schätzung des allgemeinen Modells mit beliebigen Korrelationen ist nicht möglich. Stattdessen wird ein Modell ohne Korrelationen zwischen den Eltern und gleiche Korrelation zwischen Eltern und Kindern und zwischen Geschwistern angenommen.

Variable	Modell	$\hat{p}_A$	$\hat{\mu}_{AA}$	$\hat{\mu}_{AB}$	$\hat{\mu}_{BB}$	$\hat{\sigma}$	$\hat{\tau}_{AA}$	$\hat{\tau}_{AB}$	$\hat{\tau}_{BB}$	$\hat{\rho}_{FM}$	$\hat{\rho}_{PO}$	$\hat{\rho}_{SS}$	$\hat{h}^2$	$\widehat{\ln L}$	AIC
rMSSD	M_S	-	28,7	-	-	267,5	-	-	-	-	-	-	-	-1.302	2,608
	M_{P_1}	-	29,1	-	-	277,9	-	-	-	-	-	-	-	-1.297	2,604
	M_{G_1}	0,12	37,9	37,9	25,9	239,6	(1)	(0,5)	(0)	-	-	-	0,09	-1.301	2,613
	M_{G_2}, M_{G_3}	0,99	89,1	28,1	(μ_{AB})	229,2	(1)	(0,5)	(0)	-	-	-	0,25	-1.297	2,603
	M_{G_4}	1,00	28,7	28,4	28,1	267,5	(1)	(0,5)	(0)	0,4	0,0	0,1	0,00	-1.302	2,610
	M_M^*	**0,40**	**58,2**	**25,8**	**20,5**	**115,5**	**0,9**	**0,3**	**0,9**	-	**0,0**	ρ_{PO}	**0,59**	**-1.273**	**2,562**
rMSSD winsorisiert	M_S	-	28,2	-	-	224,3	-	-	-	-	-	-	-	-1.275	2,553
	M_{P_1}	-	28,5	-	-	237,9	-	-	-	-	-	-	-	-1.268	2,546
	M_{G_1}	1,00	28,2	28,0	13,4	224,3	(1)	(0,5)	(0)	-	-	-	0,00	-1.275	2,560
	M_{G_2}, M_{G_3}	1,00	28,2	5,3	(μ_{AB})	224,3	(1)	(0,5)	(0)	-	-	-	0,00	-1.275	2,555
	M_{G_4}	0,08	58,6	42,0	25,5	183,2	(1)	(0,5)	(0)	0,3	0,0	0,2	0,19	-1.273	2,554
	M_M^*	**0,38**	**55,5**	**31,0**	**15,2**	**49,3**	**0,9**	**0,5**	**0,7**	**-0,1**	**-0,1**	**0,4**	**0,78**	**-1.234**	**2,490**
Residuen rMSSD	M_S	-	-0,1	-	-	223,9	-	-	-	-	-	-	-	-1.275	2,553
	M_{P_1}	-	0,1	-	-	225,8	-	-	-	-	-	-	-	-1.271	2,553
	M_{G_1}	0,34	29,0	-2,9	-4,8	115,7	(1)	(0,5)	(0)	-	-	-	0,49	-1.253	2,516
	M_{G_2}, M_{G_3}	0,33	29,0	-3,8	(μ_{AB})	116,9	(1)	(0,5)	(0)	-	-	-	0,48	-1.253	2,514
	M_{G_4}	0,09	46,3	20,9	-4,5	122,0	(1)	(0,5)	(0)	0,3	0,1	0,0	0,47	-1.263	2,535
	M_M^*	**0,36**	**27,9**	**-1,8**	**-7,6**	**103,7**	**0,5**	**0,5**	**0,9**	-	**-0,1**	ρ_{PO}	**0,55**	**-1.248**	**2,512**
Residuen rMSSD winsorisiert	M_S	-	-0,1	-	-	185,2	-	-	-	-	-	-	-	-1.245	2,494
	M_{P_1}	-	0,2	-	-	188,6	-	-	-	-	-	-	-	-1.241	2,492
	M_{G_1}	0,44	21,3	-3,4	-7,1	82,4	(1)	(0,5)	(0)	-	-	-	0,57	-1.227	2,465
	M_{G_2}, M_{G_3}	0,43	20,9	-4,8	(μ_{AB})	85,4	(1)	(0,5)	(0)	-	-	-	0,54	-1.228	2,463
	M_{G_4}	0,10	36,7	16,4	-4,0	117,2	(1)	(0,5)	(0)	0,2	0,2	0,1	0,39	-1.238	2,485
	M_M	**0,58**	**23,6**	**0,4**	**-9,7**	**65,2**	**0,5**	**0,5**	**0,8**	**0,3**	**0,0**	**-0,1**	**0,64**	**-1.218**	**2,458**

A.2 Detaillierte Ergebnisse der Segregationsanalysen

A.2.2 Ergebnisse Segregationsanalysen: Frequenzbezogene Parameter liegend gemessen

In Abbildung A.9 sind die Histogramme des liegend gemessenen niedrigen und hohen Frequenzbereiches, sowie des liegend gemessenen Quotienten aus niedrigem und hohem Frequenzbereich abgebildet.

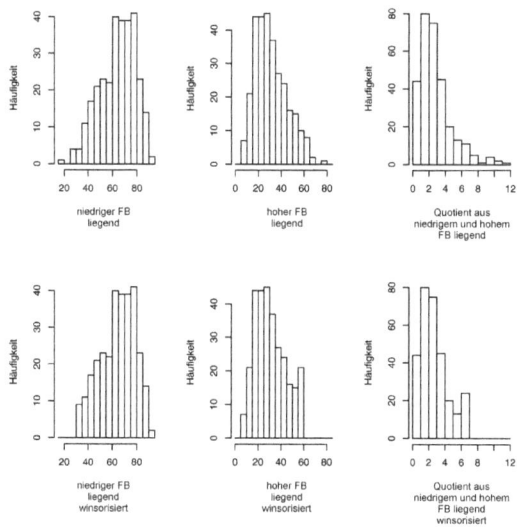

Abbildung A.9: Histogramme frequenzbezogener Parameter liegend gemessen. Oben sind die Variablen ohne Transformation dargestellt. Unten sind die entsprechenden winsorisierten Parameter abgebildet. FB steht für Frequenzbereich.

A.2 Detaillierte Ergebnisse der Segregationsanalysen

Ergebnisse des niedrigen Frequenzbereiches liegend gemessen

Abbildung A.10 zeigt die Residuen des niedrigen Frequenzbereiches liegend gemessen mit und ohne Winsorisierung. Für beide Variablendefinitionen fand sich ein positiver linearer Zusammenhang mit dem Alter (β-Schätzer $\pm$ Standardfehler, ohne Winsorisierung: $0,11 \pm 0,05$, mit Winsorisierung: $0,10 \pm 0,05$). Zusätzlich wiesen Frauen kleinere Werte als Männer auf (β-Schätzer $\pm$ Standardfehler, ohne Winsorisierung: $-7,14 \pm 1,66$, mit Winsorisierung: $-6,91 \pm 1,61$).

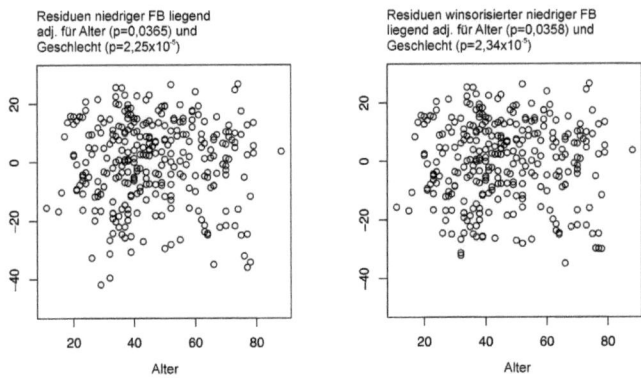

Abbildung A.10: Residuenplot des niedrigen Frequenzbereiches liegend gemessen. Auf der linken Seite sind die Residuen ohne Transformation dargestellt. Auf der rechten Seite sind die Residuen auf Basis des liegend gemessenen niedrigen Frequenzbereiches winsorisiert abgebildet. FB steht für Frequenzbereich.

Die Ergebnisse der Segregationsanalysen des niedrigen Frequenzbereiches liegend gemessen sind in Tabelle A.5 dargestellt. Die geringsten AIC-Werte wurden jeweils für die homogenen gemischten Modelle beobachtet. Die größten AIC-Werte weisen die sporadischen Modelle und die Modelle mit der familiären Komponente auf. Der Unterschied dieser Modelle zu den Modellen mit Mendelscher Vererbung war erheblich, so dass davon ausgegangen werden kann, dass ein Hauptgeneffekt vorliegt. Je nach Parametrisierung konnten 54% bis 68% der Variabilität des niedrigen Frequenzbereiches liegend gemessen in den homogenen gemischten Modellen durch genetische Faktoren erklärt werden.

A.2 Detaillierte Ergebnisse der Segregationsanalysen

Tabelle A.5: Ergebnisse der Segregationsanalysen des niedrigen Frequenzbereiches liegend gemessen. Die Erklärungen der Parameter sind den Abschnitten 2.2.2 und 2.2.3 zu entnehmen. Alle nicht geschätzten Parameter sind mit Klammern versehen. Die Modelle mit den kleinsten AIC-Werten für die jeweilige Parametrisierung sind fett gedruckt. M_M^*: Die Schätzung des allgemeinen Modells mit beliebigen Korrelatioren ist nicht möglich. Stattdessen wird ein Modell ohne Korrelationen zwischen den Eltern und gleiche Korrelation zwischen Eltern und Kindern und zwischen Geschwistern angenommen. FB steht für Frequenzbereich.

Variable	Modell	$\widehat{p_A}$	$\widehat{\mu_{AA}}$	$\widehat{\mu_{AB}}$	$\widehat{\mu_{BB}}$	$\widehat{\sigma}$	$\widehat{\tau_{AA}}$	$\widehat{\tau_{AB}}$	$\widehat{\tau_{BB}}$	$\widehat{\rho_{FM}}$	$\widehat{\rho_{PO}}$	$\widehat{\rho_{SS}}$	$\widehat{h^2}$	$\widehat{\ln L}$	AIC
Niedriger FB liegend	M_S	-	64,2	-	-	214,4	-	-	-	-	-	-	-	-1.247	2.498
	M_{P_1}	-	64,4	-	-	214,7	-	-	-	-	0,0	0,0	-	-1.246	2.502
	M_{G_1}	0,48	70,3	70,3	46,0	103,8	-	-	-	-0,2	-	-	0,53	-1.240	2.490
	M_{G_2}, M_{G_3}	0,47	70,4	(μ_{AA})	46,1	102,8	(1)	(0,5)	(0)	-	-	-	0,53	-1.240	2.488
	M_{G_4}	1,00	64,2	64,7	65,1	214,4	(1)	(0,5)	(0)	-	-	-	0,00	-1.247	2.500
	M_M^*	**0,82**	**72,2**	**49,5**	**33,1**	**76,9**	**0,1**	**0,3**	**0,0**	-	**0,0**	ρ_{PO}	**0,64**	**-1.231**	**2.479**
Niedriger FB liegend winsorisiert	M_S	-	64,4	-	-	202,0	-	-	-	-	-	-	-	-1.238	2.480
	M_{P_1}	-	64,6	-	-	202,2	-	-	-	-	0,0	0,0	-	-1.237	2.485
	M_{G_1}	0,44	71,4	71,4	47,8	84,7	-	-	-	-0,2	-	-	0,59	-1.230	2.469
	M_{G_2}, M_{G_3}	0,44	71,5	(μ_{AA})	47,8	84,6	(1)	(0,5)	(0)	-	-	-	0,59	-1.230	2.467
	M_{G_4}	0,11	33,2	50,4	67,7	152,8	(1)	(0,5)	(0)	-	-	-	0,27	-1.237	2.482
	M_M^*	**0,47**	**77,4**	**68,8**	**46,7**	**65,1**	**0,7**	**0,4**	**0,7**	-	**0,0**	ρ_{PO}	**0,68**	**-1.221**	**2.459**
Residuen niedriger FB liegend	M_S	-	0,0	-	-	199,0	-	-	-	-	-	-	-	-1.236	2.476
	M_{P_1}	-	0,2	-	-	199,5	-	-	-	-	0,1	0,0	-	-1.235	2.480
	M_{G_1}	0,51	4,9	4,9	-17,6	113,5	-	-	-	-0,1	-	-	0,45	-1.231	2.473
	M_{G_2}, M_{G_3}	0,46	18,8	-4,32	(μ_{AB})	114,5	(1)	(0,5)	(0)	-	-	-	0,44	-1.231	2.471
	M_{G_4}	0,03	0,0	0,0	0,0	199,0	(1)	(0,5)	(0)	-	-	-	0,00	-1.236	2.480
	M_M^*	**0,48**	**7,5**	**5,8**	**-17,0**	**91,9**	**0,4**	**0,5**	**0,7**	-	**0,0**	ρ_{PO}	**0,54**	**-1.225**	**2.465**
Residuen niedriger FB liegend winsorisiert	M_S	-	0,0	-	-	187,6	-	-	-	-	-	-	-	-1.227	2.458
	M_{P_1}	-	0,2	-	-	188,2	-	-	-	-	0,1	0,0	-	-1.226	2.461
	M_{G_1}	0,68	0,5	0,5	-4,3	185,2	-	-	-	-0,1	-	-	0,01	-1.227	2.464
	M_{G_2}, M_{G_3}	0,83	5,5	-13,6	(μ_{AB})	113,2	(1)	(0,5)	(0)	-	-	-	0,41	-1.225	2.459
	M_{G_4}	0,06	0,1	0,1	0,0	187,6	(1)	(0,5)	(0)	-	-	-	0,00	-1.227	2.462
	M_M^*	**0,74**	**9,4**	**-8,9**	**-23,7**	**66,2**	**0,1**	**0,4**	**0,3**	-	**-0,1**	ρ_{PO}	**0,64**	**-1.207**	**2.430**

A.2 Detaillierte Ergebnisse der Segregationsanalysen

Ergebnisse des hohen Frequenzbereiches liegend gemessen

In Abbildung A.11 sind die Residuen des hohen Frequenzbereiches liegend gemessen mit und ohne Winsorisierung dargestellt. Für beide Variablendefinitionen zeigte sich ein negativer linearer Zusammenhang mit dem Alter (β-Schätzer $\pm$ Standardfehler, ohne Winsorisierung: $-0,17 \pm 0,05$, mit Winsorisierung: $-0,17 \pm 0,05$). Ferner ergaben sich bei Frauen höhere Werte als bei Männern (β-Schätzer $\pm$ Standardfehler, ohne Winsorisierung: $5,26 \pm 1,57$, mit Winsorisierung: $5,10 \pm 1,51$). Die Er-

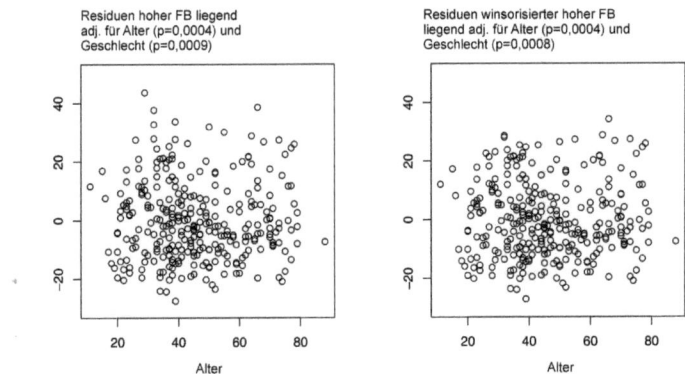

Abbildung A.11: Residuenplot des hohen Frequenzbereiches liegend gemessen. Auf der linken Seite sind die Residuen ohne Transformation dargestellt. Auf der rechten Seite sind die Residuen auf Basis des winsorisierten hohen Frequenzbereiches liegend gemessen abgebildet. FB steht für Frequenzbereich.

gebnisse der Segregationsanalysen des hohen Frequenzbereiches liegend gemessen sind in Tabelle A.6 dargestellt. Bei den Residuen und den winsorisierten Parametern wiesen die Modelle mit homogener gemischter Vererbung die kleinsten AIC-Werte auf. Bei der ursprünglichen Definition zeigte das Modell mit rezessiver Vererbung die beste Anpassung. Das Modell mit homogener gemischter Vererbung war jedoch nur 2 AIC-Werte schlechter. Die aus diesen Modellen geschätzten Heritabilitäten lagen zwischen 54% und 76%.

A.2 Detaillierte Ergebnisse der Segregationsanalysen

Tabelle A.6: Ergebnisse der Segregationsanalysen des hohen Frequenzbereiches liegend gemessen. Die Erklärungen der Parameter sind den Abschnitten 2.2.2 und 2.2.3 zu entnehmen. Alle nicht geschätzten Parameter sind mit Klammern versehen. Die Modelle mit den kleinsten AIC-Werten für die jeweilige Parametrisierung sind fett gedruckt. M_M^*: Die Schätzung des allgemeinen Modells mit beliebigen Korrelationen ist nicht möglich. Stattdessen wird ein Modell ohne Korrelationen zwischen den Eltern und gleiche Korrelation zwischen Eltern und Kindern und zwischen Geschwistern angenommen. FB steht für Frequenzbereich.

Variable	Modell	$\hat{p}_A$	$\hat{\mu}_{AA}$	$\hat{\mu}_{AB}$	$\hat{\mu}_{BB}$	$\hat{\sigma}$	$\hat{\tau}_{AA}$	$\hat{\tau}_{AB}$	$\hat{\tau}_{BB}$	$\hat{\rho}_{FM}$	$\hat{\rho}_{PO}$	$\hat{\rho}_{SS}$	$\hat{h}^2$	$\widehat{\ln L}$	AIC
Hoher FB liegend	M_S	-	31,1	-	-	192,6	-	-	-	-	-	-	-	-1.231	2.466
	M_{P_1}	-	31,1	-	-	194,6	-	-	-	-	-	-	-	-1.230	2.470
	M_{G_1}	0,31	31,3	31,3	30,9	192,6	(1)	(0,5)	(0)	-0,1	0,0	0,1	0,00	-1.231	2.472
	M_{G_2}, M_{G_3}	**0,48**	**50,3**	**25,9**	(μ_{AB})	**91,5**	**(1)**	**(0,5)**	**(0)**	**-**	**-**	**-**	**0,54**	**-1.219**	**2.445**
	M_{G_4}	0,07	77,7	53,2	28,6	135,7	(1)	(0,5)	(0)	-	-	-	0,36	-1.224	2.455
	M_M	0,50	49,3	26,0	23,2	79,2	0,4	0,7	0,3	-0,2	-0,2	0,0	0,59	-1.212	2.447
Hoher FB liegend winsorisiert	M_S	-	30,9	-	-	177,7	-	-	-	-	-	-	-	-1.219	2.441
	M_{P_1}	-	30,8	-	-	178,4	-	-	-	-	-	-	-	-1.218	2.446
	M_{G_1}	0,23	32,0	32,0	30,1	176,6	(1)	(0,5)	(0)	-0,1	0,0	0,1	0,00	-1.219	2.448
	M_{G_2}, M_{G_3}	0,53	47,8	24,6	(μ_{AB})	70,9	(1)	(0,5)	(0)	-	-	-	0,61	-1.206	2.419
	M_{G_4}	0,08	67,6	47,9	28,3	131,8	(1)	(0,5)	(0)	-	-	-	0,31	-1.216	2.440
	M_M	**0,54**	**47,5**	**25,7**	**20,6**	**61,2**	**0,4**	**0,6**	**0,1**	**-0,2**	**-0,2**	**0,0**	**0,66**	**-1.197**	**2.415**
Residuen hoher FB liegend	M_S	-	-0,1	-	-	178,2	-	-	-	-	-	-	-	-1.219	2.442
	M_{P_1}	-	-0,1	-	-	178,3	-	-	-	-	-	-	-	-1.219	2.447
	M_{G_1}	0,29	23,6	-1,4	-1,4	135,8	(1)	(0,5)	(0)	-0,1	0,0	0,0	0,26	-1.214	2.437
	M_{G_2}, M_{G_3}	0,46	-8,8	-4,3	(μ_{AB})	98,3	(1)	(0,5)	(0)	-	-	-	0,47	-1.212	2.431
	M_{G_4}	0,05	47,0	22,6	-1,8	138,8	(1)	(0,5)	(0)	-	-	-	0,29	-1.214	2.436
	M_M	**0,43**	**20,6**	**-1,0**	**-9,6**	**73,2**	**0,5**	**0,7**	**0,3**	**0,1**	**0,1**	**-0,1**	**0,60**	**-1.196**	**2.415**
Residuen hoher FB liegend winsorisiert	M_S	-	-0,1	-	-	164,4	-	-	-	-	-	-	-	-1.207	2.418
	M_{P_1}	-	-0,1	-	-	164,5	-	-	-	-	-	-	-	-1.207	2.423
	M_{G_1}	0,00	0,3	0,3	-0,1	164,4	(1)	(0,5)	(0)	-0,1	0,0	0,0	0,00	-1.207	2.424
	M_{G_2}, M_{G_3}	0,53	15,7	-5,7	(μ_{AB})	75,2	(1)	(0,5)	(0)	-	-	-	0,55	-1.200	2.408
	M_{G_4}	0,00	0,0	0,0	-0,1	164,4	(1)	(0,5)	(0)	-	-	-	0,00	-1.207	2.422
	M_M^*	**0,43**	**19,7**	**0,6**	**-12,3**	**38,0**	**0,5**	**0,6**	**0,5**	**-**	**ρ_{PO}**	**ρ_{PO}**	**0,76**	**-1.190**	**2.396**

A.2 Detaillierte Ergebnisse der Segregationsanalysen

Ergebnisse des Quotienten aus niedrigem und hohem Frequenzbereich liegend gemessen

In Abbildung A.12 sind die Residuendes Quotienten aus niedrigem und hohem Frequenzbereich liegend gemessen mit und ohne Winsorisierung dargestellt. Für beide Variablendefinitionen zeigte sich ein positiver linearer Zusammenhang mit dem Alter (β-Schätzer $\pm$ Standardfehler, ohne Winsorisierung: $0,02 \pm 0,01$, mit Winsorisierung: $0,02 \pm 0,01$). Darüber hinaus wiesen Frauen niedrigere Werte als Männer auf (β-Schätzer $\pm$ Standardfehler, ohne Winsorisierung: $-0,64 \pm 0,23$, mit Winsorisierung: $-0,64 \pm 0,20$). Die Ergebnisse der Segregationsanalysen des Quotienten

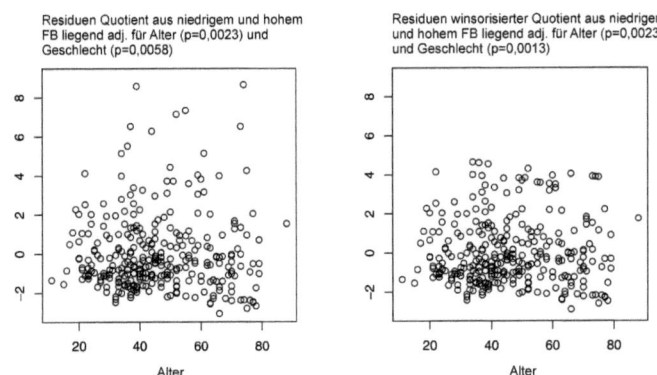

Abbildung A.12: Residuenplot des Quotienten aus niedrigem und hohem Frequenzbereich liegend gemessen. Auf der linken Seite sind die Residuen ohne Transformation dargestellt. Auf der rechten Seite sind die Residuen auf Basis des Quotienten aus niedrigem und hohem Frequenzbereich liegend gemessen winsorisiert abgebildet. FB steht für Frequenzbereich.

aus niedrigem und hohem Frequenzbereich liegend gemessen sind in Tabelle A.7 dargestellt. Das homogene gemischte Modell zeigte mit großem Abstand die kleinsten AIC-Werte und damit die beste Anpassung. In diesen Modell konnten 57% bis 74% des Quotienten aus niedrigem und hohem Frequenzbereich liegend gemessen durch erbliche Faktoren erklärt werden.

A.2 Detaillierte Ergebnisse der Segregationsanalysen

Tabelle A.7: Ergebnisse der Segregationsanalysen des Quotienten aus niedrigem und hohem Frequenzbereich liegend gemessen. Die Erklärungen der Parameter sind den Abschnitten 2.2.2 und 2.2.3 zu entnehmen. Alle nicht geschätzten Parameter sind mit Klammern versehen. Die Modelle mit den kleinsten AIC-Werten für die jeweilige Parametrisierung sind fett gedruckt. M_M^*: Die Schätzung des allgemeinen Modells mit beliebigen Korrelationen ist nicht möglich. Stattdessen wird ein Modell ohne Korrelationen zwischen den Eltern und gleiche Korrelation zwischen Eltern und Kindern und zwischen Geschwistern angenommen. FB steht für Frequenzbereich.

Variable	Modell	$\widehat{p_A}$	$\widehat{\mu_{AA}}$	$\widehat{\mu_{AB}}$	$\widehat{\mu_{BB}}$	$\widehat{\sigma}$	$\widehat{\tau_{AA}}$	$\widehat{\tau_{AB}}$	$\widehat{\tau_{BB}}$	$\widehat{\rho_{FM}}$	$\widehat{\rho_{PO}}$	$\widehat{\rho_{SS}}$	$\widehat{h^2}$	$\widehat{\ln L}$	AIC
Quotient liegend	M_S	-	2,8	-	-	4,1	-	-	-	-	-	-	-	-646	1.297
	M_{P_1}	-	2,8	-	-	4,2	-	-	-	0,1	-0,2	0,0	-	-645	1.300
	M_{G_1}	0,29	8,1	2,5	2,5	2,0	(1)	(0,5)	(0)	-	-	-	0,54	-608	1.227
	M_{G_2}, M_{G_3}	0,29	8,0	2,4	(μ_{AB})	2,0	(1)	(0,5)	(0)	-	-	-	0,55	-608	1.224
	M_{G_4}	1,00	2,8	2,2	1,5	4,1	(1)	(0,5)	(0)	-	-	-	0,00	-646	1.301
	M_M^*	0,31	7,4	2,5	2,1	1,7	1,0	0,8	0,5	-	ρ_{PO}	-	0,57	**-599**	**1.214**
Quotient liegend winsorisiert	M_S	-	2,7	-	-	3,0	-	-	-	-	-	-	-	-599	1.203
	M_{P_1}	-	2,7	-	-	3,0	-	-	-	0,0	-0,1	0,0	-	-598	1.207
	M_{G_1}	0,41	5,8	2,2	2,2	1,3	(1)	(0,5)	(0)	-	-	-	0,58	-579	1.168
	M_{G_2}, M_{G_3}	0,00	0,6	2,7	(μ_{AB})	3,0	(1)	(0,5)	(0)	-	-	-	0,00	-599	1.207
	M_{G_4}	0,00	2,7	2,7	2,7	3,0	(1)	(0,5)	(0)	-	-	-	0,00	-599	1.207
	M_M^*	0,41	5,8	2,3	1,8	1,1	1,0	0,6	0,4	-	ρ_{PO}	-	0,64	**-557**	**1.130**
Residuen Quotient liegend	M_S	-	0,0	-	-	3,9	-	-	-	-	-	-	-	-638	1.280
	M_{P_1}	-	0,0	-	-	3,9	-	-	-	0,1	0,0	0,0	-	-637	1.285
	M_{G_1}	0,29	5,1	-0,4	-0,4	1,9	(1)	(0,5)	(0)	-	-	-	0,54	-601	1.211
	M_{G_2}, M_{G_3}	0,29	5,0	-0,4	(μ_{AB})	1,9	(1)	(0,5)	(0)	-	-	-	0,54	-601	1.209
	M_{G_4}	0,04	11,6	5,7	-0,3	2,4	(1)	(0,5)	(0)	-	-	-	0,52	-612	1.233
	M_M	0,35	4,2	-0,5	-0,5	1,6	0,6	0,6	0,7	0,3	0,3	0,0	0,60	**-588**	**1.198**
Residuen Quotient liegend winsorisiert	M_S	-	0,0	-	-	2,8	-	-	-	-	-	-	-	-589	1.183
	M_{P_1}	-	0,0	-	-	2,8	-	-	-	0,0	0,0	0,0	-	-589	1.188
	M_{G_1}	0,38	3,1	-0,4	-0,4	1,4	(1)	(0,5)	(0)	-	-	-	0,52	-573	1.156
	M_{G_2}, M_{G_3}	0,40	3,0	-0,5	(μ_{AB})	1,3	(1)	(0,5)	(0)	-	-	-	0,56	-572	1.152
	M_{G_4}	0,00	0,3	0,1	0,0	2,8	(1)	(0,5)	(0)	-	-	-	0,00	-589	1.187
	M_M^*	0,33	-1,2	0,3	3,5	0,7	0,7	0,6	0,7	-	ρ_{PO}	-	0,74	**-548**	**1.112**

A.2 Detaillierte Ergebnisse der Segregationsanalysen

A.2.3 Ergebnisse Segregationsanalysen: frequenzbezogene Parameter stehend gemessen

In Abbildung A.13 sind die Histogramme des stehend gemessenen niedrigen und hohen Frequenzbereiches, sowie des stehend gemessenen Quotienten aus niedrigem und hohem Frequenzbereich dargestellt.

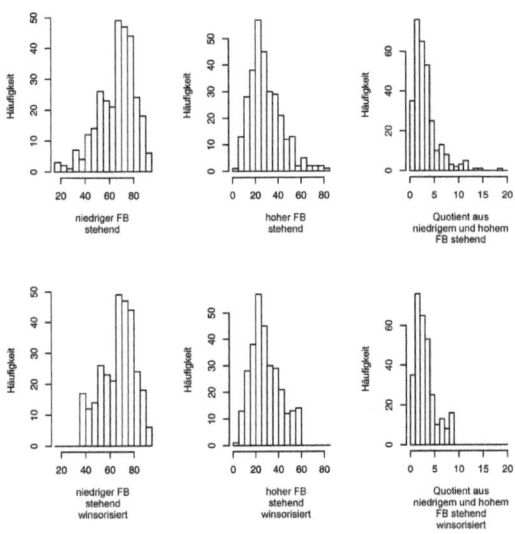

Abbildung A.13: Histogramme frequenzbezogener Parameter stehend gemessen. Oben sind die Variablen ohne Transformation dargestellt. Unten sind die entsprechenden winsorisierten Parameter abgebildet. FB steht für Frequenzbereich.

A.2 Detaillierte Ergebnisse der Segregationsanalysen

Ergebnisse des niedrigen Frequenzbereiches stehend gemessen

In Abbildung A.14 sind die Residuen für den niedrigen Frequenzbereich stehend gemessen mit und ohne Winsorisierung abgebildet. Für beide Variablendefinitionen fand sich kein Zusammenhang mit dem Alter. Darüber hinaus zeigten bei beiden Parametrisierungen Frauen kleinere Werte als Männer (β-Schätzer $\pm$ Standardfehler, ohne Winsorisierung: $-4,24 \pm 1,74$, mit Winsorisierung: $-3,97 \pm 1,63$). Die

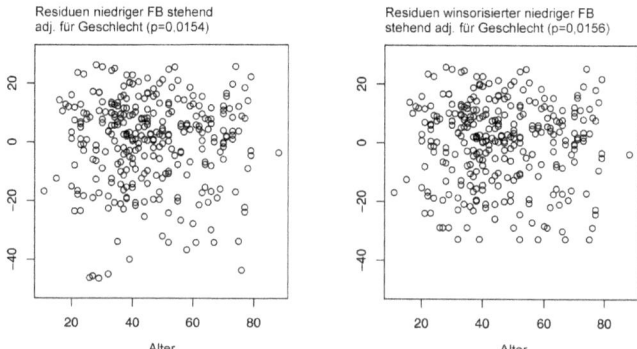

Abbildung A.14: Residuenplot des niedrigen Frequenzbereiches stehend gemessen. Auf der linken Seite sind die Residuen ohne Transformation dargestellt. Auf der rechten Seite sind die Residuen auf Basis des winsorisierten niedriger Frequenzbereich stehend gemessen abgebildet. FB steht für Frequenzbereich.

Ergebnisse der Segregationsanalysen des niedrigen Frequenzbereiches stehend gemessen sind in Tabelle A.8 abgebildet. Für alle Parametrisierungen zeigten die homogenen gemischten Modelle die kleinsten AIC-Werte und damit deutlich die beste Anpassung. Die aus diesen Modellen geschätzte Heritabilität des niedrigen Frequenzbereiches stehend gemessen lag zwischen 53% und 75%.

A.2 Detaillierte Ergebnisse der Segregationsanalysen

Tabelle A.8: Ergebnisse der Segregationsanalysen des niedrigen Frequenzbereiches stehend gemessen. Die Erklärungen der Parameter sind den Abschnitten 2.2.2 und 2.2.3 zu entnehmen. Alle nicht geschätzten Parameter sind mit Klammern versehen. Die Modelle mit den kleinsten AIC-Werten für die jeweilige Parametrisierung sind fett gedruckt. M_M^*: Die Schätzung des allgemeinen Modells mit beliebigen Korrelationen ist nicht möglich. Stattdessen wird ein Modell ohne Korrelationen zwischen den Eltern und gleiche Korrelation zwischen Eltern und Kindern und zwischen Geschwistern angenommen. FB steht für Frequenzbereich.

Variable	Modell	$\widehat{p_A}$	$\widehat{\mu_{AA}}$	$\widehat{\mu_{AB}}$	$\widehat{\mu_{BB}}$	$\widehat{\sigma}$	$\widehat{\tau_{AA}}$	$\widehat{\tau_{AB}}$	$\widehat{\tau_{BB}}$	$\widehat{\rho_{FM}}$	$\widehat{\rho_{PO}}$	$\widehat{\rho_{SS}}$	$\widehat{h^2}$	$\ln L$	AIC
Niedriger FB stehend	M_S	-	66,4	-	-	226,2	-	-	-	-	-	-	-	-1.255	2.515
	M_{P_1}	-	66,4	-	-	226,4	-	-	-	-0,1	0,1	0,0	-	-1.255	2.519
	M_{G_1}	0,61	70,2	70,2	42,0	132,1	(1)	(0,5)	(0)	-	-	-	0,44	-1.246	2.502
	M_{G_2}, M_{G_3}	0,63	69,8	40,7	(μ_{AB})	138,7	(1)	(0,5)	(0)	-	-	-	0,42	-1.246	2.500
	M_{G_4}	0,95	68,4	36,7	5,1	165,7	(1)	(0,5)	(0)	-	-	-	0,36	-1.250	2.507
	M_M^*	**0,55**	**72,3**	**71,3**	**44,3**	**107,2**	**0,4**	**0,4**	**0,6**	-	**1,0**	ρ_{PO}	**0,53**	**-1.239**	**2.494**
Niedriger FB stehend winsorisiert	M_S	-	66,7	-	-	198,9	-	-	-	-	-	-	-	-1.236	2.476
	M_{P_1}	-	66,8	-	-	199,0	-	-	-	-0,1	0,1	0,0	-	-1.235	2.480
	M_{G_1}	0,47	74,7	72,7	49,0	83,4	(1)	(0,5)	(0)	-	-	-	0,59	-1.227	2.464
	M_{G_2}, M_{G_3}	0,47	73,2	49,1	(μ_{AB})	84,1	(1)	(0,5)	(0)	-	-	-	0,58	-1.227	2.462
	M_{G_4}	0,84	71,1	56,1	41,0	145,3	(1)	(0,5)	(0)	-	-	-	0,29	-1.235	2.479
	M_M^*	**0,50**	**79,7**	**69,7**	**47,3**	**58,8**	**0,6**	**0,4**	**0,7**	-	**1,0**	ρ_{PO}	**0,70**	**-1.216**	**2.449**
Residuen niedriger FB stehend	M_S	-	0,1	-	-	222,0	-	-	-	-	-	-	-	-1.253	2.509
	M_{P_1}	-	0,2	-	-	222,2	-	-	-	0,0	0,1	0,0	-	-1.252	2.514
	M_{G_1}	0,64	3,4	3,4	-26,2	135,8	(1)	(0,5)	(0)	-	-	-	0,42	-1.242	2.494
	M_{G_2}, M_{G_3}	0,64	3,3	-26,6	(μ_{AB})	137,4	(1)	(0,5)	(0)	-	-	-	0,42	-1.242	2.492
	M_{G_4}	0,95	2,3	-30,4	-63,1	154,6	(1)	(0,5)	(0)	-	-	-	0,41	-1.245	2.498
	M_M^*	**0,54**	**6,2**	**5,5**	**-21,5**	**98,9**	**0,4**	**0,4**	**0,6**	-	**1,0**	ρ_{PO}	**0,56**	**-1.235**	**2.486**
Residuen niedriger FB quenz stehend winsorisiert	M_S	-	0,1	-	-	195,3	-	-	-	-	-	-	-	-1.233	2.470
	M_{P_1}	-	0,2	-	-	195,4	-	-	-	0,0	0,1	0,0	-	-1.233	2.475
	M_{G_1}	0,47	8,4	6,0	-17,9	76,6	(1)	(0,5)	(0)	-	-	-	0,62	-1.223	2.455
	M_{G_2}, M_{G_3}	0,47	6,7	-17,8	(μ_{AB})	77,5	(1)	(0,5)	(0)	-	-	-	0,61	-1.223	2.453
	M_{G_4}	0,86	4,0	-11,2	-26,5	145,1	(1)	(0,5)	(0)	-	-	-	0,28	-1.232	2.473
	M_M^*	**0,51**	**13,6**	**2,2**	**-20,2**	**49,7**	**0,6**	**0,4**	**0,7**	-	**1,0**	ρ_{PO}	**0,75**	**-1.211**	**2.438**

A.2 Detaillierte Ergebnisse der Segregationsanalysen

Ergebnisse des hohen Frequenzbereiches stehend gemessen

In Abbildung A.15 sind die Residuen für den hohen Frequenzbereich stehend gemessen mit und ohne Winsorisierung dargestellt. Für beide Variablendefinitionen fand sich kein Zusammenhang mit dem Alter. Jedoch zeigten bei beiden Parametrisierungen Frauen höhere Werte als Männer (β-Schätzer $\pm$ Standardfehler, ohne Winsorisierung: $2,69 \pm 1,63$, mit Winsorisierung: $2,49 \pm 1,50$). Die Ergebnisse der

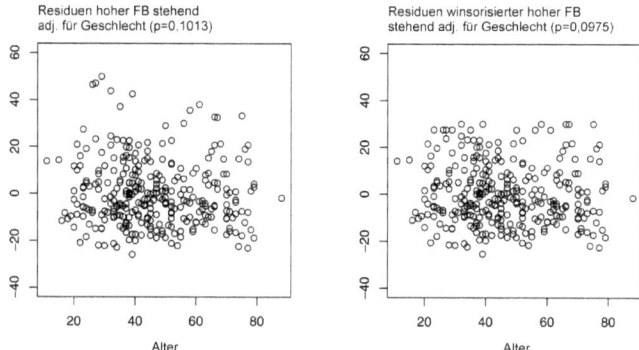

Abbildung A.15: Residuenplot des hohen Frequenzbereiches stehend gemessen. Auf der linken Seite sind die Residuen ohne Transformation dargestellt. Auf der rechten Seite sind die Residuen auf Basis des hohen Frequenzbereiches stehend gemessen winsorisiert abgebildet. FB steht für Frequenzbereich.

Segregationsanalysen des hohen Frequenzbereiches stehend gemessen sind in Tabelle A.9 dargestellt. Bei den nicht-winsorisierten Parametern zeigten die Modelle mit rezessiver Mendelscher Vererbung die beste Anpassung. In diesen Modellen fand sich eine Heritabilität von 40% bzw. 41%. Für die winsorisierten Parameter stellte das homogene gemischte Modell das beste Modell dar. Die Erblichkeit, die aus diesen Modellen geschätzt wurde, war mit 58% und 74% deutlich größer.

Tabelle A.9: Ergebnisse der Segregationsanalysen des hohen Frequenzbereiches stehend gemessen. Die Erklärungen der Parameter sind den Abschnitten 2.2.2 und 2.2.3 zu entnehmen. Alle nicht geschätzten Parameter sind mit Klammern versehen. Die Modelle mit den kleinsten AIC-Werten für die jeweilige Parametrisierung sind fett gedruckt. M_M^*: Die Schätzung des allgemeinen Modells mit beliebigen Korrelationen ist nicht möglich. Stattdessen wird ein Modell ohne Korrelationen zwischen den Eltern und gleiche Korrelation zwischen Eltern und Kindern und zwischen Geschwistern angenommen. FB steht für Frequenzbereich.

Variable	Modell	$\widehat{p_A}$	$\widehat{\mu_{AA}}$	$\widehat{\mu_{AB}}$	$\widehat{\mu_{BB}}$	$\widehat{\sigma}$	$\widehat{\tau_{AA}}$	$\widehat{\tau_{AB}}$	$\widehat{\tau_{BB}}$	$\widehat{\rho_{FM}}$	$\widehat{\rho_{PO}}$	$\widehat{\rho_{SS}}$	$\widehat{h^2}$	$\ln\widehat{L}$	AIC
Hoher FB quenz stehend	M_S	-	29,1	-	-	197,9	-	-	-	-	-	-	-	-1.235	2.474
	M_{P_1}	-	29,1	-	-	198,0	-	-	-	-	-	-	-	-1.235	2.479
	M_{G_1}	1,00	29,1	29,1	24,6	197,9	(1)	(0,5)	(0)	-0,1	-	-	0,00	-1.235	2.480
	M_{G_2}, M_{G_3}	**0,30**	**59,2**	**26,7**	(μ_{AB})	**126,7**	**(1)**	**(0,5)**	**(0)**	-	-	-	**0,40**	**-1.220**	**2.449**
	M_{G_4}	0,04	99,4	63,4	27,4	140,6	(1)	(0,5)	(0)	-	-	-	0,41	-1.223	2.455
	M_M^*	0,67	45,3	27,0	27,0	192,2	1,0	0,5	1,0	-	1,0	ρ_{PO}	0,14	-1.231	2.478
Hoher FB stehend winsorisiert	M_S	-	28,7	-	-	166,7	-	-	-	-	-	-	-	-1.209	2.422
	M_{P_1}	-	28,6	-	-	166,8	-	-	-	-	-	-	-	-1.209	2.428
	M_{G_1}	0,93	28,9	28,9	25,3	166,8	(1)	(0,5)	(0)	-0,1	-	-	0,00	-1.209	2.428
	M_{G_2}, M_{G_3}	0,52	45,2	(μ_{AA})	23,1	74,6	(1)	(0,5)	(0)	-	-	-	0,56	-1.200	2.408
	M_{G_4}	0,51	28,7	28,7	28,7	166,7	(1)	(0,5)	(0)	-	-	-	0,00	-1.209	2.426
	M_M	**0,56**	**43,7**	**22,8**	**19,7**	**74,1**	**0,3**	**0,3**	**1,0**	**0,0**	**0,0**	**-0,1**	**0,58**	**-1.185**	**2.392**
Residuen hoher FB stehend	M_S	-	-0,1	-	-	196,3	-	-	-	-	-	-	-	-1.234	2.472
	M_{P_1}	-	-0,2	-	-	196,3	-	-	-	-0,1	-	-	-	-1.234	2.477
	M_{G_1}	0,29	30,6	-2,4	-2,4	125,2	(1)	(0,5)	(0)	-	-	-	0,41	-1.218	2.447
	M_{G_2}, M_{G_3}	**0,29**	**30,5**	**-2,5**	(μ_{AB})	**125,0**	**(1)**	**(0,5)**	**(0)**	-	-	-	**0,41**	**-1.218**	**2.445**
	M_{G_4}	0,04	70,0	34,0	-1,9	135,3	(1)	(0,5)	(0)	-	-	-	0,44	-1.221	2.450
	M_M	0,35	24,5	-1,6	-6,7	106,2	0,4	0,5	0,9	-0,3	-0,3	0,0	0,47	-1.214	2.450
Residuen hoher FB stehend winsorisiert	M_S	-	-0,1	-	-	165,4	-	-	-	-	-	-	-	-1.208	2.420
	M_{P_1}	-	-0,2	-	-	165,4	-	-	-	-0,1	-	-	-	-1.208	2.425
	M_{G_1}	0,32	19,1	-1,3	-1,3	128,8	(1)	(0,5)	(0)	-	-	-	0,23	-1.206	2.421
	M_{G_2}, M_{G_3}	0,51	16,7	-5,5	(μ_{AB})	75,3	(1)	(0,5)	(0)	-	-	-	0,55	-1.199	2.406
	M_{G_4}	0,30	-0,1	-0,1	-0,1	165,4	(1)	(0,5)	(0)	-	-	-	0,00	-1.208	2.424
	M_M	**0,41**	**20,7**	**1,0**	**-11,7**	**42,1**	**0,5**	**0,7**	**0,5**	**0,3**	**0,3**	**0,3**	**0,74**	**-1.184**	**2.390**

A.2 Detaillierte Ergebnisse der Segregationsanalysen

Ergebnisse des Quotienten aus niedrigem und hohem Frequenzbereich stehend gemessen

In Abbildung A.16 sind die Residuen für den Quotienten aus niedrigem und hohem Frequenzbereich stehend gemessen mit und ohne Winsorisierung dargestellt. Für beide Variablendefinitionen fand sich kein Zusammenhang mit dem Alter. Jedoch zeigten bei beiden Parametrisierungen Frauen niedrigere Werte als Männer (β-Schätzer $\pm$ Standardfehler, ohne Winsorisierung: $-0,44 \pm 0,30$, mit Winsorisierung: $-0,45 \pm 0,24$).

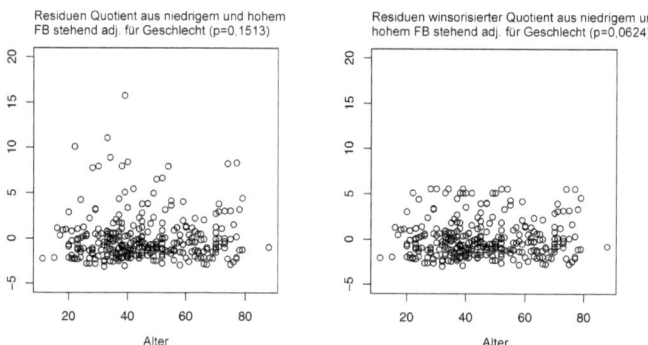

Abbildung A.16: Residuenplot des Quotienten aus niedrigem und hohem Frequenzbereich stehend gemessen. Auf der linken Seite sind die Residuen ohne Transformation dargestellt. Auf der rechten Seite sind die Residuen auf Basis des winsorisierten Quotienten aus niedrigem und hohem Frequenzbereich stehend gemessen abgebildet. FB steht für Frequenzbereich.

Die Ergebnisse der Segregationsanalysen des Quotienten aus niedrigem und hohem Frequenzbereich stehend gemessen sind in Tabelle A.10 dargestellt. Bei den nicht-winsorisierten Parametern zeigten die rezessiven Modelle die beste Anpassung. Bei beiden Modellen erklären die genetischen Faktoren 54% der Gesamtvariabilität des Quotienten aus niedrigem und hohem Frequenzbereich stehend gemessen. Das homogene gemischte Modell wies bei den winsorisierten Variablen die geringsten AIC-Werte auf. Die aus diesen Modellen geschätzte Heritabilität war mit 66% und 79% wesentlich größer als bei den nicht-winsorisierten Parametern.

Tabelle A.10: Ergebnisse der Segregationsanalysen des Quotienten aus niedrigem und hohem Frequenzbereich stehend gemessen. Die Erklärungen der Parameter sind den Abschnitten 2.2.2 und 2.2.3 zu entnehmen. Alle nicht geschätzten Parameter sind mit Klammern versehen. Die Modelle mit den kleinsten AIC-Werten für die jeweilige Parametrisierung sind fett gedruckt. M_M^*: Die Schätzung des allgemeinen Modells mit beliebigen Korrelationen ist nicht möglich. Stattdessen wird ein Modell ohne Korrelationen zwischen den Eltern und gleiche Korrelation zwischen Eltern und Kindern und zwischen Geschwistern angenommen. FB steht für Frequenzbereich.

Variable	Modell	$\hat{p}_A$	$\hat{\mu}_{AA}$	$\hat{\mu}_{AB}$	$\hat{\mu}_{BB}$	$\hat{\sigma}$	$\hat{\tau}_{AA}$	$\hat{\tau}_{AB}$	$\hat{\tau}_{BB}$	$\hat{\rho}_{FM}$	$\hat{\rho}_{PO}$	$\hat{\rho}_{SS}$	$\hat{h}^2$	$\widehat{\ln L}$	AIC
Quotient stehend	M_S	-	3,3	-	-	6,7	-	-	-	-	-	-	-	-722	1.447
	M_{P_1}	-	3,2	-	-	6,8	-	-	-	-0,1	0,0	0,1	-	-720	1.451
	M_{G_1}	0,23	11,2	2,8	2,8	3,1	(1)	(0,5)	(0)	-	-	-	0,54	-661	1.332
	M_{G_2}, M_{G_3}	**0,23**	**11,2**	**2,8**	(μ_{AB})	**3,1**	**(1)**	**(0,5)**	**(0)**	-	-	-	**0,54**	**-661**	**1.330**
	M_{G_4}	0,04	16,8	9,8	2,8	3,3	(1)	(0,5)	(0)	-	-	-	0,55	-677	1.363
	M_M	0,06	11,1	2,9	2,7	3,0	0,7	1,0	0,6	0,0	0,0	-0,1	0,08	-656	1.334
Quotient stehend winsorisiert	M_S	-	3,1	-	-	4,3	-	-	-	-	-	-	-	-652	1.309
	M_{P_1}	-	3,1	-	-	4,3	-	-	-	0,0	0,0	0,0	-	-652	1.314
	M_{G_1}	0,37	7,2	2,4	2,4	1,6	(1)	(0,5)	(0)	-	-	-	0,63	-613	1.237
	M_{G_2}, M_{G_3}	0,37	7,2	2,4	(μ_{AB})	1,6	(1)	(0,5)	(0)	-	-	-	0,63	-613	1.235
	M_{G_4}	0,09	10,8	6,6	2,4	1,9	(1)	(0,5)	(0)	-	-	-	0,59	-634	1.276
	M_M^*	**0,32**	**7,4**	**3,5**	**1,6**	**0,8**	**0,7**	**0,5**	**0,8**	-	**1,0**	ρ_{PO}	**0,79**	**-600**	**1.216**
Residuen Quotient stehend	M_S	-	0,0	-	-	6,7	-	-	-	-	-	-	-	-721	1.445
	M_{P_1}	-	0,0	-	-	6,7	-	-	-	-0,1	0,0	0,1	-	-719	1.449
	M_{G_1}	0,23	8,0	-0,4	-0,4	3,1	(1)	(0,5)	(0)	-	-	-	0,54	-660	1.329
	M_{G_2}, M_{G_3}	**0,23**	**8,0**	**-0,4**	(μ_{AB})	**3,1**	**(1)**	**(0,5)**	**(0)**	-	-	-	**0,54**	**-660**	**1.327**
	M_{G_4}	0,04	13,6	6,6	-0,4	3,3	(1)	(0,5)	(0)	-	-	-	0,55	-676	1.360
	M_M	0,05	8,1	-0,4	-0,4	3,1	0,8	1,0	0,6	0,0	0,0	-0,1	0,06	-655	1.331
Residuen Quotient stehend winsorisiert	M_S	-	0,0	-	-	4,2	-	-	-	-	-	-	-	-651	1.306
	M_{P_1}	-	0,0	-	-	4,2	-	-	-	0,0	0,0	0,0	-	-651	1.311
	M_{G_1}	0,37	4,1	-0,6	-0,6	1,6	(1)	(0,5)	(0)	-	-	-	0,62	-614	1.238
	M_{G_2}, M_{G_3}	0,37	4,1	-0,6	(μ_{AB})	1,6	(1)	(0,5)	(0)	-	-	-	0,62	-614	1.236
	M_{G_4}	0,08	7,7	3,5	-0,6	2,0	(1)	(0,5)	(0)	-	-	-	0,57	-633	1.275
	M_M^*	**0,39**	**3,9**	**-0,5**	**-0,9**	**1,4**	**0,6**	**0,5**	**0,8**	-	**1,0**	ρ_{PO}	**0,66**	**-601**	**1.221**

A.3 Detaillierte Ergebnisse Kopplungsanalysen

A.3.1 Qualitätskontrolle

Die Qualitätskontrolle umfasste dief folgenden vier Schritte:

1. **Erstellung eines Markersets:**
   Zunächst wurden die Marker aus den einzelnen Genotypisierungsphasen miteinander kombiniert. Eine Übersicht, wieviele Marker pro Phase und Chromosom im gesamtem Markerset vorlagen, gibt Tabelle A.11.

2. **Abgleich von Phänotyp- und Stammbauminformation:**
   Bei 20 Individuen traten Unterschiede bezüglich ihres Krankheitsstatus in Phänotyp- und Stammbaumdatei auf. Bei 18 dieser Personen konnte der Phänotyp mittels Krankenakte verifiziert und entsprechend im Stammbaum geändert werden. Die beiden übrigen Personen wurden aufgrund fehlender Information von den Analysen ausgeschlossen.

3. **Erstellung des gesamten Markersets:**

   a) Alle Marker, die in den einzelnen Sets nur einmal vorkommen (Phase I: 296, Phase II: 60, Phase III: 89), wurden in die Analyse eingeschlossen.

   b) In Phase I und II wurden unterschiedliche Ableseschemata verwendet. Aufgrund der Tatsache, dass kein Individuum sowohl in Phase I, als auch in Phase II genotypisiert wurde, konnten die Ableseschemata für diese Marker nicht vereinheitlicht werden. Somit wurden alle acht Markern, die in Phase I und II genotypisiert wurden von den Kopplungsanalysen ausgeschlossen.

   c) Die Genotypen der 59 Marker, die sowohl in Phase I, als auch in Phase III genotypisiert wurden, konnten anhand von 180 Individuen verglichen werden. Insgesamt waren 2,7% der Genotypen unterschiedlich. Es wurden drei Personen entfernt, da diese mehr als 10% Genotypisierungsfehler aufwiesen. Für die Analyse wurden die Genotypen aus Phase III verwendet. Wenn die Ableseschemata identisch waren und die Fehlerquote

A.3 Detaillierte Ergebnisse Kopplungsanalysen

am Marker weniger als 10% betrug, so wurden fehlende Genotypen im Phase III Markerset durch die entsprechenden Genotypen des Markers in Phase I ersetzt.

Tabelle A.11: Übersicht genotypisierte Marker in den einzelnen Phase aufgeteilt nach Chromosom.

Chromosom	Genotypisierungsphasen							Gesamt
	I	II	III	I+II	I+III	II+III	I+II+III	
1	22	6	5	0	7	21	3	64
2	24	5	6	2	3	24	0	64
3	21	3	7	1	2	18	1	53
4	21	2	2	0	3	18	1	47
5	20	1	4	0	1	19	1	46
6	17	1	5	0	2	14	3	42
7	17	5	3	0	3	15	0	43
8	10	10	4	3	3	11	2	43
9	14	0	2	1	5	14	0	36
10	15	2	4	0	3	15	2	41
11	8	5	4	1	5	8	1	32
12	13	7	3	0	4	10	1	38
13	11	0	1	0	1	10	1	24
14	10	3	1	0	5	10	0	29
15	8	1	3	0	1	7	1	21
16	14	2	3	0	2	12	0	33
17	9	0	1	0	2	13	2	27
18	12	3	2	0	2	9	0	28
19	10	0	1	0	2	9	0	22
20	9	2	3	0	1	7	1	23
21	5	1	1	0	2	4	0	13
22	6	1	5	0	0	3	1	16
X	0	0	16	0	0	4	0	20
Y	0	0	3	0	0	0	0	3
Gesamt	296	60	89	8	59	275	21	808

d) Bei den Phasen II und III wurden insgesamt 275 identische Marker genotypisiert. Die Genotypen konnten anhand von fünf doppelt genotypi-

A.3 Detaillierte Ergebnisse Kopplungsanalysen

sierte Individuen verglichen werden. Je nach Anzahl der Unterschiede, wurde folgendermaßen vorgegangen:

- Traten keine Auffälligkeiten auf, so wurden die Genotypen aus Phase III oder, falls diese nicht vorhanden, aus Phase I verwendet.

- Bei einem oder zwei Fehlern wurden die Genotypen der entsprechenden Personen auf „Null" gesetzt.

- Traten mehr als zwei Fehler auf, so wurde der entsprechende Marker aus dem Markerset entfernt.

e) Für die 21 Marker, die in allen drei Phasen genotypisiert wurden, wurde wie in den beiden vorherigen Schritten vorgegangen.

4. Durchführung von Mendelchecks:

Inkonsistente Genotypen, die zufällig auftraten, wurden auf unbekannt gesetzt. Insgesamt wurden 15 genotypisierte Individuen aufgrund von zahlreichen, und damit nicht zufälligen, Inkompatibilitäten mit dem Mendelschen Gesetz entfernt. Darüber hinaus wurden vier nicht genotypisierte Eltern, die durch die Entfernung der Kinder nicht mehr informativ für den Stammbaum waren, entfernt.

A.3.2 Einzelfamilienergebnisse

Familie A

Familie A betand aus vier Generationen. Die Individuen A.4.1 und der zugehörige Vater A.3.5, A.4.25, sowie die Individuen A.4.28, A.4.29, A.4.30 und die beiden nicht genotypisierten Eltern A.3.38 und A.3.39 wurden aufgrund von Inkompatibilitäten mit dem Mendelschen Gesetz bei den Kopplungsanalysen ausgeschlossen. Die Familie besaß nach den Ausschlüssen 77 Familienmitglieder. Es existierten mehrere Familienzweige mit mehr als drei an Herzinfarkt erkrankten Geschwistern. Allerdings enthielten die einzelnen Zweige nur maximal zwei lebende Geschwister. Somit war das initiale Einschlusskriterium nicht erfüllt. Da jedoch das Zweite der reduzierten Einschlusskriterium („Mindestens zwei lebende, an Herzinfarkt erkrankte Geschwister und zwei weitere lebende, an Herzinfarkt erkrankte und verwandte Personen zweiten oder dritten Grades.") in Familie A zutraf, konnten die Kopplungsanalysen trotzdem durchgeführt werden.

In den ersten beiden Generationen befanden sich 16 bereits verstorbene und damit nicht genotypisierte Individuen. Bei sechs dieser Individuen ist ein Herzinfarkt bekannt. Die dritte Generation umfasste 14 Individuen mit Herzinfarkt und 22 Individuen ohne Herzinfarkt (jeweils elf davon genotypisiert). In der vierten Generation befanden sich zwei genotypisierte Individuen mit Herzinfarkt und 23 genotypisierte Individuen, bei denen bis zum Zeitpunkt der Untersuchung noch kein Herzinfarkt aufgetreten war. Die älteste dieser Personen war 41 Jahre alt und damit noch wesentlich unter dem Alter, in dem i. d. R. ein Herzinfarkt entwickelt wird. Ferner lag das Alter dieser Individuen mehr als 10 Jahre unter dem mittleren Erkrankungsalter von 53,3 Jahren (Standardabweichung: 8,3 Jahre) in dieser Familie. Das durchschnittliche Alter zum Zeitpunkt des ersten Herzinfarkts betrug in dieser Familie 46,4 Jahre (Standardabweichung: 14,6 Jahre).

Der ELOD im dominanten Modell betrug 0,46 (Standardabweichung: 0,38). Der zugehörige maximale ELOD lag bei 1,71.

In Familie A konnte kein Locus identifiziert werden, der mit dem Herzinfarkt kosegregiert.

A.3 Detaillierte Ergebnisse Kopplungsanalysen

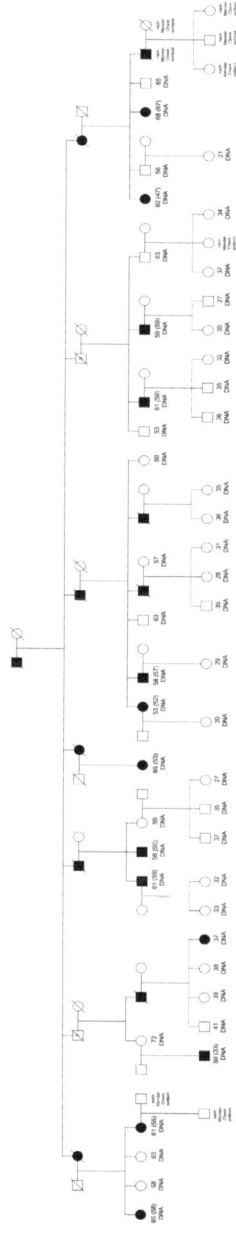

Abbildung A.17: Stammbaum der Familie A.

A.3 Detaillierte Ergebnisse Kopplungsanalysen

Familie B

Familie B erstreckte sich über drei Generationen. Für das Individuum B.3.5 existierten keine genetischen Daten und keine Kinder aus denen diese geschätzt werden konnten. Aus diesen Gründen war das Individuum für die Kopplungsanalysen nicht informativ und wurde entfernt. Der Stammbaum enthielt somit vier genotypisierte Individuen mit Herzinfarkt und sechs Individuen (davon drei genotypisiert) bei denen keine Informationen über einen Herzinfarkt bekannt war. Da sich das Individuum B.3.5 im Nachhinein gegen eine Teilnahme entschied, war das ursprüngliche Einschlusskriterium nicht erfüllt. Das Zweite der reduzierten Einschlusskriterium („Mindestens zwei lebende, an Herzinfarkt erkrankte Geschwister und zwei weitere lebende, an Herzinfarkt erkrankte und verwandte Personen zweiten oder dritten Grades.") war jedoch war, so dass die Kopplungsanalysen trotzdem durchgeführt werden konnten. Das durchschnittliche Untersuchungsalter in diesem Stammbaum betrug 46,9 Jahre (Standardabweichung: 10,3 Jahre). Das mittlere Alter zum Zeitpunkt des ersten Herzinfarkts war 44,5 Jahre (Standardabweichung: 9,0 Jahre).
Der ELOD im dominanten Modell war 0,25 (Standardabweichung: 0,17). Der zugehörige MELOD der Familie B lag bei 0,41.

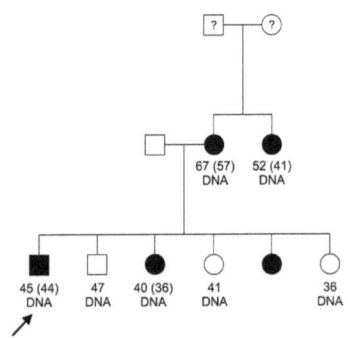

Abbildung A.18: Stammbaum der Familie B.

In Familie B konnte kein Locus identifiziert werden, der mit dem Herzinfarkt kosegregiert.

A.3 Detaillierte Ergebnisse Kopplungsanalysen

Familie C

Familie C bestand aus vier Generationen. In den ersten beiden Generationen war keines der acht Individuen genotypisiert. Bei einem dieser Individuen war eine Herzinfarkterkrankung bekannt. Zu den Individuen C.3.11, C.3.13, C.3.9, sowie C.3.10 existierten keine genetischen Daten. Aus diesem Grund waren diese Personen für die weiteren Analysen nicht notwendig und konnten ausgeschlossen werden. Die dritte Generation umfasste somit sechs Individuen mit Herzinfarkt (davon fünf genotypisiert) und fünf Individuen ohne Herzinfarkt (davon drei genotypisiert). Alle acht Individuen aus der vierten Generation waren genotypisiert und zum Zeitpunkt der Untersuchung noch nicht an einem Herzinfarkt erkrankt. Die älteste Person in der vierten Generation war 52 Jahre alt und somit noch wesentlich unter dem Zeitpunkt an dem i. d. R. ein Herzinfarkt entwickelt wird. Ferner lag das Alter dieser Individuen erheblich unter dem mittleren Erkrankungsalter von 56,2 Jahre (Standardabweichung: 5,3 Jahre) in dieser Familie. Das durchschnittliche Alter zum Zeitpunkt des ersten Herzinfarkts betrug 52,7 Jahre (Standardabweichung: 12,9 Jahre).
Für den ELOD im dominanten Modell ergab sich in dieser Familie 0,19 (Standardabweichung:0,39). Der zugehörige maximale ELOD lag bei 0,91.
In Familie C konnte kein Locus identifiziert werden, der mit dem Herzinfarkt kosegregiert.

A.3 Detaillierte Ergebnisse Kopplungsanalysen

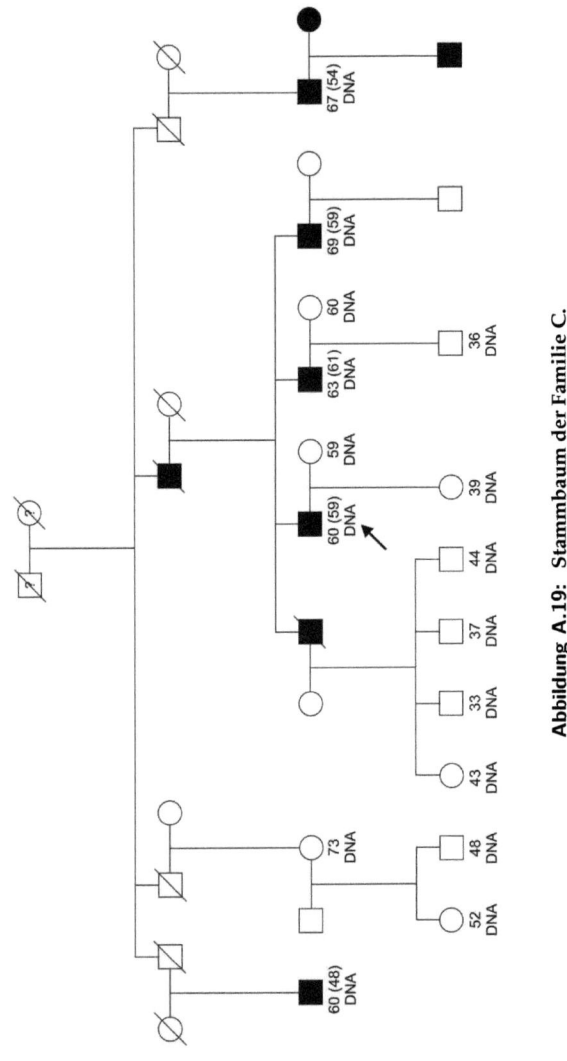

Abbildung A.19: Stammbaum der Familie C.

A.3 Detaillierte Ergebnisse Kopplungsanalysen

Familie D

Familie D bestand aus vier Generationen. In den ersten beiden Generationen war keines der zehn Individuen genotypisiert. Bei drei dieser Individuen war ein Herzinfarkt bekannt. Für die Individuen D.4.35 und D.4.37 gab es keine genetischen Daten. Aus diesem Grund waren diese Personen für die weiteren Analysen nicht notwendig und konnten vernachlässigt werden. Die dritte Generation umfasste sechs an Herzinfarkt erkrankte, genotypisierte Individuen, sowie 22 nicht erkrankte Individuen von denen 16 genotypisiert waren. Die vierte Generation enthielt 39 genotypisierte Individuen, die zum Untersuchungszeitpunkt noch nicht an einem Herzinfarkt erkrankt waren. Das Alter der meisten dieser Individuen lag noch wesentlich unter dem Zeitpunkt zu dem sich i. d. R. ein Herzinfarkt entwickelt und auch unterhalb des mittleren Erkrankungsalters von 62,1 Jahren (Standardabweichung: 6,8 Jahre) in dieser Familie. Das durchschnittliche Alter zum Zeitpunkt des ersten Herzinfarkts betrug 48,5 Jahre (Standardabweichung: 16,1 Jahre).

Der ELOD im dominanten Modell in Familie D war 0,32 (Standardabweichung:0,55). Der zugehörige maximale ELOD lag bei 1,72.

In Familie D konnte kein Locus identifiziert werden, der mit dem Herzinfarkt kosegregiert.

A.3 Detaillierte Ergebnisse Kopplungsanalysen

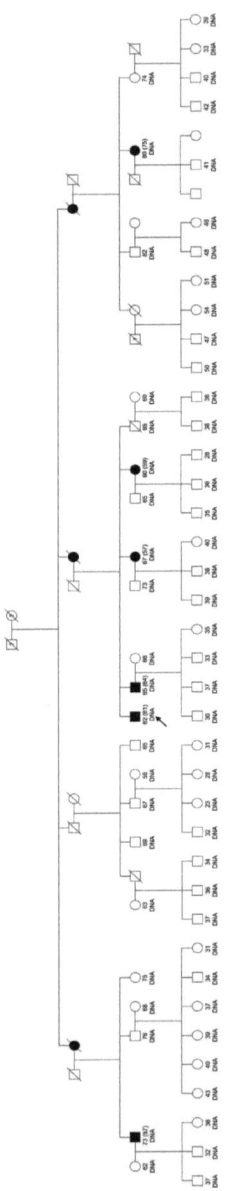

Abbildung A.20: Stammbaum der Familie D.

A.3 Detaillierte Ergebnisse Kopplungsanalysen

Familie E

Familie E erstreckte sich über vier Generationen. Das Individuum E.4.11 war nicht genotypisiert und somit nicht informativ für die Kopplungsanalysen. Aus diesem Grund wurde diese Person aus dem Stammbaum entfernt. Der Stammbaum enthielt somit insgesamt 33 Individuen. In den ersten beiden Generationen befanden sich sechs bereits verstorbene und damit auch nicht genotypisierte Individuen, von denen bisher keine Herzinfarkterkrankung bekannt war. Die dritte Generation umfasste fünf Herzinfarktpatienten (davon drei genotypisiert), sowie acht Individuen, bei denen zum Zeitpunkt der Untersuchung kein Herzinfarkt vorlag (davon vier genotypisiert). In der vierten Generation befanden sich 14 genotypisierte Individuen, die zum Zeitpunkt der Untersuchung zwischen 30 und 43 Jahre alt waren und damit 20 Jahre unter dem durchschnittlichen Erstmanifestationsalter dieser Familie, das 63,0 Jahre (Standardabweichung: 2,6 Jahre) betrug. Da die beiden lebenden Herzinfarktpatienten nur zwei bereits verstorbene Geschwister besaßen, war das initiale Einschlusskriterium nicht erfüllt. Jedoch wiesen beide der verstorbenen Herzinfarktpatienten jeweils drei genotypisierte Nachkommen auf, so dass die Haplotypstruktur dieser geschätzt werden konnte. Somit war das dritte der reduzierten Kriterien („Mindestens zwei lebende, an Herzinfarkt erkrankte Geschwister, eine weitere lebende, an Herzinfarkt erkrankte und verwandte Person zweiten oder dritten Grades, sowie mindestens eine bereits verstorbene, an Herzinfarkt erkrankte Person, die einen genotypisierten Nachkommen besitzt.") erfüllt. Das mittlere Alter zum Zeitpunkt des ersten Herzinfarkts war 46,9 Jahre (Standardabweichung: 14,6 Jahre).

Bei dieser Familie lieferten die Segregationsanalysen (Tabelle 3.3) ein rezessives Modell.

Der ELOD im rezessiven Modell in Familie H betrug 0,38 (Standardabweichung: 0,54). Der zugehörige maximierte ELOD war 1,59.

Die Kopplungsanalysen in Familie E zeigten einen Peak auf dem langen Arm des Chromosoms 17. Der Verlauf der empirischen LOD-Scores ist in Abbildung A.22 dargestellt.

A.3 Detaillierte Ergebnisse Kopplungsanalysen

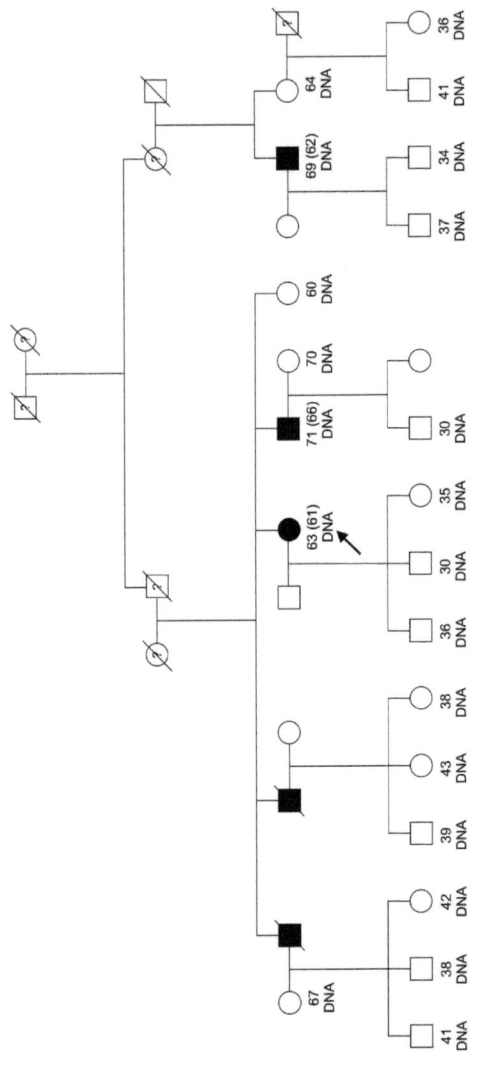

Abbildung A.21: Stammbaum der Familie E.

A.3 Detaillierte Ergebnisse Kopplungsanalysen

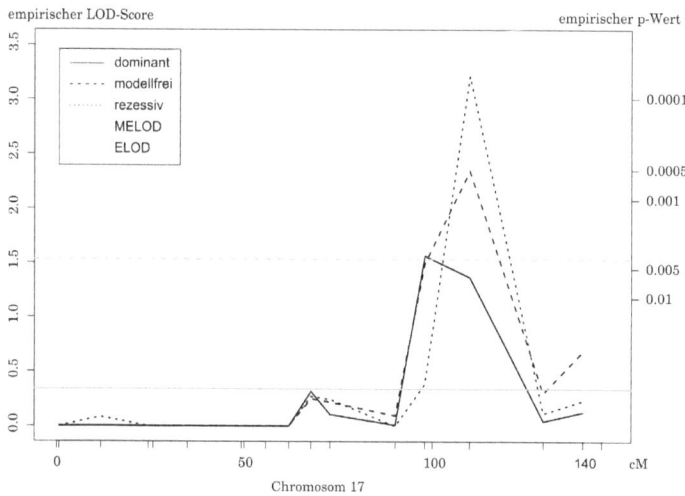

Abbildung A.22: Verlauf der LOD-Scores auf Chromosom 17 in Familie E. Dargestellt sind die empirischen LOD-Scores (linke y-Achse) und p-Werte (rechte y-Achse) des dominanten, rezessiven und modellfreien Modells, sowie der erwartete LOD-Score (ELOD) und der maximale erwartete LOD-Score (MELOD) des rezessiven Modells. Auf der x-Achse ist die Position auf dem Chromosom in cM angegeben.

Der maximale empirische LOD-Score an diesem Locus betrug im rezessiven Modell 3,21 ($p_{emp} = 0,0001$), im modellfreien Ansatz 2,34 ($p_{emp} = 0,0005$).
Die Ergebnisse der Haplotypanalysen in Abbildung A.23 zeigen, dass an diesem Locus ein Haplotyp aus zwei Markern in allen betroffenen Individuen identifiziert werden konnte. Zusätzlich fand sich der Haplotyp in fünf Individuen aus der vierten Generation. Diese Individuen waren jedoch zwischen 30 und 42 Jahren alt und somit wesentlich unter dem mittleren Erstmanifestationsalter in dieser Familie. Falls dieser genetische Locus tatsächlich ursächlich für die Herzinfarkte in dieser Familie ist, so ist für diese Individuen, sobald sie das Erstmanifestationsalter erreicht haben, das Risiko einen Herzinfarkt zu erleiden sehr hoch.
Dieser Locus wurde ebenfalls in einer Arbeit von Farrall et al. (2006) als möglicherweise relevant für Herzinfarkt und Rauchverhalten identifiziert.

A.3 Detaillierte Ergebnisse Kopplungsanalysen

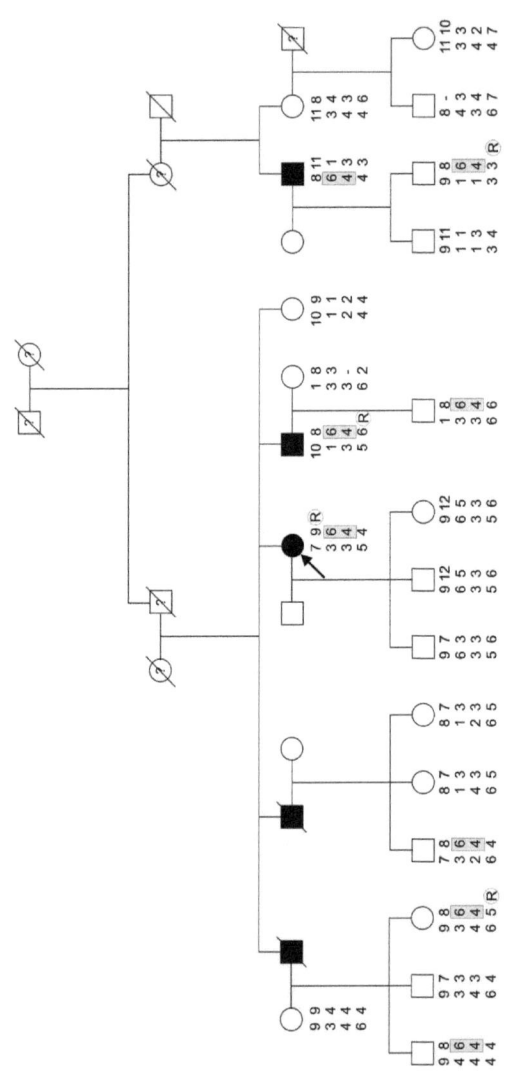

Abbildung A.23: Haplotypanalyse auf Chromosom 17q25,1 in Familie E. Rekombinationen sind mit „®" gekennzeichnet.

A.3 Detaillierte Ergebnisse Kopplungsanalysen

Familie F

Familie F umfasste vier Generationen. Da von den Individuen F.4.20, F.4.21 und F.4.26 keine Genotypen vorhanden waren, wurden diese für die Kopplungsanalysen entfernt. Der Stammbaum enthielt somit 54 Individuen. Die Bilinearität, die sich durch den, ebenfalls an einem Herzinfarkt erkrankten, Founder F.3.2 ergab, stellte ein Problem dar. Um den Stammbaum überhaupt analysieren zu können, musste davon ausgegangen werden, dass dieser Herzinfarkt des angeheirateten Mannes entweder aufgrund einer anderen genetischen Variante als die, die für den Herzinfarkt in der Familie verantwortlich ist, oder aufgrund von Umwelteffekten entstanden ist. Nur mit dieser Annahme, konnte der Phänotyp dieses Mannes für die Kopplungsanalysen auf „unbekannt" geändert werden. Die ersten beiden Generationen beinhalteten sechs bereits verstorbene, nicht genotypisierte Individuen, von denen bei einer Person ein Herzinfarkt durch die Nachkommen in Erfahrung gebracht wurde. Die dritte Generation enthielt sieben genotypisierte, an Herzinfarkt erkrankte Personen. Darüber hinaus fanden sich in dieser Generation 16 bisher noch nicht erkrankte Individuen (davon 12 genotypisiert), sowie das Individuum F.2.2., das genotypisiert und aufgrund der Bilinearität „unbekannt" gesetzt wurde. In der letzten Generation befanden sich ein bereits an Herzinfarkt erkranktes, genotypisiertes Individuum und 23 bisher noch nicht erkrankte, genotypisierte Individuen. Das älteste dieser Individuen war mit 45 Jahren erheblich unter dem mittleren Erstmanifestationsalter dieser Familie, das bei 54,6 Jahren (Standardabweichung: 7,3 Jahre) lag. Das durchschnittliche Untersuchungsalter betrug 48,4 Jahre (Standardabweichung: 14,1 Jahre).

Der ELOD im dominanten Modell war 0,35 (Standardabweichung: 0,64). Der zugehörige MELOD der Familie lag bei 1,76.

In Familie F konnte kein Locus identifiziert werden, der mit dem Herzinfarkt kosegregiert.

A.3 Detaillierte Ergebnisse Kopplungsanalysen

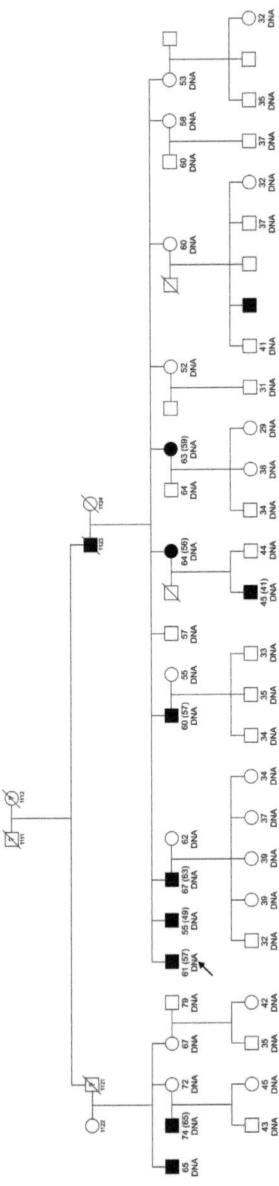

Abbildung A.24: Stammbaum der Familie F.

Familie G

Familie G erstreckte sich über drei Generationen und enthielt fünf Individuen mit Herzinfarkt (davon drei genotypisiert) und vier nicht genotypisierte Individuen. Bei diesen lagen keine Informationen über einen Herzinfarkt vor. Diese Familie erfüllte das initiale Einschlusskriterium nicht, da sie anstatt von drei lebenden, an Herzinfarkt erkrankten Geschwistern nur zwei enthielt. Da dieser Stammbaum auch keines der drei reduzierten Einschlusskriterien erfüllte, wurde er von den Kopplungsanalysen ausgeschlossen.

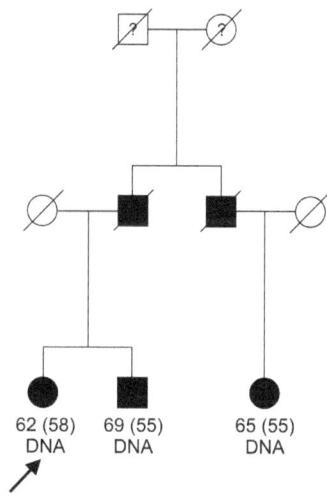

Abbildung A.25: Stammbaum der Familie G.

Familie H

Familie H erstreckte sich über vier Generationen und enthielt fünf Individuen mit Herzinfarkt (davon vier genotypisiert), sowie acht Individuen (davon eins genotypisiert) bei denen keine Informationen über einen Herzinfarkt vorlagen. Das mittlere Untersuchungsalter in diesem Stammbaum betrug 60,2 Jahre (Standardabweichung: 14,5 Jahre). Das durchschnittliche Alter zum Zeitpunkt des ersten Herzinfarkts betrug 63,5 Jahre (Standardabweichung: 3,8 Jahre).

Der ELOD im dominanten Modell in dieser Familie betrug 0,14 (Standardabweichung: 0,33). Der zugehörige maximierte ELOD war 0,61.

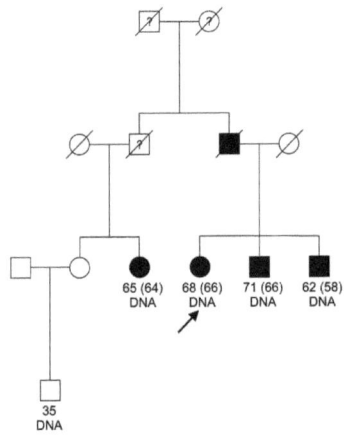

Abbildung A.26: Stammbaum der Familie H.

In Familie H konnte kein Locus identifiziert werden, der mit dem Herzinfarkt kosegregierte.

A.3 Detaillierte Ergebnisse Kopplungsanalysen

Familie I

Familie I erstreckte sich über drei Generationen. Die ersten beiden Generationen umfassetn sechs Individuen (davon ein Individuum genotypisiert). Von keinem der Individuen lagen Informationen über einen Herzinfarkt vor. In der dritten Generation waren alle Individuen genotypisiert. Vier Individuen hatten bereits einen Herzinfarkt erlitten. Zwei Individuen waren bislang nicht an einem Herzinfarkt erkrankt. Da die Familie nur jeweils zwei betroffene Geschwisterpaare aufwies, erfüllte sie nicht das initiale Einschlusskriterium. Weil jedoch das Zweite der drei reduzierten Kriterien („Mindestens zwei lebende, an Herzinfarkt erkrankte Geschwister und zwei weitere lebende, an Herzinfarkt erkrankte und verwandte Personen zweiten oder dritten Grades.") erfüllt war, konnten auch in dieser Familie Kopplungsanalysen durchgeführt werden. Das durchschnittliche Untersuchungsalter aller Individuen dieses Stammbaums betrug 64,3 Jahre (Standardabweichung: 8,8 Jahre). Für das mittlere Alter zum Zeitpunkt des ersten Herzinfarkts ergab sich 55,0 Jahre (Standardabweichung: 6,8 Jahre).

Die Segregationsanalysen lieferten in dieser Familie ein rezessives Modell (Tabelle 3.3). Der ELOD im rezessiven Modell lag bei 0,19 (Standardabweichung: 0,44). Für den zugehörigen MELOD ergab sich 1,01.

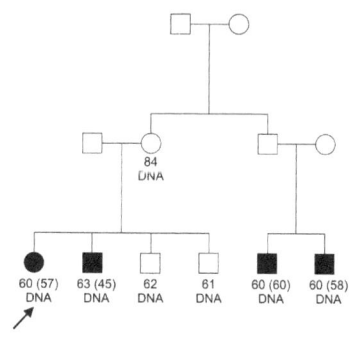

Abbildung A.27: Stammbaum der Familie I.

In Familie I konnte kein Locus identifiziert werden, der mit dem Herzinfarkt kosegregierte.

A.3 Detaillierte Ergebnisse Kopplungsanalysen

Familie J

Familie J bestand aus vier Generationen. Die Individuen J.3.15, J.4.14, J.4.15, J.4.18, J.4.19 und J.4.20 waren nicht genotypisiert und damit nicht informativ für die Kopplungsanalysen. Aus diesem Grund konnten sie aus dem Stammbaum entfernt werden. Die Individuen J.4.4, J.4.5., J.4.6. und J.4.7 mussten aufgrund von Inkompatibilitäten mit dem Mendelschen Gesetz von den Kopplungsanalysen ausgeschlossen. Damit wurde auch der nicht genotypisierte Vater J.3.10 nicht mehr benötigt und entfernt. Ein Problem dieses Stammbaum bestand darin, dass zwei Fälle von Bilinearität auftraten. Die beiden angeheirateten Männer J.3.4 und J.3.20 haben ebenfalls einen Herzinfarkt erlitten. Um in diesem Stammbaum trotzdem Kopplungsanalysen durchführen zu können, musste davon ausgegangen werden, dass diese beiden Herzinfarkte entweder aufgrund anderer genetischer Varianten als die, die für den Herzinfarkt in dieser Familie verantwortlich ist, oder aufgrund von Umwelteffekten entstanden sind. Nur unter dieser Annahme konnte der Phänotyp dieser Personen für die Kopplungsanalysen auf „unbekannt" geändert werden. Insgesamt enthielt der Stammbaum nach diesen Veränderungen 77 Individuen. Alle 16 Individuen aus den ersten beiden Generationen waren zu Beginn der Studie bereits verstorben und konnten somit auch nicht genotypisiert werden. Für drei dieser Individuen hatten die Nachkommen einen Herzinfarkt angegeben. Die dritte Generation umfasste, nach den Änderung aufgrund der Bilinearitäten, zehn Individuen mit Herzinfarkt (davon acht genotypisiert), sowie 29 Personen ohne Herzinfarkt (davon 21 genotypisiert). Die letzte Generation enthielt 24 genotypisierte Individuen. Das älteste dieser Individuen war 43 Jahre alt und damit erheblich unter dem mittleren Erstmanifestationsalter von 55,1 Jahren (Standardabweichung: 13,4 Jahre) in dieser Familie. Das durchschnittliche Alter zum Zeitpunkt des ersten Herzinfarkts betrug 50,7 Jahre (Standardabweichung: 15,3 Jahre).
Der ELOD im dominanten Modell war 0,19 (Standardabweichung: 0,39). Der zugehörige MELOD der Familie J lag bei 2,08.
In Familie J konnte kein Locus identifiziert werden, der mit dem Herzinfarkt kosegregiert.

A.3 Detaillierte Ergebnisse Kopplungsanalysen

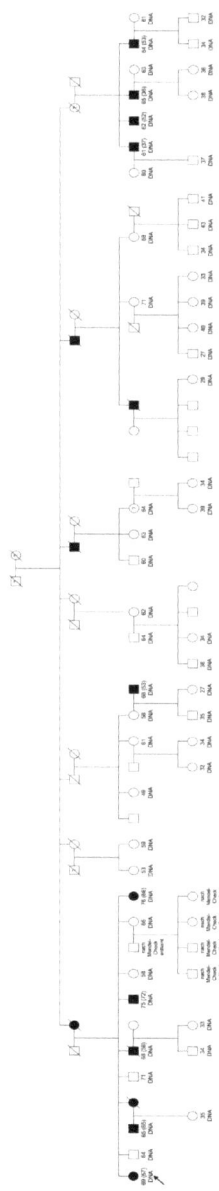

Abbildung A.28: Stammbaum der Familie J.

A.3 Detaillierte Ergebnisse Kopplungsanalysen

Familie K

Familie K erstreckte sich über vier Generationen. Die ersten beiden Generationen umfassten zehn nicht genotypisierte Individuen, von denen nicht bekannt war, ob sie einen Herzinfarkt hatten. Die dritte Generation enthielt fünf an Herzinfarkt erkrankte Individuen, die genotypisiert waren und weitere fünf nicht an Herzinfarkt erkrankte Individuen von denen vier genotypisiert waren. Die vierte Generation enthielt weitere fünf genotypisierte Individuen, die zum Zeitpunkt der Untersuchung noch nicht an einem Herzinfarkt erkrankt waren. Das älteste dieser Individuen war 43 Jahre alt und somit noch wesentlich unter dem Zeitpunkt an dem i. d. R. ein Herzinfarkt entwickelt wird und auch unterhalb des mittleren Erkrankungsalters von 59,0 Jahren (Standardabweichung: 1,7 Jahren) der Individuen aus der dritten Generation dieser Familie. Da die Familie nur über zwei lebende, betroffene Geschwister, anstatt drei lebender ‚betroffener Geschwister, verfügte, war das ursprüngliche Einschlusskriterium nicht erfüllt. Jedoch enthielt der Stammbaum drei weitere betroffene Cousins und somit war das Zweite der erweiterten Kriterium („Mindestens zwei lebende, an Herzinfarkt erkrankte Geschwister und zwei weitere lebende, an Herzinfarkt erkrankte und verwandte Personen zweiten oder dritten Grades.") erfüllt. Das durchschnittliche Alter zum Zeitpunkt des ersten Herzinfarkts betrug 54,3 Jahre (Standardabweichung: 15,8 Jahre).

Bei dieser Familie lieferten die Segregationsanalysen ein rezessives Modell (Tabelle 3.3).

Der ELOD im rezessiven Modell war 0,02 (Standardabweichung: 0,14). Der zugehörige MELOD der Familie K lag bei 0,35.

In Familie K konnte kein Locus identifiziert werden, der mit dem Herzinfarkt kosegregierte.

A.3 Detaillierte Ergebnisse Kopplungsanalysen

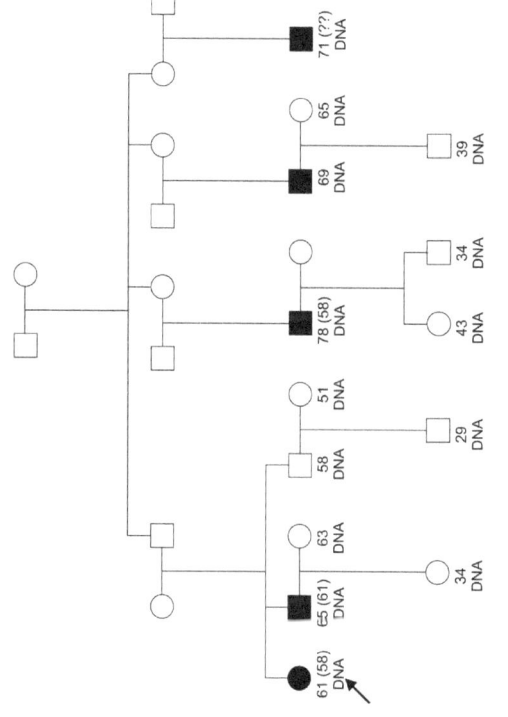

Abbildung A.29: Stammbaum der Familie K.

A.3 Detaillierte Ergebnisse Kopplungsanalysen

Familie L

Familie L bestand aus vier Generationen. Nachdem aufgrund von vermehrten Mendelfehlern die Frau L.3.3 und ihre Tochter L.4.1 entfernt werden mussten, reduzierte sich der Stammbaum auf drei Generationen. Die ersten beiden Generationen umfassten 10 nicht genotypisierte Individuen bei denen von drei Individuen ein Herzinfarkt bekannt war. Die dritte Generation enthielt drei erkrankte und drei bisher nicht erkrankte Individuen. Für das nicht erkrankte Individuum L.3.4 existierten keine Genotypen. Aus diesem Grund wurde es, da es nichts zu den weiteren Analysen beitrug, aus dem Stammbaum entfernt. Familie L erfüllte das initiale Einschlusskriterien nicht, denn anstatt von drei lebenden, an Herzinfarkt erkrankten Geschwistern, enthielt diese Familie nur zwei erkrankte, lebende Geschwister. Da dieser Stammbaum damit das dritte der reduzierten Einschlusskriterien („Mindestens zwei lebende, an Herzinfarkt erkrankte Geschwister, eine weitere lebende, an Herzinfarkt erkrankte und verwandte Person zweiten oder dritten Grades, sowie mindestens eine bereits verstorbene, an Herzinfarkt erkrankte Person, die einen genotypisierten Nachkommen besitzt.") erfüllte, wurden die Kopplungsanalysen trotzdem durchgeführt. Das durchschnittliche Untersuchungsalter in diesem Stammbaum betrug 54,2 Jahre (Standardabweichung: 6,8 Jahre). Das mittlere Alter zum Zeitpunkt des ersten Herzinfarkts lag bei 51,3 Jahren (Standardabweichung: 6,7 Jahre).

Der ELOD im dominanten Modell war 0,3 (Standardabweichung: 0,30). Der zugehörige maximale ELOD der Familie betrug 0,61.

In Familie L konnte kein Locus identifiziert werden, der mit dem Herzinfarkt kosegregierte.

A.3 Detaillierte Ergebnisse Kopplungsanalysen

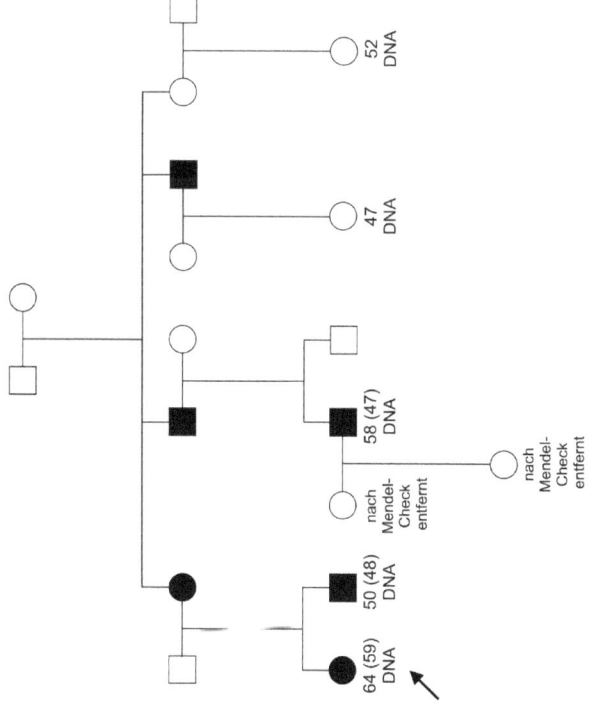

Abbildung A.30: Stammbaum der Familie L.

A.3 Detaillierte Ergebnisse Kopplungsanalysen

Familie M

Familie M umfasste ursprünglich vier Generationen. Allerdings war die erste Generation komplett uninformativ und wurde daher für die Kopplungsanalysen nicht benötigt. Ein Problem dieses Stammbaum bestand in seiner Bilinearität. Sowohl der Mann M.2.9, als auch seine Frau M.2.10 hatten einen Herzinfarkt erlitten. Um den Stammbaum überhaupt analysieren zu können, musste davon ausgegangen werden, dass der Herzinfarkt der angeheirateten Frau entweder aufgrund einer anderen genetischen Variante als der, die für den Herzinfarkt in dieser Familie verantwortlich ist, oder aufgrund von Umwelteffekten, entstanden ist. Nur unter dieser Annahme konnte der Phänotyp dieser Frau für die Kopplungsanalysen in „unbekannt" geändert werden. Die erste Generation dieses Stammbaumes umfasste zwei bereits verstorbene und nicht genotypisierte Individuen. Bei der Frau B.1.1 wurde ein Herzinfarkt von den Nachkommen angegeben. Die zweite Generation beinhaltete vier genotypisierte und eine nicht genotypisierte, an Herzinfarkt erkrankte Personen. Darüber hinaus enthielt diese Generation vier bisher noch nicht erkrankte, genotypisierte Individuen und das Individuum M.2.10 was genotypisiert und aufgrund der Bilinearität „unbekannt" gesetzt wurde. Die dritte Generation beinhaltete sechs genotypisierte Individuen zwischen 26 Jahren und 36 Jahren, bei denen bisher noch keine Herzinfarkt aufgetreten waren. Auch in dieser Familie war das nicht verwunderlich, denn das mittlere Erstmanifestationsalter lag bei 51,3 Jahren (Standardabweichung: 3,9 Jahre). Diese Familie erfüllte das initiale Einschlusskriterium nicht. Da mit vier lebenden Geschwistern allerdings das Erste der reduzierten Einschlusskriterien („Mindestens drei lebende, an Herzinfarkt erkrankte Geschwister.") erfüllt war, wurden in dieser Familie trotzdem Kopplungsanalysen durchgeführt.
Das durchschnittliche Untersuchungsalter betrug 47,1 (Standardabweichung: 13,0). Der ELOD im dominanten Modell ist 0,18 (Standardabweichung: 0,42). Der zugehörige MELOD der Familie lag bei 0,98.
In Familie M konnte kein Locus identifiziert werden, der mit dem Herzinfarkt kosegregierte.

A.3 Detaillierte Ergebnisse Kopplungsanalysen

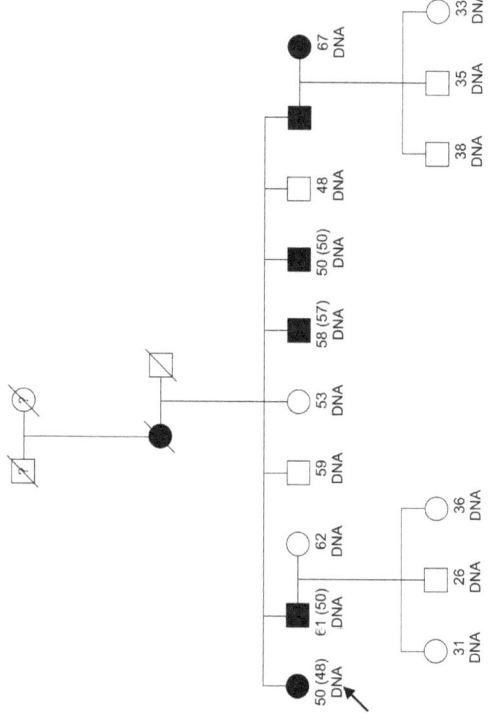

Abbildung A.31: Stammbaum der Familie M.

A.3 Detaillierte Ergebnisse Kopplungsanalysen

Familie N

Familie N erstreckte sich über vier Generationen. Das Individuum N.3.6 wurde aufgrund von Inkompatibilitäten bei den Mendelüberprüfungen bei den Kopplungsanalysen entfernt. Somit blieben insgesamt 40 Individuen. In den ersten beiden Generationen waren bereits alle Individuen verstorben. Von einem dieser Individuen war eine Herzinfarkterkrankung bekannt. Die dritte Generation enthielt fünf Herzinfarktpatienten (davon drei genotypisiert). Ferner befanden sich in dieser Generation 12 genotypisierte Individuen und eine nicht genotypisierte Person, bei denen zum Zeitpunkt der Untersuchung kein Herzinfarkt festgestellt wurde. Die letzte Generation bestand aus elf genotypisierten Individuen, von denen einer bereits an einem Herzinfarkt erkrankt war. Obwohl Familie N über zahlreiche Herzinfarktpatienten verfügte, erfüllte sie nicht das initiale Einschlusskriterium dieser Studie, denn der Indexpatient (N.4.5) zeigte keine weiteren betroffenen Geschwister. Allerdings besaß der bereits verstorbene Vater dieser Person zwei betroffene Geschwister und eine lebende, betroffene Cousine, sowie einen verstorbenen, betroffenen Cousin. Durch diese weiteren betroffenen Verwandten, war das Zweite der reduzierten Einschlusskriterien („Mindestens zwei lebende, an Herzinfarkt erkrankte Geschwister und zwei weitere lebende, an Herzinfarkt erkrankte und verwandte Personen zweiten oder dritten Grades.") erfüllt. Das mittlere Untersuchungsalter in diesem Stammbaum betrug 50,3 Jahre (Standardabweichung: 12,2 Jahre). Das durchschnittliche Alter zum Zeitpunkt des ersten Herzinfarkts war mit 52,5 (Standardabweichung: 5,7 Jahre) verhältnismäßig niedrig.

Der ELOD im dominanten Modell betrug in dieser Familie 0,25 (Standardabweichung: 0,47). Der zugehörige MELOD der Familie lag bei 1,44.

In Familie N konnte kein Locus identifiziert werden, der mit dem Herzinfarkt kosegregierte.

A.3 Detaillierte Ergebnisse Kopplungsanalysen

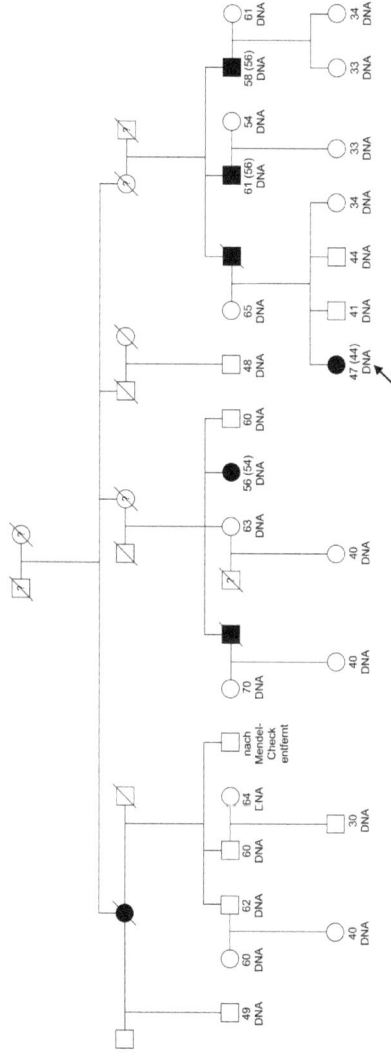

Abbildung A.32: Stammbaum der Familie N.

A.3 Detaillierte Ergebnisse Kopplungsanalysen

Familie O

Familie O bestand aus vier Generationen. Die ersten beiden Generationen enthielten acht nicht genotypisierte Individuen. Von diesen war bei drei Individuen ein Herzinfarkt bekannt. Der erkrankte Mann O.2.3 und der nicht erkrankte Mann O.2.4 trugen, da sie nicht genotypisiert waren, nichts zu den Kopplunsanalysen bei und wurden deshalb nicht berüchsichtigt. In der dritten und vierten Generation waren alle Individuen genotypisiert. Die dritte Generation umfasste vier an Herzinfarkt erkrankte Individuen und sechs Individuen bei denen zum Untersuchungszeitpunkt noch kein Herzinfarkt vorlag. Auch die drei Individuen in der vierten Generation hatten zum Untersuchungszeitpunkt noch keinen Herzinfarkt. Die Untersuchungsalter dieser drei Individuen lagen mit 31, 37 und 41 noch wesentlich unter dem Zeitpunkt an dem i. d. R. ein Herzinfarkt entwickelt wird und auch wesentlich unter dem mittleren Erkrankungsalter von 50,0 Jahren (Standardabweichung: 6,1 Jahren) in dieser Familie. Das durchschnittliche Untersuchungsalter in diesem Stammbaum betrug 55,1 Jahre (Standardabweichung: 11,3 Jahre).
Für den ELOD im dominanten Modell ergab sich 0,16 (Standardabweichung: 0,36). Der zugehörige maximale ELOD der Familie lag bei 0,85.
In Familie O konnte kein Locus identifiziert werden, der mit dem Herzinfarkt kosegregiert.

A.3 Detaillierte Ergebnisse Kopplungsanalysen

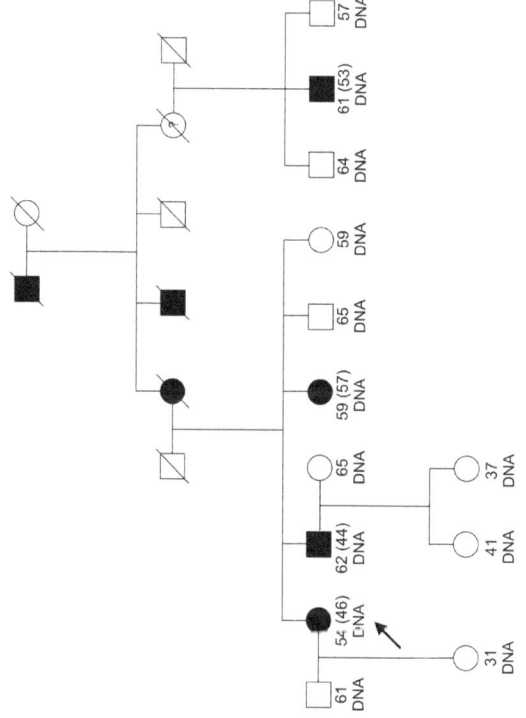

Abbildung A.33: Stammbaum der Familie O.

A.3 Detaillierte Ergebnisse Kopplungsanalysen

Familie P

Familie P bestand aus vier Generationen. Das Individuum P.3.9 wurde aufgrund von Inkonsistenzen bei den Mendelüberprüfungen bei den Kopplungsanalysen ausgeschlossen. Das nicht erkrankte Individuum P.4.12 wurde nicht genotypisiert und wurde, da es nichts zur Kopplungsanalyse beitrug, ebenfalls entfernt. Der Stammbaum enthielt letztendlich 45 Individuen. Ein Problem dieses Stammbaum bestand darin, dass zwei Paare bilinear waren. Sowohl der Mann P.2.7, als auch die Frau P.3.13 haben einen Herzinfarkt erlitten. Um den Stammbaum überhaupt analysieren zu können, musste davon ausgegangen werden, dass der Herzinfarkt dieser beiden Individuen entweder aufgrund einer anderen genetischen Variante als die, die für den Herzinfarkt in dieser Familie verantwortlich ist, oder aufgrund von Umwelteffekten, entstanden ist. Nur unter dieser Annahme konnte der Phänotyp dieser Personen für die Kopplungsanalysen auf „unbekannt" geändert werden. Die erste Generation umfasste zwei bereits verstorbene und damit nicht genotypisierte Individuen, von denen keine Herzinfarkterkrankung bekannt war. Die zweite Generation enthielt drei an Herzinfarkt erkrankte, nicht genotypisierte Individuen und fünf nicht genotypisierte Individuen, von denen keine Herzinfarkterkrankung bekannt war. Des Weiteren befanden sich in der zweiten Generation eine genotypisierte Frau ohne Herzinfarkterkrankung und deren genotypisierter Ehemann P.2.7, der aufgrund der Bilinearität auf „unbekannt" gesetzt wurde. Die dritte Generation enthielt fünf genotypisierte Individuen mit Herzinfarkt und 15 Individuen ohne Herzinfarkt (darunter auch die Frau P.3.13, die aufgrund der Bilinearität auf „unbekannt" gesetzt wurde). 12 dieser Individuen sind genotypisiert. Die letzte Generation umfasste 13 genotypisierte Individuen, die zwischen 30 und 46 Jahre alt waren. Damit lagen alle Individuen der vierten Generation unter dem mittleren Erstmanifestationsalter dieser Familie, das bei 50,2 Jahren (Standardabweichung: 4,8 Jahre) lag. Das durchschnittliche Untersuchungsalter betrug 49,1 Jahre (Standardabweichung: 13,5 Jahre).
Der ELOD im dominanten Modell war 0,21 (Standardabweichung: 0,41). Der zugehörige MELOD der Familie lag bei 1,42.

A.3 Detaillierte Ergebnisse Kopplungsanalysen

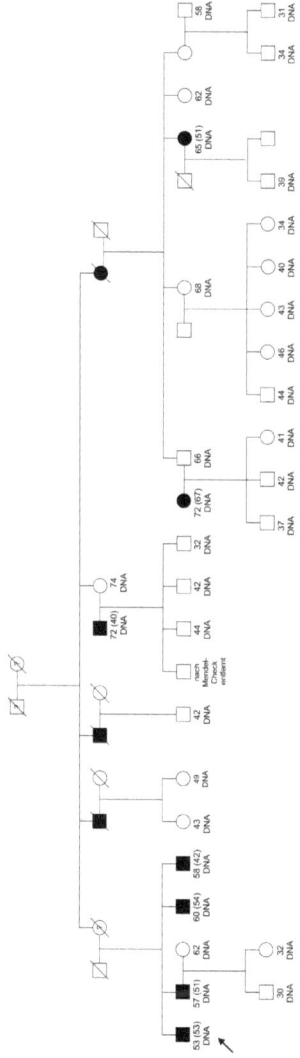

Abbildung A.34: Stammbaum der Familie P.

A.3 Detaillierte Ergebnisse Kopplungsanalysen

Die Kopplungsanalysen in Familie P zeigten einen Peak auf dem langen Arm des Chromosoms 4. Der Verlauf der empirischen LOD-Scores ist in Abbildung A.35 dargestellt. Der maximale empirische LOD-Score an diesem Locus betrug im dominanten Modell 2,63 ($p_{emp} = 0,0003$). Der LOD-Score im modellfreien Ansatz war mit 2,81 ($p_{emp} = 0,0002$) in dieser Familie etwas höher als der modellbasierte LOD-Score.

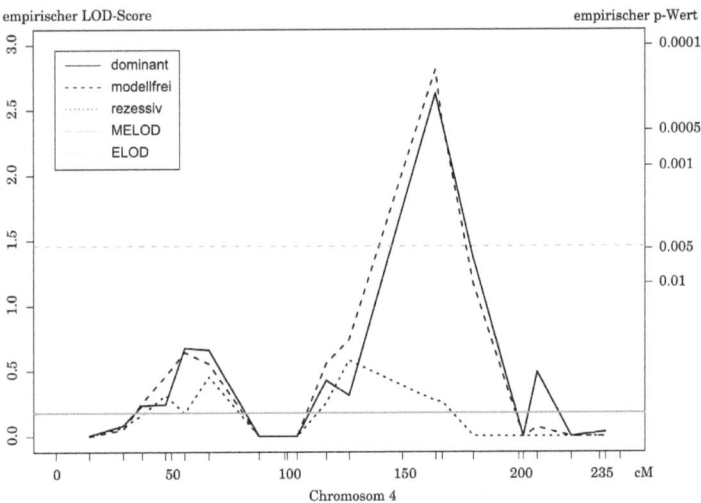

Abbildung A.35: Verlauf der LOD-Scores auf Chromosom 4 in Familie P. Dargestellt sind die empirischen LOD-Scores (linke y-Achse) und p-Werte (rechte y-Achse) des dominanten, rezessiven und modellfreien Modells, sowie der erwartete LOD-Score (ELOD) und der maximale erwartete LOD-Score (MELOD) des dominanten Modells. Auf der x-Achse ist die Position auf dem Chromosom in cM angegeben.

Die geschätzten Haplotypen der genotypisierten Individuen sind in Abbildung A.36 dargestellt.

A.3 Detaillierte Ergebnisse Kopplungsanalysen

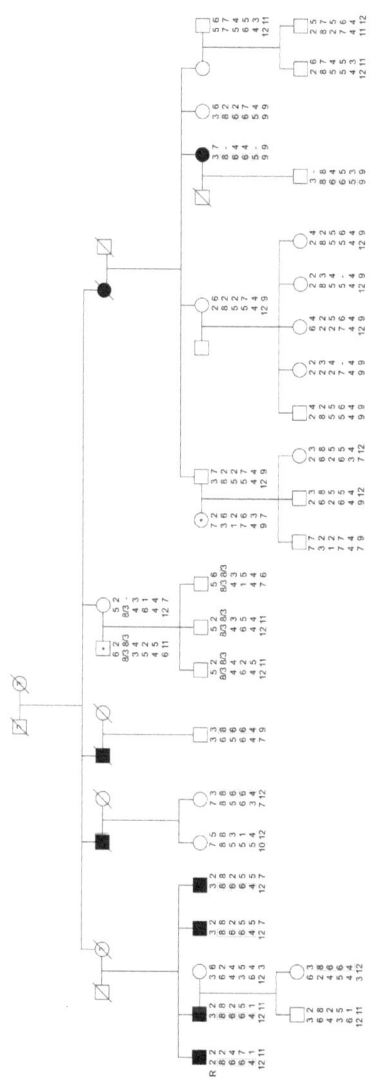

Abbildung A.36: **Haplotypanalyse auf Chromosom 4q31 in Familie P.** Der Krankheitsstatus bei den mit einem „*" gekennzeichneten Individuum ist aufgrund von Bilinearitäten für die Kopplungsanalysen auf unbekannt gesetzt. Rekombinationen sind mit „®" gekennzeichnet.

A.3 Detaillierte Ergebnisse Kopplungsanalysen

An diesem Locus konnte ein Haplotyp aus vier Markern in allen betroffenen Individuen identifiziert werden. Zusätzlich fanden sich fünf Individuen, die zum Zeitpunkt der Untersuchung noch keinen Herzinfarkt erlitten haben, aber den Haplotyp trugen. Vier dieser Individuen waren zwischen 32 und 49 Jahren alt und damit unter dem durchschnittlichen Erstmanifestationsalter von 50,2 Jahren in dieser Familie. Die Frau P.2.18 trug jedoch den Haplotyp und war zum Zeitpunkt der Erhebung bereits 62 Jahre alt. Bei einem autosomal-dominanten Erbgang mit vollständiger Penetranz hatte auch dieses Individuum bereits erkrankt sein müssen. Neben der positiven Familienanamnese, sind die übrigen kardiovaskulären Risikofaktoren dieser Frau nicht sonderlich ausgeprägt (BMI = 21,9 kg/m^2, LDL = 104 mg/dl, HDL = 89 mg/dl, systolischer Blutdruck = 100 mm HK, Nicht-Raucherin, kein Diabetes Mellitus), so dass sie vielleicht nicht erkranken wird. In diesem Stammbaum müsste man dann von verminderter Penetranz ausgehen.

Dieser Locus wurde ebenfalls in einer Arbeit von Wang et al. (2004) als möglicherweise relevant für frühzeitige Formen von Herzinfarkt identifiziert.

A.3 Detaillierte Ergebnisse Kopplungsanalysen

Familie Q

Familie Q erstreckte sich über vier Generationen. Die ersten beiden Generationen enthielten acht bereits verstorbene, nicht genotypisierte Individuen. Bei zwei dieser Individuen war ein Herzinfarkt bekannt. Die dritte Generation umfasste 13 Individuen. Das Individuum Q.3.13 wurde, aufgrund von Inkonsistenzen bei den Mendelüberprüfungen, von den Analysen ausgeschlossen. Die übrigen 12 Individuen der dritten Generation waren komplett genotypisiert. Fünf dieser Individuen hatten bereits einen Herzinfarkt erlitten. Die dritte Generation enthielt drei genotypisierte Individuen, die nicht erkrankt waren. Zwei dieser Individuen waren mit 30 und 33 noch weit unter dem klassischen Erstmanifestationsalter für Herzinfarkt und unter dem durchschnittlichen Erkrankungsalter dieser Familie, das bei 52,8 Jahren (Standardabweichung: 9,5 Jahre) lag. Das Individuum Q.4.1 war zwar bereits 53, hatte jedoch zwei gesunde Eltern, die älter als 70 Jahre waren. Aus diesem Grund war es eher unwahrscheinlich, dass diese Frau noch einen Herzinfarkt mit genetischer Ursachen bekommt. Das durchschnittliche Untersuchungsalter in diesem Stammbaum betrug 55,9 Jahre (Standardabweichung: 12,7 Jahre).
Der ELOD im dominanten Modell war 0,23 (Standardabweichung: 0,46). Der zugehörige maximale ELOD der Familie lag bei 1,21.

A.3 Detaillierte Ergebnisse Kopplungsanalysen

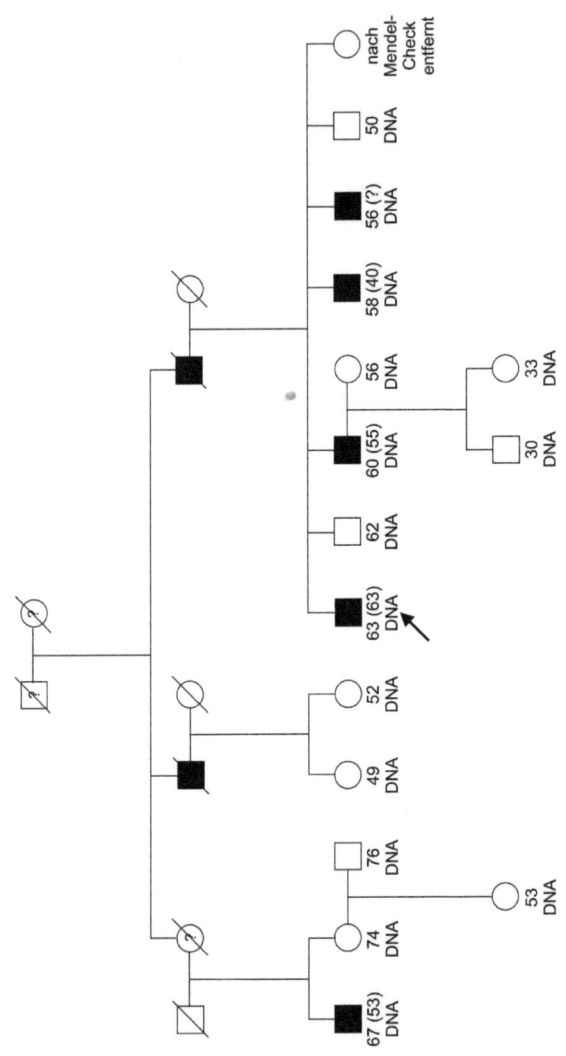

Abbildung A.37: Stammbaum der Familie Q.

A.3 Detaillierte Ergebnisse Kopplungsanalysen

Die Kopplungsanalysen in Familie Q zeigten einen Peak auf dem langen Arm des Chromosoms 4. Der Verlauf der empirischen LOD-Scores ist in Abbildung A.38 dargestellt. Der maximale empirische LOD-Score an diesem Locus betrug im dominanten Modell 2,09 ($p_{emp} = 0,0010$), im modellfreien Ansatz 2,04 ($p_{emp} = 0,0011$).

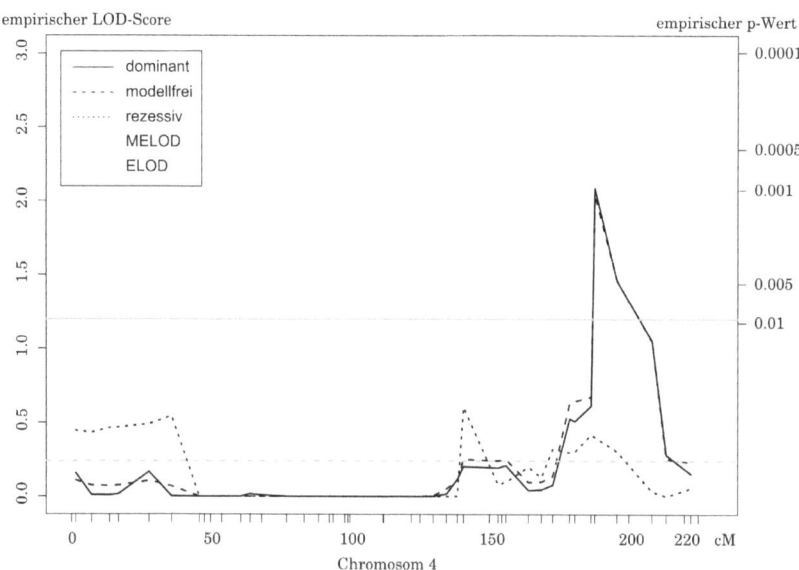

Abbildung A.38: Verlauf der LOD-Scores auf Chromosom 4 in Familie Q. Dargestellt sind die empirischen LOD-Scores (linke y-Achse) und p-Werte (rechte y-Achse) des dominanten, rezessiven und modellfreien Modells, sowie der erwartete LOD-Score (ELOD) und der maximale erwartete LOD-Score (MELOD) des dominanten Modells. Auf der x-Achse ist die Position auf dem Chromosom in cM angegeben.

An diesem Locus konnte ein Haplotyp aus fünf Markern in allen fünf betroffenen Individuen und einem nicht betroffenen Individuum aus der vierten Generation, welches noch sehr jung war und daher wahrscheinlich noch keinen Herzinfarkt entwickelt hatte, identifiziert werden. Die geschätzten Haplotypen der genotypisierten Individuen sind in Abbildung A.39 dargestellt.

Dieser Locus wurde ebenfalls in einer Arbeit von Wang et al. (2004) als möglicherweise relevant für frühzeitige Formen von Herzinfarkt identifiziert.

A.3 Detaillierte Ergebnisse Kopplungsanalysen

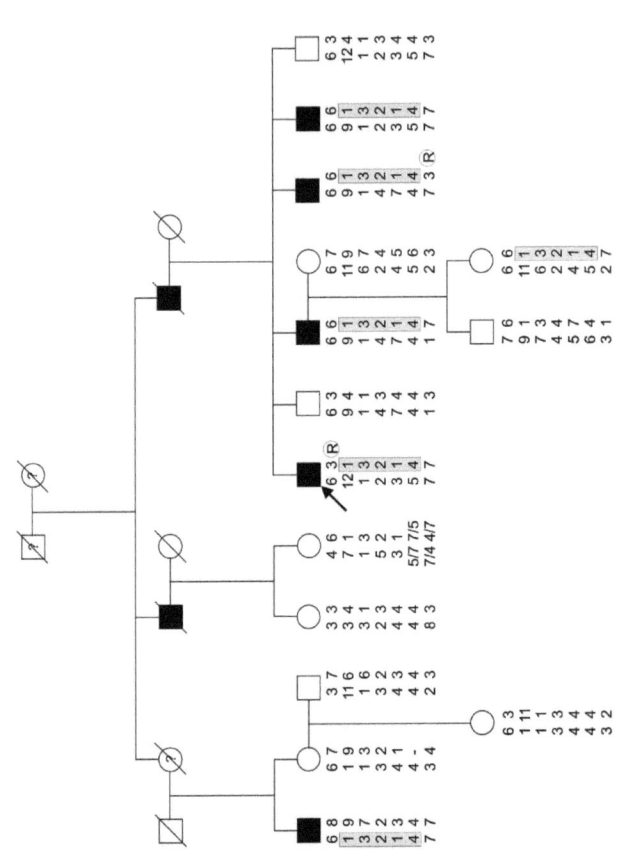

Abbildung A.39: Haplotypanalyse auf Chromosom 4q34 in Familie Q. Der Krankheitsstatus bei den mit einem „*" gekennzeichnete Individuen ist aufgrund von Bilinearitäten für die Kopplungsanalysen auf unbekannt gesetzt. Rekombinationen sind mit „®" gekennzeichnet.

A.3 Detaillierte Ergebnisse Kopplungsanalysen

Familie R

Familie R bestand aus vier Generationen. Die ersten beiden Generationen enthielten sechs bereits verstorbene, nicht genotypisierte Individuen. Bei einem dieser Individuen war ein Herzinfarkt bekannt. Die dritte Generation umfasste insgesamt acht Individuen. Fünf dieser Individuen (alle genotypisiert) waren bereits an einem Herzinfarkt erkrankt. Die übrigen drei Individuen (davon zwei genotypisiert) hatten bisher keinen Herzinfarkt erlitten. Die vierte Generation bestand nur aus einem genotypisierten Mann, der mit 35 Jahren noch nicht im klassischen Alter war, in dem sich ein Herzinfarkt entwickelt. Aus diesem Grund lag das Alter dieses Mannes auch unter dem mittleren Erstmanifestationsalter dieser Familie, das 56,2 Jahre betrug (Standardabweichung: 3,9 Jahre). Das durchschnittliche Untersuchungsalter in diesem Stammbaum war 59 Jahre (Standardabweichung: 10,0 Jahre).
Der ELOD im dominanten Modell betrug 0,25 (Standardabweichung: 0,42). Der zugehörige maximale ELOD der Familie lag bei 1,1.

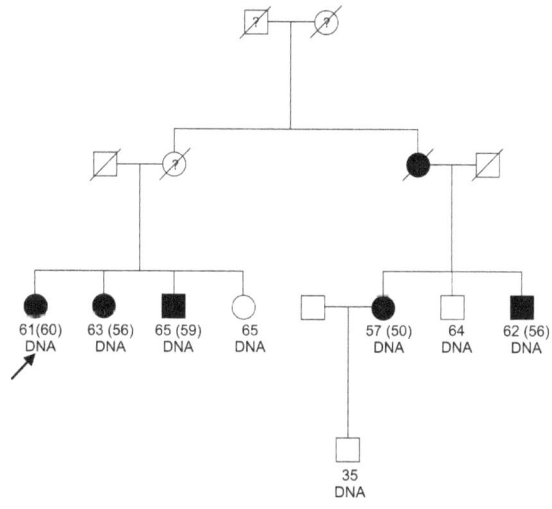

Abbildung A.40: Stammbaum der Familie R.

A.3 Detaillierte Ergebnisse Kopplungsanalysen

Die Kopplungsanalysen in Familie R zeigten, genau wie die in Familie T, einen Peak am Ende des langen Arms von Chromosoms 8. Die gemeinsame Verlauf der empirischen LOD-Scores ist in Abbildung 3.1 dargestellt.

An diesem Locus konnte in Familie R ein Haplotyp aus sieben Markern in allen fünf betroffenen Individuen und in dem nicht betroffenen Individuum aus der vierten Generation identifiziert werden. Wie bereits beschrieben, hat dieser Mann das Alter, in dem sich ein Herzinfarkt entwickelt, noch nicht erreicht.

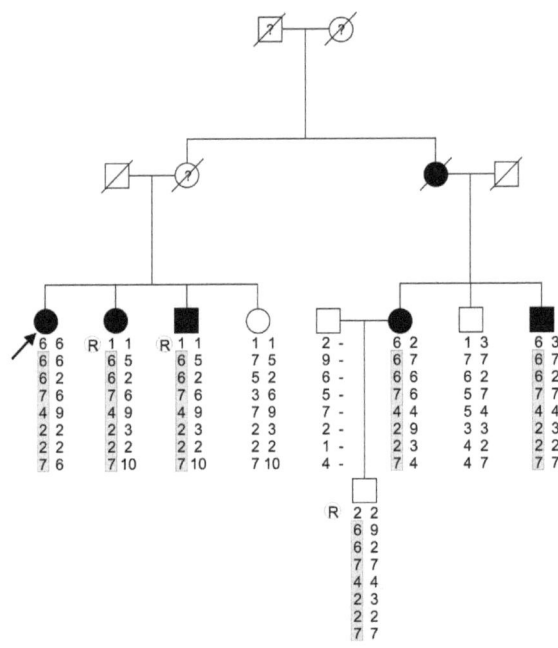

Abbildung A.41: Haplotypanalyse 8q24 (Familie R). Rekombinationen sind mit „®" gekennzeichnet.

A.3 Detaillierte Ergebnisse Kopplungsanalysen

Familie S

Familie S erstreckte sich über vier Generationen. Fünf Individuen (S.4.1, S.4.4., S.4.5, S.4.11, S.4.12) in der letzten Generation waren nicht genotypisiert und somit für die Kopplungsanalysen nicht informativ. Deshalb wurden diese Individuen bei den Kopplungsanalysen ausgeschlossen. Damit war das nicht genotypisierte Individuum S.3.5 ebenfalls nicht mehr notwendig und wurde entfernt. Die ersten beiden Generationen waren bereits verstorben und somit nicht genotypisiert. Für zwei der neun Individuen hatten die untersuchten Individuen aus den späteren Generationen einen Herzinfarkt angegeben. Die dritte Generation umfasste vier genotypisierte, an Herzinfarkt erkrankte Individuen und elf nicht erkrankte Individuen (acht davon genotypisiert). Die letzte Generation beinhaltete sieben weitere genotypisierte Individuen, bei denen bisher noch kein Herzinfarkt aufgetreten war. Zum Zeitpunkt der Untersuchung waren diese Individuen zwischen 25 und 46 Jahre alt und somit noch unter dem Erstmanifestationsalter von 59,8 Jahren (Standardabweichung: 2,8 Jahre) in dieser Familie. Das durchschnittliche Alter zum Zeitpunkt der Untersuchung betrug in in diesem Stammbaum 52 Jahre (Standardabweichung: 15,8 Jahre). Für den ELOD im dominanten Modell ergab sich 0,24 (Standardabweichung: 0,41). Der zugehörige maximale ELOD der Familie lag bei 1,01.

Für Familie S konnte in den Kopplungsanalysen kein Locus identifiziert werden, der mit dem Herzinfarkt kosegregierte.

A.3 Detaillierte Ergebnisse Kopplungsanalysen

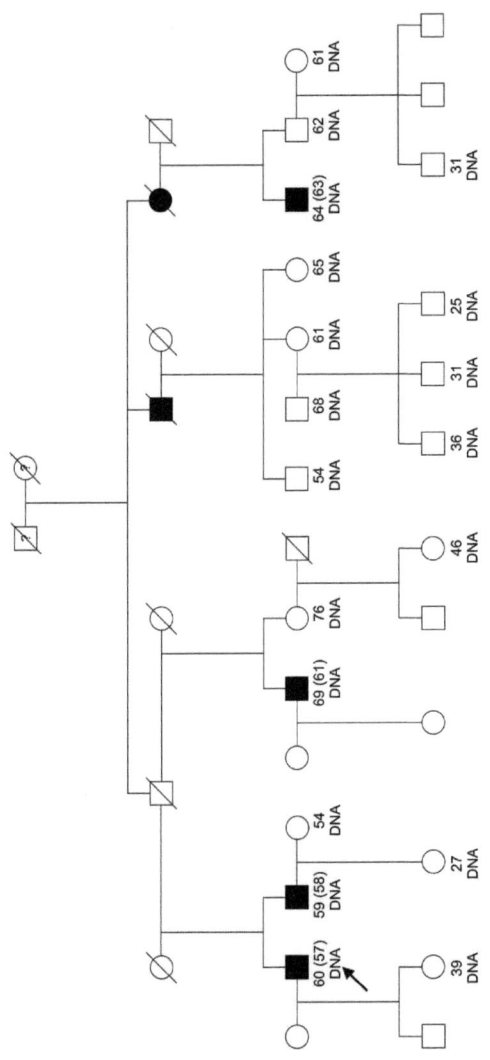

Abbildung A.42: Stammbaum der Familie S.

A.3 Detaillierte Ergebnisse Kopplungsanalysen

Familie T

Familie T war eine Familie über zwei Generationen und konnte somit auf keinen Fall das initiale Einschlusskriterium erfüllen. Da jedoch die Familie dem Ersten der reduzierten Einschlusskriterium („Mindestens drei lebende, an Herzinfarkt erkrankte Geschwister.") gerecht wurde, konnten trotzdem Kopplungsanalysen durchgeführt werden. Die Familie enthielt drei genotypisierte Individuen, die einen Herzinfarkt erlitten haben. Das mittlere Erstmanifestationsalter dieser Individuen war 62,7 Jahre (Standardabweichung: 3,2 Jahre). Ferner gehörten der Familie in jeder der beiden Generationen ein genotypisiertes und ein nicht genotypisiertes Individuum an, bei denen zum Zeitpunkt der Untersuchung noch kein Herzinfarkt vorlag. Das durchschnittliche Alter zum Untersuchungszeitpunkt in diesem Stammbaum betrug 72,8 Jahre (Standardabweichung: 3,8 Jahre).

Wie bei einer so kleinen Familie zu erwarten, war der ELOD im dominanten Modell mit 0,09 (Standardabweichung: 0,25) und der zugehörige MELOD mit 0,5 sehr klein.

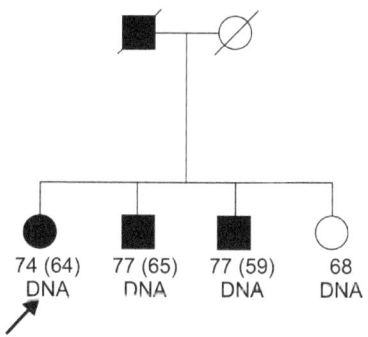

Abbildung A.43: Stammbaum der Familie T.

A.3 Detaillierte Ergebnisse Kopplungsanalysen

Die Kopplungsanalysen in Familie T zeigten, genau wie die in Familie R, einen Peak am Ende des langen Arms von Chromosoms 8. Der gemeinsame LOD-Score Verlauf ist in Abbildung 3.1 dargestellt.

An diesem Locus konnte in Familie T ein Haplotyp aus fünf Markern in allen betroffenen Individuen identifiziert werden. Die Ergebnisse der Haplotypanalyse sind in Abbildung A.44 dargestellt.

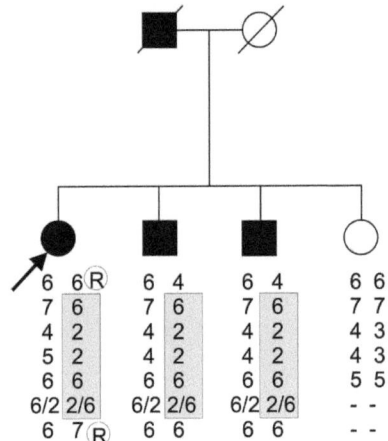

Abbildung A.44: Haplotypanalyse 8q24 (Familie T). Rekombinationen sind mit „Ⓡ" gekennzeichnet.

Familie U

Der Stammbaum U beinhaltete vier Generationen. Zunächst wurden die Individuen U.3.2, U.3.4, U.3.16, sowie U.4.11 aus der Familie entfernt, da diese nicht genotypisiert und damit auch nicht informativ für die Kopplungsanalysen waren. Im nächsten Schritt musste die Schleife aufgelöst werden. Als Schleifenbrecher bot sich das Individuum U.2.14 an, da es genotypisiert war und somit mehr Information trug als U.2.13. Es ergab sich nun eine Bilinearität. Unter der Annahme, dass alle Individuen den Herzinfarkt aufgrund der gleichen genetischen Variante erleiden, blieben in dieser Familie jedoch beide Eltern betroffen, da sie im ursprünglichen Stammbaum beide die genetische Variante trugen. Der für die Kopplungsanalysen verwendete Stammbaum enthielt insgesamt 61 Individuen. Die vier Individuen in der ersten Generation waren nicht genotypisiert und es lagen auch keine Informationen über einen Herzinfarkt vor. Die zweite Generation enthielt neun Individuen mit Herzinfarkt (davon vier genotypisiert). Da eines der genotypisierten Individuen als Schleifenbrecher fungierte, wurde es im Stammbaum zweimal aufgeführt, so dass insgesamt zehn Individuen in der zweiten Generation einen Herzinfarkt hatten. Darüber hinaus fanden sich in der zweiten Generation zehn Individuen (zwei davon genotypisiert), bei denen kein Herzinfarkt bekannt war. Die dritte Generation umfasste sechs Individuen mit Herzinfarkt (davon fünf genotypisiert), sowie 20 Individuen bei denen zum Untersuchungszeitpunkt kein Herzinfarkt vorlag (davon 19 genotypisiert). In der letzten Generation lagen elf genotypisierte Individuen, die zum Zeitpunkt der Untersuchung zwischen 29 und 46 Jahren alt waren, vor. Damit befanden sich diese Individuen unter dem mittleren Erstmanifestationsalter von 49,1 Jahren (Standardabweichung: 13,0 Jahre) in dieser Familie. Das durchschnittliche Untersuchungsalter in diesem Stammbaum betrug 50,0 Jahre (Standardabweichung: 15,0 Jahre).

Für den ELOD im dominanten Modell ergab sich 0,41 (Standardabweichung: 0,37). Der zugehörige maximale ELOD der Familie U lag bei 1,11.

Für Familie U konnte in den Kopplungsanalysen kein Locus identifiziert werden, der mit dem Herzinfarkt kosegregierte.

A.3 Detaillierte Ergebnisse Kopplungsanalysen

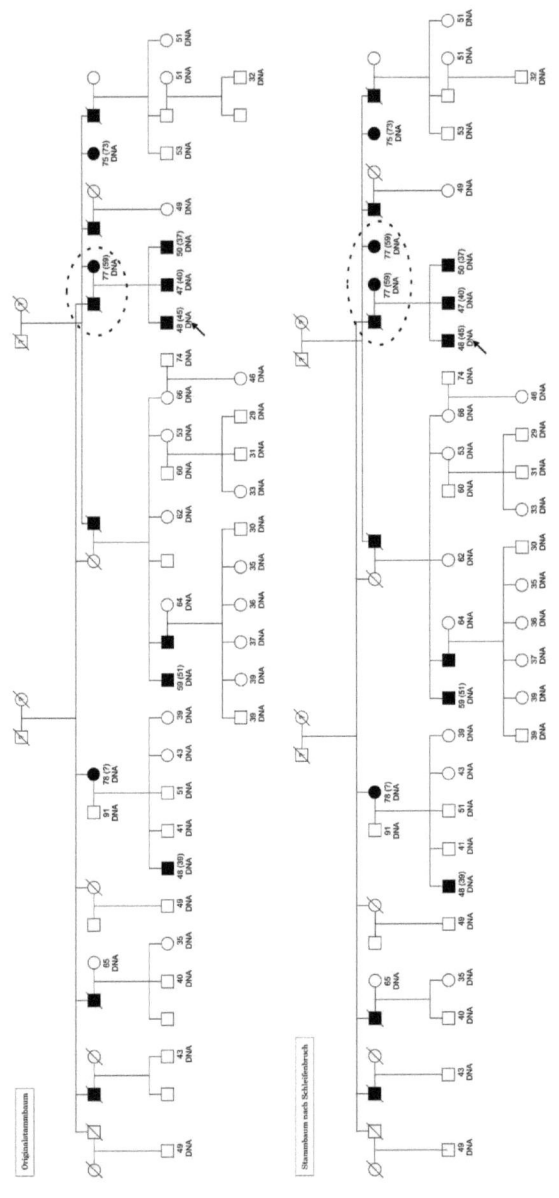

Abbildung A.45: Stammbaum der Familie U.

Familie V

Familie V erstreckte sich über vier Generationen und enthielt insgesamt 27 Individuen. Alle sechs Individuen der ersten beiden Generationen waren bereits verstorben. Für drei dieser Individuen hatten die Individuen aus der dritten Generation einen Herzinfarkt angegeben. Dieser Stammbaum besaß zwei Indexpatienten (V.3.1 und V.3.11), da die beiden Familienzweige zunächst unabhängig voneinander rekrutiert und erst später zusammengefügt wurden. Die dritte Generation umfasste sieben an Herzinfarkt erkrankte, genotypisierte Individuen (durchschnittliches Alter zum Zeitpunkt des ersten Herzinfarkts: 59,6 Jahre; Standardabweichung: 11,1 Jahre) und acht Individuen von denen kein Herzinfarkt bekannt ist (davon fünf genotypisiert). In der vierten Generation wurden sechs, bisher noch nicht an Herzinfarkt erkrankte, Individuen genotypisiert. Diese Individuen waren zwischen 31 und 51 Jahre alt und somit war nicht auszuschließen, dass sie später noch einen Herzinfarkt entwickeln. Das durchschnittliche Alter in in diesem Stammbaum betrug 60,9 Jahre (Standardabweichung: 16,2 Jahre).

Der ELOD im dominanten Modell war 0,20 (Standardabweichung: 0,43). Der zugehörige maximale ELOD der Familie lag bei 1,07.

Für Familie V konnte in den Kopplungsanalysen kein Locus identifiziert werden, der mit dem Herzinfarkt kosegregiert.

A.3 Detaillierte Ergebnisse Kopplungsanalysen

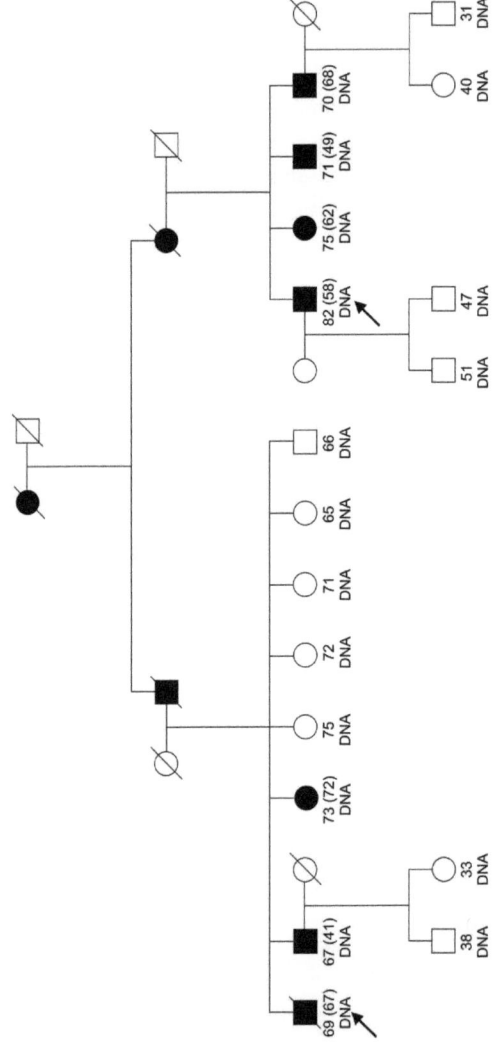

Abbildung A.46: Stammbaum der Familie V.

A.3 Detaillierte Ergebnisse Kopplungsanalysen

Familie W

Familie W bestand aus vier Generationen. Die Individuen W.2.9 und W.4.19 waren nicht genotypisiert und damit für die Kopplungsanalysen nicht informativ. Diese beiden Individuen und der Vater von W.4.19 (W.3.31) wurden aus diesem Grund entfernt. Alle 12 Individuen der ersten beiden Generationen waren bereits verstorben und damit auch nicht genotypisiert. Für zwei dieser Individuen hatten die Individuen aus der dritten Generation einen Herzinfarkt angegeben. Die dritte Generation umfasste 13 an Herzinfarkt erkrankte Individuen (davon neun genotypisiert) und 22 Individuen von denen kein Herzinfarkt bekannt war (davon 12 genotypisiert). In der vierten Generation waren alle 21 Individuen genotypisiert und zum Zeitpunkt der Untersuchung noch nicht an Herzinfarkt erkrankt. Das älteste dieser Individuen war 47 Jahre alt und somit war nicht auszuschließen, dass einige später noch einen Herzinfarkt entwickeln. Für das mittlere Erstmanifestationsalter ergab sich in diesem Stammbaum 57,1 Jahre (Standardabweichung: 9,1 Jahre). Das durchschnittliche Alter in diesem Stammbaum war 55,1 Jahre (Standardabweichung: 14,9 Jahre).
Für den ELOD im dominanten Modell ergab sich in dieser Familie 0,18 (Standardabweichung: 0,38). Der zugehörige maximale ELOD der Familie lag bei 1,9.
Für Familie W konnte in den Kopplungsanalysen kein Locus identifiziert werden, der mit dem Herzinfarkt kosegregiert.

A.3 Detaillierte Ergebnisse Kopplungsanalysen

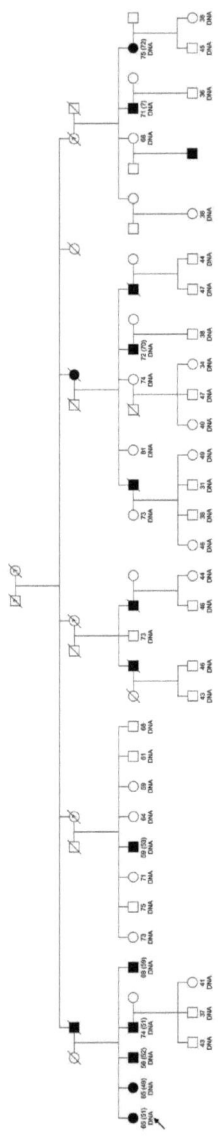

Abbildung A.47: Stammbaum der Familie W.

A.3 Detaillierte Ergebnisse Kopplungsanalysen

Familie X

Familie X erstreckte sich über drei Generationen und enthielt insgesamt 18 Individuen. Alle Individuen der ersten beiden Generationen waren bereits verstorben und somit konnte kein Blut entnommen werden. Nur für Individuum X.2.2 war eine Herzinfarkterkrankung bekannt. Die Individuen X.2.3, X.2.6 und X.2.7 in der zweiten Generation lieferten keine Informationen und wurden für alle weiteren Analysen aus dem Stammbaum entfernt. Die dritte Generation umfasste fünf an Herzinfarkt erkrankte Männer (durchschnittliches Alter zum Zeitpunkt des ersten Herzinfarkts: 58,2 Jahre; Standardabweichung: 8,7 Jahre), sowie einen Mann und drei Frauen, die bisher noch keinen Herzinfarkt erlitten hatten. Das durchschnittliche Alter in der dritten Generation betrug 62,8 Jahre (Standardabweichung: 5,1 Jahre). Für den ELOD im dominanten Modell ergab sich 0,25 (Standardabweichung: 0,45). Der zugehörige maximale ELOD der Familie lag bei 1,13.

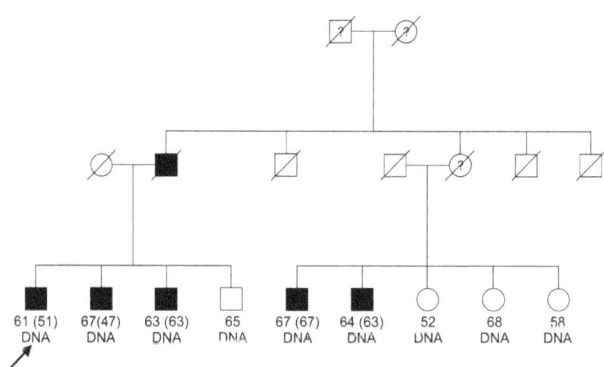

Abbildung A.48: Stammbaum der Familie X.

A.3 Detaillierte Ergebnisse Kopplungsanalysen

Die Kopplungsanalysen in Familie X auf Chromosom 1 zeigten bei den asymptotischen Statistiken und p-Werten drei Peaks auf dem ersten Chromosom. Die empirischen LOD-Scores und p-Werte, die in Abbildung A.49 dargestellt sind, legten jedoch die Vermutung nahe, dass der dritte Locus der relevante Locus in dieser Familie ist. Der maximale empirische LOD-Score an diesem Locus betrug im dominanten Modell 2,16 ($p_{emp} = 0,0008$). Der modellfreie Ansatz lieferte einen LOD-Score von 1,59 ($p_{emp} = 0,0034$).

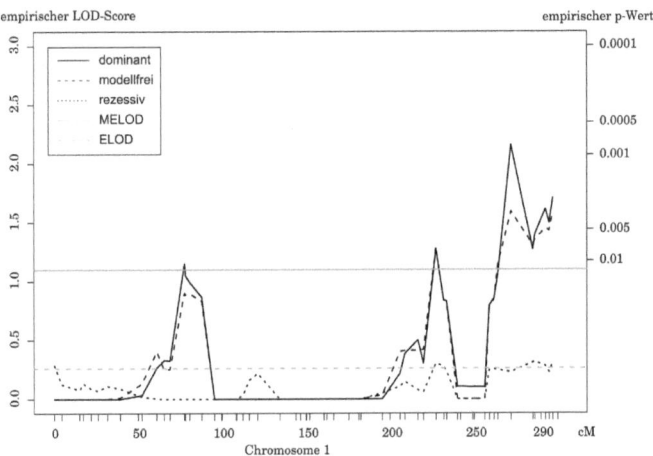

Abbildung A.49: Verlauf der LOD-Scores auf Chromosom 1 in Familie X. Dargestellt sind die empirischen LOD-Scores (linke y-Achse) und p-Werte (rechte y-Achse) des dominanten, rezessiven und modellfreien Modells, sowie der erwartete LOD-Score (ELOD) und der maximale erwartete LOD-Score (MELOD) des dominanten Modells. Auf der x-Achse ist die Position auf dem Chromosom in cM angegeben.

A.3 Detaillierte Ergebnisse Kopplungsanalysen

Die Ergebnisse der Hapoltypanalyse an diesem Locus sind in Abbildung A.50 dargestellt. Es konnte ein Haplotyp aus neun Markern in allen betroffenen Individuen identifiziert werden.

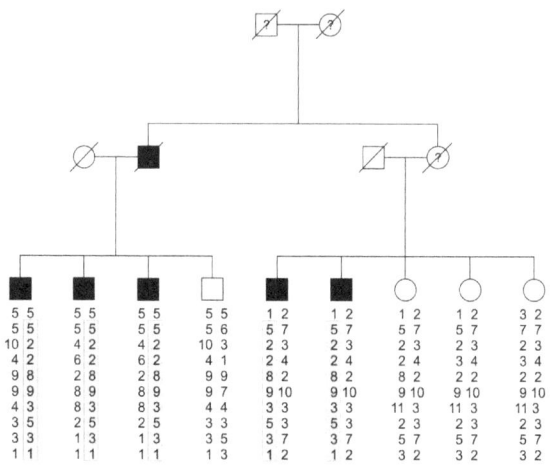

Abbildung A.50: Haplotypanalyse auf Chromosom 1q42 in Familie X.

Interessanterweise wurde dieser Locus bereits von Hauser et al. (2004) als möglicherweise relevant für frühe Formen der koronaren Herzkrankheit identifiziert. Ob die beiden ersten Loci möglicherweise auch relevant sind, konnte nicht komplett ausgeschlossen werden, da diese ebenfalls schon Kopplung zur Intima Media Dicke gezeigt haben (Fox et al., 2004).

Familie Y

Familie Y erstreckte sich ursprünglich über vier Generationen. Da im Nachhinein allerdings der Mann Y.3.1 seine Zustimmung verweigerte, erübrigten sich für die genetische Analyse auch die Eltern (Y.2.1 und Y.2.2) und Großeltern (Y.1.1 und Y.1.2) dieses Mannes, die die beiden Stammbaumzweige miteinander verbanden. Übrig blieb ein Stammbaum, der aus drei Generationen bestand und das klassische Einschlusskriterium nicht mehr erfüllte. Da auch keines der drei reduzierten Einschlusskriterien erfüllt war, wurden in dieser Familie keine Kopplungsanalysen durchführt.

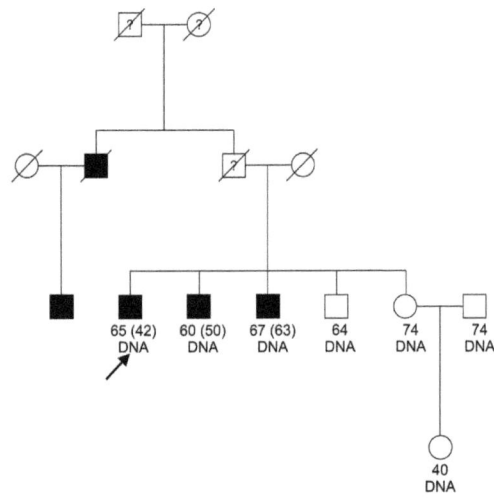

Abbildung A.51: Stammbaum der Familie Y.

Glossar

Aetiologie - Lehre von den Krankheitsursachen oder die einer Krankheit zugrunde liegende Ursache selbst.

Akutes Koronarsyndrom - Begriff, der die beiden kardiovaskulären Erkrankungen Herzinfarkt und Angina pectoris umfasst.

Allel - Varianten an einem genetischen Marker.

Angina pectoris - Häufig anfallartig auftretender Schmerz im Bereich des Brustkorbs, der auch als Brustenge bezeichnet wird.

Angiographie - Radiologische Darstellung von Blutgefäßen.

Atherosklerose - Ablagerung von Fett, Blutgerinnseln, Bindegewebe und Kalk in den Blutgefäßen.

Autosomal-dominante Vererbung - Bereits eine defekte genetische Variante auf einem der beiden Chromosomen ist ausreichend, damit die Krankheit zum Ausbruch kommt oder ein Merkmal ausgeprägt wird.

Autosomal-rezessive Vererbung - Zwei defekte genetische Varianten sind notwendig, damit die Krankheit zum Ausbruch kommt oder ein Merkmal ausgeprägt wird.

Bauchaortenaneurysma - Irreversible Verdünnung und Ausweitung der Gefäßwand der Aorta im Bauchraum.

Glossar

Copy Number Variations - Anzahl von Kopien einer bestimmten Teilsequenz innerhalb eines Genom (Abk: CNVs).

Deletion - Verlust eines DNA-Abschnittes.

Einzelnukleotid-Polymorphismus - Variationen an einzelnen Positionen auf dem Genom, die mit einer Häufigkeit von mindestens 1% in der Bevölkerung vorkommen (engl: single nucleotide polymorphism; Abk: SNP).

Elektrokardiogramm - Aufzeichnung der Summe der elektrischen Aktivitäten aller Herzmuskelfasern.

Elektrophysiologische Parameter - Parameter, die eine Aussage über Art und Mechanismus von Herzrhythmusstörungen treffen, z.B. Herzfrequenzvariabilität.

Epistase - Verschiedene Positionen auf dem Genom interagieren miteinander, z. B. wird die Expression des Merkmals eines Gens durch ein zweites Gen unterdrückt.

Erstmanifestationsalter - Alter zum Zeitpunkt des ersten Auftretens einer Erkrankung.

Exon - Kodierender Bereich eines Gens.

Expressivität - Gibt das Ausmaß der Merkmalausprägung durch ein Gen an und wird auch als Manifestationsstärke bezeichnet.

Familienanamnese - Vorkommen eines Merkmals oder einer Erkrankung bei Verwandten ersten und zweiten Grades.

Founder - Sind die Gründer der Familie und haben somit keine Eltern im Stammbaum.

Gen - Funktionelle Einheit, in der das Erbgut gespeichert ist.

Genotyp - Genetische Ausstattung eines Individuums.

GTP-Bindungsprotein - Protein, das an DNA bindet und in der Membran verankert ist. Proteine dieser Art sind für die Übertragung von Signalen verantwortlich.

Haplotyp - Variante einer Nukleotidsequenz auf ein und demselben Chromosom.

Heritabilität - Der Anteil der beobachteten Varianz eines Parameters, der durch genetische Faktoren erklärt wird.

Herzfrequenzvariabilität - Leichte Variabilität der Herzfrequenz von Schlag zu Schlag (Abk: HRV).

Heterogenität - Verschiedene Gene verursachen die gleiche Erkrankung in verschiedenen Personen. Hierbei wirken die Gene jeweils einzeln, nicht gemeinsam.

Heterosis Effekt - Das Risiko von Trägern des heterozygoten Genotyps ist niedriger oder höher als bei Trägern von einer der beiden homozygoten Genotypen.

Heterozygot - Die genetischen Positionen auf beiden DNA Strängen eines Individuums sind unterschiedlich.

Homozygot - Die genetischen Positionen auf beiden DNA Strängen eines Individuums sind identisch.

Identity by descent - Anzahl identisch vererbter Allele von einem gemeinsamen Vorfahren (Abk: IBD).

Identity by state - Anzahl identisch vererbter Allele von beliebigem gemeinsamen Vorfahren (Abk: IBS).

Indexpatient - Person, über die eine Familie rekrutiert wird.

Intima Media Dicke - Wanddicke der Hauptschlagader.

Glossar

Intrazellulärer Signaltransduktor - Überträgt Signale innerhalb einer Zelle.

Intron - Nicht-kodierender Bereich eines Gens.

Komplexe Erkrankung - Mehrere Gene und/oder Umweltfaktoren verursachen eine Erkrankung.

Kopplungsungleichgewicht - Nicht zufällige Assoziation zweier Allele an zwei oder mehreren Loci.

Koronare Revaskularisation - Chirurgische Verbesserung der Durchblutung minderversorgter Gewebe.

Locus - Eine spezifische Position auf einem Chromosom.

MAF - Häufigkeit des selten Allels (engl: minor allele frequency).

Manifestationszeitpunkt - Lebensalter bei Ausprägung des Merkmals.

Meiose - Besondere Form der Zellteilung, die nur bei Keimzellen abläuft und dazu dient, den diploiden Chromosomensatz der Urkeimzellen auf den haploiden Satz der Keimzellen zu reduzieren. Die Chromosomenzahl wird somit über alle Generationen hinweg konstant gehalten.

MiF - Häufigkeit der fehlenden Werte (engl: missing frequency).

MikroRNA - kurze RNA-Sequenzen, die bei der Genexpression von Bedeutung sind (Abk: miRNA).

Mikrosatellit - Kurze, meist aus zwei bis fünf Nukleotiden bestehende, nicht kodierende DNA-Sequenz, die im Genom oft wiederholt wird (engl: short tandem repeat; Abk: STR).

Glossar

Monogene Erkrankung - Die Ursache der Erkrankung ist auf ein einziges Gen zurückzuführen, das ein einziges Merkmal hervorruft. Es kann somit für die Erkrankung nur ein Erbgang bestimmt werden.

Multifaktorielle Erkrankung - Mehrere Genorte und mehrere nicht-genetische Faktoren sind gleichzeitig Ursache der Erkrankung.

Mutation - Zustand, der die Funktion eines Gens positiv oder negativ verändert.

Oligogen - Variationen in einigen Genen bewirken gemeinsam ein Merkmal.

Parameter der autonomen Aktivität des kardiovaskulären Systems - Marker, mit denen Rückschlüsse auf das autonome Nervensystem, welches wesentlich an der Koordination und Steuerung zahlreicher Organe und Organfunktionen beteiligt ist, gezogen werden können.

Parasympathikus - Teil des autonomen Nervensystems durch den vorwiegend Körperfunktionen gesteuert werden, die für die Regeneration des Organismus und damit für den Aufbau von Energiereserven zuständig sind.

Parodontitis - Bakterielle Infektion des Gewebes, das Zähne und Kieferknochen umgibt.

Pathogenese - Begriff, der die Entstehung einer physischen oder psychischen Erkrankung bzw. den Verlauf eines krankhaften Prozesses bis zu einer Erkrankung beschreibt.

Pathophysiologie - Lehre von den durch Krankheit veränderten Körperfunktionen. Sie beinhaltet die Untersuchung von Krankheitsentstehung und Krankheitsentwicklung.

Penetranz - Bedingte Wahrscheinlichkeit zu erkranken, wenn ein spezifischer Genotyp vorliegt.

Glossar

Periphere arterielle Verschlusskrankheit - Fortschreitende Verengung bzw. Verschluss der arteriellen Arm- oder Beingefäße.

Pharmakologie - Lehre der Wechselwirkungen zwischen Wirkstoffen und Lebewesen.

Phänokopie - Kopie des Merkmals, die durch nicht genetische Einflüsse entstanden ist. Das Individuum ist betroffen, obwohl es nicht die krankheitsverursachende Variante trägt. Somit ist die Erkrankung nicht auf die Nachkommen vererbbar.

Phänotyp - Messbares Merkmal eines Individuums.

Pleiotrophie - Ein Gen wirkt an mehreren, oft ganz unterschiedlichen Stellen im physiologischen Geschehen und ist somit für mehrere Symptome oder Phänotypen verantwortlich (=Polyphänie).

Polygen - Variationen in vielen Genen bewirken gemeinsam ein Merkmal.

Polymorphismus - Veränderung im Genom, die mit einer Häufigkeit von mindestens 1% in der Bevölkerung vorkommt.

Populationsstratifikation - Verzerrungen bei der statistischen Analyse, die sich durch die Mischung von Populationen unterschiedlicher ethnischer Herkunft und unterschiedlicher Erkrankungsraten ergeben.

Positiver Ischämienachweis - Verminderte oder aufgehobene Durchblutung des Herzens.

Power - Englischer Ausdruck für die Teststärke oder Macht eines statistischen Tests.

Prädisponierende Faktoren - Genetisch bedingte Anlagen oder Empfänglichkeiten für die Ausbildung von Krankheiten oder Symptomen.

Glossar

Publikationsverzerrung - Systematische Verzerrung in Richtung des positiven Effekts, die dadurch entsteht, dass Arbeiten mit positiven Ergebnissen leichter und eher veröffentlicht werden als Arbeiten mit negativen Ergebnissen (engl: publication bias).

Rekombination - Chromosomaler Segmentaustausch zwischen zwei homologen Chromosomen, der auch als Crossing Over bezeichnet wird.

Rekominationsfrequenz - Wahrscheinlichkeit für eine Rekombination und damit ein Maß für den Abstand zweier chromosomaler Abschnitte (Symbol: θ).

rMSSD - Mittlere absolute Differenz aufeinander folgender Herzperiodendauern.

RR-Intervall - Abstand zweier Herzschläge.

SDNNi - Mittelwert der Standardabweichung aller RR-Intervalle für alle 5-Minuten-Abschnitte bei einer 24 Stunden Aufzeichnung.

Sympathikus - Teil des autonomen Nervensystems durch den vorwiegend Körperfunktionen gesteuert werden, die den Körper in erhöhte Leistungsbereitschaft setzen und dabei den Abbau von Energiereserven zur Folge haben.

Transkriptionsfaktor - Kurze, regulatorische DNA-Sequenze, die die Transkription reguliert.

Tumorsupressorgen - Gen, dessen Produkt die unkontrollierte Teilung genomisch geschädigter Zellen unterdrückt und dadurch die Entstehung von Tumoren verhindern kann.

Literaturverzeichnis

Abecasis, G. R., Cherny, S. S., Cookson, W. O. & Cardon, L. R. (2002) Merlin – Rapid analysis of dense genetic maps using sparse gene flow trees. *Nat Genet*, 30(1): 97–101.

Akaike, H. (1974) A new look at the statistical model identification. *IEEE Trans Automatic Control*, AC–19: 716–23.

Altman, D. G. (1994) Problems in dichotomizing continuous variables. *Am J Epidemiol*, 139(4): 442–5.

Altmüller, J., Palmer, L. J., Fischer, G., Scherb, H. & Wjst, M. (2001) Genomewide scans of complex human diseases: True linkage is hard to find. *Am J Hum Genet*, 69(5): 936–50.

Anderson, C. A., Pettersson, F. H., Barrett, J. C., Zhuang, J. J., Ragoussis, J., Cardon, L. R. & Morris, A. P. (2008) Evaluating the effects of imputation on the power, coverage, and cost efficiency of genome-wide SNP platforms. *Am J Hum Genet*, 83(1): 112–9.

Armitage, P. (1955) Test for linear trend in proportions and frequencies. *Biometrics*, 11(3): 375–86.

Axenovich, T. I., Zorkoltseva, I. V., Liu, F., Kirichenko, A. V. & Aulchenko, Y. S. (2008) Breaking loops in large complex pedigrees. *Hum Hered*, 65(2): 57–65.

Bagos, P. G. & Nikolopoulos, G. K. (2007) A method for meta-analysis of case-control genetic association studies using logistic regression. *Stat Appl Genet Mol Biol*, 6: Article 17.

Böddeker, I. & Ziegler, A. (2000) Assoziations- und Kopplungsstudien zur Analyse von Kandidatengenen. *Dtsch Med Wochenschr*, 125(25–26): 810–5.

Blettner, M., Sauerbrei, W., Schlehofer, B., Scheuchenpflug, T. & Friedenreich, C. (1999) Traditional reviews, meta-analyses and pooled analyses in epidemiology. *Int J Epidemiol*, 28(1): 1–9.

Bochud, M., Chiolero, A., Elston, R. C. & Paccaud, F. (2008) A cautionary note on the use of mendelian randomization to infer causation in observational epidemiology. *Int J Epidemiol*, 37(2): 414–6; author reply 416–7.

Bonney, G. (1998) Regressive models. *Encyclopedia of Biostatistics*, 5: 3755–62.

Bröckel, U., Hengstenberg, C., Mayer, B., Holmer, S., Martin, L. J., Comuzzie, A. G., Blangero, J., Nürnberg, P., Reis, A., Riegger, G. A., Jacob, H. J. & Schunkert, H. (2002) A comprehensive linkage analysis for myocardial infarction and its related risk factors. *Nat Genet*, 30(2): 210–4.

Broadbent, H. M., Peden, J. F., Lorkowski, S., Goel, A., Ongen, H., Green, F., Clarke, R., Collins, R., Franzosi, M. G., Tognoni, G., Seedorf, U., Rust, S., Eriksson, P., Hamsten, A., Farrall, M. & Watkins, H. (2008) Susceptibility to coronary artery disease and diabetes is encoded by distinct, tightly linked SNPs in the ANRIL locus on chromosome 9p. *Hum Mol Genet*, 17(6): 806–14.

Brockwell, S. E. & Gordon, I. R. (2001) A comparison of statistical methods for meta-analysis. *Stat Med*, 20(6): 825–40.

Busjahn, A., Voss, A., Knoblauch, H., Knoblauch, M., Jeschke, E., Wessel, N., Bohlender, J., McCarron, J., Faulhaber, H. D., Schuster, H., Dietz, R. & Luft, F. C. (1998) Angiotensin-converting enzyme and angiotensinogen gene polymorphisms and heart rate variability in twins. *Am J Cardiol*, 81(6): 755–60.

Chatterjee, N. & Wacholder, S. (2009) Invited commentary: Efficient testing of gene-environment interaction. *Am J Epidemiol*, 169(2): 231–3; discussion 234–5.

Cochran, W. (1954) Some methods for strengthening the common χ^2 tests. *Biometrics*, 10: 417–54.

Cochran, W. (1994) The combination of estimates from different experiments. *Biometrics*, 10: 101–29.

Cohen, B. H. (1980) Chronic obstructive pulmonary disease: A challenge in genetic epidemiology. *Am J Epidemiol*, 112: 274–288.

Cohen, J. C., Boerwinkle, E., Mosley, T. H., J. & Hobbs, H. H. (2006) Sequence variations in PCSK9, low LDL, and protection against coronary heart disease. *N Engl J Med*, 354(12): 1264–72.

Cookson, W., Liang, L., Abecasis, G., Moffatt, M. & Lathrop, M. (2009) Mapping complex disease traits with global gene expression. *Nat Rev Genet*, 10(3): 184–94.

Cooper, R. S., Tayo, B. & Zhu, X. (2008) Genome-wide association studies: Implications for multiethnic samples. *Hum Mol Genet*, 17(R2): R151–5.

Cordell, H. J. (2009) Genome-wide association studies: Detecting gene-gene interactions that underlie human diseases. *Nat Rev Genet*, 10(2): 166.

Coronary Artery Disease Consortium (2009) Large scale association analysis of novel genetic loci for coronary artery disease. *Arterioscler Thromb Vasc Biol*, 29(5): 774–80.

Craddock, N., O'Donovan, M. C. & Owen, M. J. (2008) Genome-wide association studies in psychiatry: Lessons from early studies of non-psychiatric and psychiatric phenotypes. *Mol Psychiatry*, 13(7): 649–53.

Dadd, T., Weale, M. E. & Lewis, C. M. (2009) A critical evaluation of genomic control methods for genetic association studies. *Genet Epidemiol*, 33(4): 290–8.

de Bakker, P. I., Ferreira, M. A., Jia, X., Neale, B. M., Raychaudhuri, S. & Voight, B. F. (2008) Practical aspects of imputation-driven meta-analysis of genome-wide association studies. *Hum Mol Genet*, 17(R2): R122–8.

Donnelly, P. (2008) Progress and challenges in genome-wide association studies in humans. *Nature*, 456(7223): 728–31.

Dudbridge, F. & Gusnanto, A. (2008) Estimation of significance thresholds for genomewide association scans. *Genet Epidemiol*, 32(3): 227–34.

Duggal, P., Gillanders, E. M., Holmes, T. N. & Bailey-Wilson, J. E. (2008) Establishing an adjusted p-value threshold to control the family-wide type 1 error in genome wide association studies. *BMC Genomics*, 9(1): 516.

Elston, R. C., Lin, D. & Zheng, G. (2007) Multistage sampling for genetic studies. *Annu Rev Genomics Hum Genet*, 8: 327–42.

Elston, R. C. & Stewart, J. (1971) A general model for the genetic analysis of pedigree data. *Hum Hered*, 21(6): 523–42.

Erdmann, J., Großhennig, A., Braund, P. S., König, I. R., Hengstenberg, C., Hall, A. S., Linsel-Nitschke, P., Kathiresan, S., Wright, B., Trégouët, D.-A., Cambien, F., Bruse, P., Aherrahrou, Z., Wagner, A. K., Stark, K., Schwartz, S. M., Salomaa, V., Elosua, R., Melander, O., Voight, B. F., O'Donnell, C. J., Peltonen, L., Siscovick, D. S., Altshuler, D., Merlini, P. A., Peyvandi, F., Bernardinelli, L., Ardissino, D., Schillert, A., Blankenberg, S., Zeller, T., Wild, P., Schwarz, D. F., Tiret, L., Perret, C., Schreiber, S., El Mokhtari, N. E., Schäfer, A., März, W., Renner, W., Bugert, P., Klüter, H., Schrezenmeir, J., Rubin, D., Ball, S. G., Balmforth, A. J., Wichmann, H.-E., Meitinger, T., Fischer, M., Meisinger, C., Baumert, J., Peters, A., Ouwehand, W. H., Italian Atherosclerosis, Thrombosis, and Vascular Biology Working Group, Myocardial Infarction Genetics Consortium, Wellcome Trust Case Control Consortium, Cardiogenics, Deloukas, P., Thompson, J. R., Ziegler, A., Samani, N. J. & Schunkert, H. (2009) New susceptibility locus for coronary artery disease on chromosome 3q22.3. *Nat Genet*, 41(3): 280–2.

Erdmann, J. & Schunkert, H. (2007) Genetik der koronaren Herzkrankheit und des Herzinfarkts. *Medizinische Genetik*, 19(3): 316–20.

Farrall, M., Green, F. R., Peden, J. F., Olsson, P. G., Clarke, R., Hellenius, M. L., Rust, S., Lagercrantz, J., Franzosi, M. G., Schulte, H., Carey, A., Olsson, G., Assmann, G., Tognoni, G., Collins, R., Hamsten, A. & Watkins, H. (2006) Genome-wide mapping of susceptibility to coronary artery disease identifies a novel replicated locus on chromosome 17. *PLoS Genet*, 2(5): e72.

Fellay, J., Shianna, K. V., Ge, D., Colombo, S., Ledergerber, B., Weale, M., Zhang, K., Gumbs, C., Castagna, A., Cossarizza, A., Cozzi-Lepri, A., De Luca, A., Easterbrook, P., Francioli, P., Mallal, S., Martinez-Picado, J., Miro, J. M., Obel, N., Smith, J. P., Wyniger, J., Descombes, P., Antonarakis, S. E., Letvin, N. L., McMichael, A. J., Haynes, B. F., Telenti, A. & Goldstein, D. B. (2007) A whole-genome association study of major determinants for host control of HIV-1. *Science*, 317(5840): 944–7.

Fischer, M., Bröckel, U., Holmer, S., Bässler, A., Hengstenberg, C., Mayer, B., Erdmann, J., Klein, G., Riegger, G., Jacob, H. J. & Schunkert, H. (2005) Distinct heritable patterns of angiographic coronary artery disease in families with myocardial infarction. *Circulation*, 111(7): 855–62.

Fontanarosa, P. B., Pasche, B. & DeAngelis, C. D. (2008) Genetics and genomics for clinicians. *JAMA*, 299(11): 1364–5.

Fox, C. S., Cupples, L. A., Chazaro, I., Polak, J. F., Wolf, P. A., D'Agostino, R. B., Ordovas, J. M. & O'Donnell, C. J. (2004) Genomewide linkage analysis for internal carotid artery intimal medial thickness: Evidence for linkage to chromosome 12. *Am J Hum Genet*, 74(2): 253–61.

Freidlin, B., Zheng, G., Li, Z. & Gastwirth, J. L. (2002) Trend tests for case-control studies of genetic markers: Power, sample size and robustness. *Hum Hered*, 53(3): 146–52.

Gao, X., Becker, L. C., Becker, D. M., Starmer, J. D. & Province, M. A. (2010) Avoiding the high bonferroni penalty in genome-wide association studies. *Genet Epidemiol*, 34(1): 100–5.

Grundy, S. M., Cleeman, J. I., Merz, C. N., Brewer, H. B., J., Clark, L. T., Hunninghake, D. B., Pasternak, R. C., Smith, S. C., J. & Stone, N. J. (2004) Implications of recent clinical trials for the national cholesterol education program adult treatment panel III guidelines. *J Am Coll Cardiol*, 44(3): 720–32.

Gschwendtner, A., Bevan, S., Cole, J. W., Plourde, A., Matarin, M., Ross-Adams, H., Meitinger, T., Wichmann, E., Mitchell, B. D., Furie, K., Slowik, A., Rich, S. S., Syme, P. D., MacLeod, M. J., Meschia, J. F., Rosand, J., Kittner, S. J., Markus, H. S., Muller-

Myhsok, B. & Dichgans, M. (2009) Sequence variants on chromosome 9p21.3 confer risk for atherosclerotic stroke. *Ann Neurol*, 65(5): 531–9.

Haberl, R. & Steinbigler, P. (1999) Risikostratifizierung in der Kardiologie. *Dtsch Ärzteb*, 96(40): 2514–19.

Halperin, E. & Stephan, D. A. (2009) SNP imputation in association studies. *Nat Biotechnol*, 27(4): 349–51.

Han, B., Kang, H. M. & Eskin, E. (2009) Rapid and accurate multiple testing correction and power estimation for millions of correlated markers. *PLoS Genet*, 5(4): e1000456.

Hao, K., Chudin, E., McElwee, J. & Schadt, E. E. (2009) Accuracy of genome-wide imputation of untyped markers and impacts on statistical power for association studies. *BMC Genet*, 10: 27.

Hasstedt, S. J. (2005) JPAP: Document-driven software for genetic analysis. *Genet Epidemiol*, 29: 255.

Hauser, E. R., Crossman, D. C., Granger, C. B., Haines, J. L., Jones, C. J., Mooser, V., McAdam, B., Winkelmann, B. R., Wiseman, A. H., Muhlestein, J. B., Bartel, A. G., Dennis, C. A., Dowdy, E., Estabrooks, S., Eggleston, K., Francis, S., Roche, K., Clevenger, P. W., Huang, L., Pedersen, B., Shah, S., Schmidt, S., Haynes, C., West, S., Asper, D., Booze, M., Sharma, S., Sundseth, S., Middleton, L., Roses, A. D., Hauser, M. A., Vance, J. M., Pericak-Vance, M. A. & Kraus, W. E. (2004) A genomewide scan for early-onset coronary artery disease in 438 families: The GENECARD study. *Am J Hum Genet*, 75(3): 436–47.

Helgadottir, A., Thorleifsson, G., Manolescu, A., Gretarsdottir, S., Blondal, T., Jonasdottir, A., Jonasdottir, A., Sigurdsson, A., Baker, A., Palsson, A., Masson, G., Gudbjartsson, D. F., Magnusson, K. P., Andersen, K., Levey, A. I., Backman, V. M., Matthiasdottir, S., Jonsdottir, T., Palsson, S., Einarsdottir, H., Gunnarsdottir, S., Gylfason, A., Vaccarino, V., Hooper, W. C., Reilly, M. P., Granger, C. B., Austin, H., Rader, D. J., Shah, S. H., Quyyumi, A. A., Gulcher, J. R., Thorgeirsson, G., Thorsteinsdottir, U., Kong, A. & Stefansson, K. (2007) A common variant on chromosome 9p21 affects the risk of myocardial infarction. *Science*, 316(5830): 1491–3.

Higgins, J. P. & Thompson, S. G. (2002) Quantifying heterogeneity in a meta-analysis. *Stat Med*, 21(11): 1539–58.

Higgins, J. P., Thompson, S. G., Deeks, J. J. & Altman, D. G. (2003) Measuring inconsistency in meta-analyses. *BMJ*, 327(7414): 557–60.

Hirschhorn, J. N. & Daly, M. J. (2005) Genome-wide association studies for common diseases and complex traits. *Nat Rev Genet*, 6(2): 95–108.

Hirschhorn, J. N., Lohmüller, K., Byrne, E. & Hirschhorn, K. (2002) A comprehensive review of genetic association studies. *Genet Med*, 4(2): 45–61.

Horne, B. D., Camp, N. J., Muhlestein, J. B. & Cannon-Albright, L. A. (2006) Identification of excess clustering of coronary heart diseases among extended pedigrees in a genealogical population database. *Am Heart J*, 152(2): 305–11.

Hothorn, L. A. & Hothorn, T. (2009) Order-restricted scores test for the evaluation of population-based case-control studies when the genetic model is unknown. *Biom J*, 51(4): 659–69.

Howie, B. N., Donnelly, P. & Marchini, J. (2009) A flexible and accurate genotype imputation method for the next generation of genome-wide association studies. *PLoS Genet*, 5(6): e1000529.

Igl, B. W., König, I. R. & Ziegler, A. (2009) What do we mean by „replication" and „validation" in genome-wide association studies? *Hum Hered*, 67(1): 66–8.

International HapMap Consortium (2005) A haplotype map of the human genome. *Nature*, 437(7063): 1299–320.

Ioannidis, J. P., Thomas, G. & Daly, M. J. (2009) Validating, augmenting and refining genome-wide association signals. *Nat Rev Genet*, 10(5): 318–29.

Jarinova, O., Stewart, A. F., Roberts, R., Wells, G., Lau, P., Naing, T., Buerki, C., McLean, B. W., Cook, R. C., Parker, J. S. & McPherson, R. (2008) Functional analysis of the chromosome 9p21.3 coronary artery disease risk locus. *Arterioscler Thromb Vasc Biol*, 29(10): 1671–7.

Kathiresan, S., Melander, O., Anevski, D., Guiducci, C., Burtt, N. P., Roos, C., Hirschhorn, J. N., Berglund, G., Hedblad, B., Groop, L., Altshuler, D. M., Newton-Cheh, C. & Orho-Melander, M. (2008) Polymorphisms associated with cholesterol and risk of cardiovascular events. *N Engl J Med*, 358(12): 1240–9.

Kavvoura, F. K. & Ioannidis, J. P. (2008) Methods for meta-analysis in genetic association studies: A review of their potential and pitfalls. *Hum Genet*, 123(1): 1–14.

Kaye, J., Heeney, C., Hawkins, N., de Vries, J. & Boddington, P. (2009) Data sharing in genomics–re-shaping scientific practice. *Nat Rev Genet*, 10(5): 331–5.

Khoury, M. J., Beaty, T. H. & H., C. B. (1993) *Fundamentals of genetic epidemiology*. Oxford: University Press.

Khoury, M. J. & Wacholder, S. (2009) Invited commentary: From genome-wide association studies to gene-environment-wide interaction studies - Challenges and opportunities. *Am J Epidemiol*, 169(2): 227–30; discussion 234–5.

King, M. C., Lee, G. M., Spinner, N. B., Thomson, G. & Wrensch, M. R. (1984) Genetic epidemiology. *Annu Rev Public Health*, 5: 1–52.

Kleensang, A., Pahlke, F. & Ziegler, A. (2007) *Familienstudien in der Genetischen Epidemilogie: Ein Überblick*. Aachen: Shaker Verlag.

Kong, A. & Cox, N. J. (1997) Allele-sharing models: LOD scores and accurate linkage tests. *Am J Hum Genet*, 61(5): 1179–88.

Kraft, P. & Cox, D. G. (2008) Study designs for genome-wide association studies. *Adv Genet*, 60: 465–504.

Kraft, P., Wacholder, S., Cornelis, M. C., Hu, F. B., Hayes, R. B., Thomas, G., Hoover, R., Hunter, D. J. & Chanock, S. (2009) Beyond odds ratios - Communicating disease risk based on genetic profiles. *Nat Rev Genet*, 10(4): 264–9.

Kruglyak, L., Daly, M. J., Reeve-Daly, M. P. & Lander, E. S. (1996) Parametric and nonparametric linkage analysis: A unified multipoint approach. *Am J Hum Genet*, 58(6): 1347–63.

Kupper, N. H., Willemsen, G., van den Berg, M., de Boer, D., Posthuma, D., Boomsma, D. I. & de Geus, E. J. (2004) Heritability of ambulatory heart rate variability. *Circulation*, 110(18): 2792–6.

Lalouel, J. M., Rao, D. C., Morton, N. E. & Elston, R. C. (1983) A unified model for complex segregation analysis. *Am J Hum Genet*, 35(5): 816–26.

Lander, E. S. & Green, P. (1987) Construction of multilocus genetic linkage maps in humans. *Proc Natl Acad Sci USA*, 84(8): 2363–7.

Lange, K. & Elston, R. C. (1975) Extensions to pedigree analysis. I. Likehood calculations for simple and complex pedigrees. *Hum Hered*, 25(2): 95–105.

Lawlor, D. A., Harbord, R. M., Sterne, J. A., Timpson, N. & Davey Smith, G. (2008) Mendelian randomization: Using genes as instruments for making causal inferences in epidemiology. *Stat Med*, 27(8): 1133–63.

Lee, M. P., Hu, R. J., Johnson, L. A. & Feinberg, A. P. (1997) Human KVLQT1 gene shows tissue-specific imprinting and encompasses beckwith-wiedemann syndrome chromosomal rearrangements. *Nat Genet*, 15(2): 181–5.

Li, Y. & Abecasis, G. (2006) MACH 1.0: Rapid haplotype reconstruction and missing genotype inference. *Am J Hum Genet*, S79: 2290.

Lieb, W., Zeller, T., Mangino, M., Götz, A., Braund, P., Wenzel, J. J., Horn, C., Proust, C., Linsel-Nitschke, P., Amouyel, P., Bruse, P., Arveiler, D., König, I. R., Ferrières, J., Ziegler, A., Balmforth, A. J., Evans, A., Ducimetière, P., Cambien, F., Hengstenberg, C., Stark, K., Hall, A. S., Schunkert, H., Blankenberg, S., Samani, N. J., Erdmann, J. & Tiret, L. (2008) Lack of association of genetic variants in the LRP8 gene with familial and sporadic myocardial infarction. *J Mol Med*, 86(10): 1163–70.

Link, E., Parish, S., Armitage, J., Bowman, L., Heath, S., Matsuda, F., Gut, I., Lathrop, M. & Collins, R. (2008) SLCO1B1 variants and statin-induced myopathy - A genomewide study. *N Engl J Med*, 359(8): 789–99.

Linsel-Nitschke, P., Götz, A., Erdmann, J., Braenne, I., Braund, P., Hengstenberg, C., Stark, K., Fischer, M., Schreiber, S., El Mokhtari, N. E., Schäfer, A., Schrezenmeier,

J., Rubin, D., Hinney, A., Reinehr, T., Roth, C., Ortlepp, J., Hanrath, P., Hall, A. S., Mangino, M., Lieb, W., Lamina, C., Heid, I. M., Döring, A., Gieger, C., Peters, A., Meitinger, T., Wichmann, H.-E., König, I. R., Ziegler, A., Kronenberg, F., Samani, N. J., Schunkert, H., Wellcome Trust Case Control Consortium & Cardiogenics Consortium (2008a) Lifelong reduction of LDL-cholesterol related to a common variant in the LDL-receptor gene decreases the risk of coronary artery disease - A mendelian randomisation study. *PLoS ONE*, 3(8): e2986.

Linsel-Nitschke, P., Götz, A., Medack, A., König, I. R., Bruse, P., Lieb, W., Mayer, B., Stark, K., Hengstenberg, C., Fischer, M., Bässler, A., Ziegler, A., Schunkert, H. & Erdmann, J. (2008b) Genetic variation in the arachidonate 5-lipoxygenase-activating protein (ALOX5AP) is associated with myocardial infarction in the German population. *Clin Sci (Lond)*, 115(10): 309–15.

Löllgen, H. (1999) Neue Methoden in der kardialen Funktionsdiagnostik – Herzfrequenzvariabilität. *Dtsch Arzteb*, 96(31/32): 2029–32.

Lohmüller, K. E., Pearce, C. L., Pike, M., Lander, E. S. & Hirschhorn, J. N. (2003) Meta-analysis of genetic association studies supports a contribution of common variants to susceptibility to common disease. *Nat Genet*, 33(2): 177–82.

Lopez, A. D., Mathers, C. D., Ezzati, M., Jamison, D. T. & Murray, C. J. (2006) Global and regional burden of disease and risk factors, 2001: Systematic analysis of population health data. *Lancet*, 367(9524): 1747–57.

Mani, A., Radhakrishnan, J., Wang, H., Mani, A., Mani, M. A., Nelson-Williams, C., Carew, K. S., Mane, S., Najmabadi, H., Wu, D. & Lifton, R. P. (2007) LRP6 mutation in a family with early coronary disease and metabolic risk factors. *Science*, 315 (5816): 1278–82.

Mannila, M. N., Lovely, R. S., Kazmierczak, S. C., Eriksson, P., Samnegard, A., Farrell, D. H., Hamsten, A. & Silveira, A. (2007) Elevated plasma fibrinogen gamma' concentration is associated with myocardial infarction: Effects of variation in fibrinogen genes and environmental factors. *J Thromb Haemost*, 5(4): 766–73.

Mantel, N. & Haenszel, W. (1959) Statistical aspects of the analysis of data from retrospective studies of disease. *J Natl Cancer Inst*, 22: 719–48.

Marchini, J., Howie, B., Myers, S., McVean, G. & Donnelly, P. (2007) A new multipoint method for genome-wide association studies by imputation of genotypes. *Nat Genet*, 39(7): 906–13.

Marenberg, M. E., Risch, N., Berkman, L. F., Floderus, B. & de Faire, U. (1994) Genetic susceptibility to death from coronary heart disease in a study of twins. *N Engl J Med*, 330(15): 1041–6.

Maresso, K. & Bröckel, U. (2008) Genotyping platforms for mass-throughput genotyping with SNPs, including human genome-wide scans. *Adv Genet*, 60: 107–39.

Mayer, B., Erdmann, J. & Schunkert, H. (2007) Genetics and heritability of coronary artery disease and myocardial infarction. *Clin Res Cardiol*, 96(1): 1–7.

McCarroll, S. A. (2008) Extending genome-wide association studies to copy-number variation. *Hum Mol Genet*, 17(R2): R135–42.

McCarthy, M. I., Abecasis, G. R., Cardon, L. R., Goldstein, D. B., Little, J., Ioannidis, J. P. & Hirschhorn, J. N. (2008) Genome-wide association studies for complex traits: Consensus, uncertainty and challenges. *Nat Rev Genet*, 9(5): 356–69.

McCarthy, M. I. & Hirschhorn, J. N. (2008) Genome-wide association studies: Past, present and future. *Hum Mol Genet*, 17(R2): R100–1.

McPeek, M. S. & Sun, L. (2000) Statistical tests for detection of misspecified relationships by use of genome-screen data. *Am J Hum Genet*, 66(3): 1076–94.

McPherson, R., Pertsemlidis, A., Kavaslar, N., Stewart, A., Roberts, R., Cox, D. R., Hinds, D. A., Pennacchio, L. A., Tybjaerg-Hansen, A., Folsom, A. R., Boerwinkle, E., Hobbs, H. H. & Cohen, J. C. (2007) A common allele on chromosome 9 associated with coronary heart disease. *Science*, 316(5830): 1488–91.

McVean, G. A., Myers, S. R., Hunt, S., Deloukas, P., Bentley, D. R. & Donnelly, P. (2004) The fine-scale structure of recombination rate variation in the human genome. *Science*, 304(5670): 581–4.

Medina, I., Montaner, D., Bonifaci, N., Pujana, M. A., Carbonell, J., Tarraga, J.,

Literaturverzeichnis

Al-Shahrour, F. & Dopazo, J. (2009) Gene set-based analysis of polymorphisms: Finding pathways or biological processes associated to traits in genome-wide association studies. *Nucleic Acids Res*, 37(Web Server issue): W340–4.

Minelli, C., Thompson, J. R., Abrams, K. R., Thakkinstian, A. & Attia, J. (2005) The choice of a genetic model in the meta-analysis of molecular association studies. *Int J Epidemiol*, 34(6): 1319–28.

Minelli, C., Thompson, J. R., Tobin, M. D. & Abrams, K. R. (2004) An integrated approach to the meta-analysis of genetic association studies using mendelian randomization. *Am J Epidemiol*, 160(5): 445–52.

Morgan, T. M., Krumholz, H. M., Lifton, R. P. & Spertus, J. A. (2007) Nonvalidation of reported genetic risk factors for acute coronary syndrome in a large-scale replication study. *JAMA*, 297(14): 1551–61.

Morton, N. E. (1955) Sequential tests for the detection of linkage. *Am J Hum Genet*, 7(3): 277–318.

Morton, N. E. (1998) Significance levels in complex inheritance. *Am J Hum Genet*, 62(3): 690–7.

Morton, N. E. & Chung, C. S. (1978) *Genetic epidemiology*. New York: Academic Press.

Murcray, C. E., Lewinger, J. P. & Gauderman, W. J. (2009) Gene-environment interaction in genome-wide association studies. *Am J Epidemiol*, 169(2): 219–26.

Myers, R. H., Kiely, D. K., Cupples, L. A. & Kannel, W. B. (1990) Parental history is an independent risk factor for coronary artery disease: The Framingham study. *Am Heart J*, 120(4): 963–9.

Myocardial Infarction Genetics Consortium (2009) Genome-wide association of early-onset myocardial infarction with single nucleotide polymorphisms and copy number variants. *Nat Genet*, 41(3): 234–41.

Nica, A. C. & Dermitzakis, E. T. (2008) Using gene expression to investigate the genetic basis of complex disorders. *Hum Mol Genet*, 17(R2): R129–34.

O' Connell, J. R. & Weeks, D. E. (1998) PEDCHECK: A program for identification of genotype incompatibilities in linkage analysis. *Am J Hum Genet*, 63(1): 259–66.

Ott, J. (1989) Computer-simulation methods in human linkage analysis. *Proc Natl Acad Sci USA*, 86: 4175–78.

Pattaro, C., Marroni, F., Riegler, A., Mascalzoni, D., Pichler, I., Volpato, C. B., Dal Cero, U., De Grandi, A., Egger, C., Eisendle, A., Fuchsberger, C., Gogele, M., Pedrotti, S., Pinggera, G. K., Stefanov, S. A., Vogl, F. D., Wiedermann, C. J., Meitinger, T. & Pramstaller, P. P. (2007) The genetic study of three population microisolates in South Tyrol (MICROS): Study design and epidemiological perspectives. *BMC Med Genet*, 8: 29.

Pearson, T. A. & Manolio, T. A. (2008) How to interpret a genome-wide association study. *JAMA*, 299(11): 1335–44.

Pei, Y. F., Li, J., Zhang, L., Papasian, C. J. & Deng, H. W. (2008) Analyses and comparison of accuracy of different genotype imputation methods. *PLoS ONE*, 3(10): e3551.

Penrose, L. S. (1935) The detection of autosomal linkage in data which consist of pairs of brothers and sisters of unspecified parentage. *Ann Eugen*, 6: 133–38.

Plagnol, V., Cooper, J. D., Todd, J. A. & Clayton, D. G. (2007) A method to address differential bias in genotyping in large - Scale association studies. *PLoS Genet*, 3 (5): e74.

Purcell, S., Neale, B., Todd-Brown, K., Thomas, L., Ferreira, M. A., Bender, D., Maller, J., Sklar, P., de Bakker, P. I., Daly, M. J. & Sham, P. C. (2007) PLINK: A tool set for whole-genome association and population-based linkage analyses. *Am J Hum Genet*, 81(3): 559–75.

Ramachandran, V. S., Glazer, N. L., Felix, J. F., Lieb, W., Wild, P. S., Felix, S. B., Watzinger, N., Larson, M. G., Smith, N. L., Dehghan, A., Großhennig, A., Schillert, A., Teumer, A., Schmidt, R., Kathiresan, S., Lumley, T., Aulchenko, Y. S., König, I. R., Zeller, T., Homuth, G., Struchalin, M., Aragam, J., Bis, J. C., Rivadeneira, F., Erdmann, J., Schnabel, R. B., Dörr, M., Zweiker, R., Lind, L., Rodeheffer, R. J., Greiser,

K. H., Levy, D., Haritunians, T., Deckers, J. W., Stritzke, J., Lackner, K. J., Völker, U., Ingelsson, E., Kullo, I., Haerting, J., O'Donnell, C. J., Heckbert, S. R., Stricker, B. H., Ziegler, A., Reffelmann, T., Redfield, M. M., Werdan, K., Mitchell, G. F., Rice, K., Arnett, D., Hofman, A., Gottdiener, J. S., Uitterlinden, A. G., Meitinger, T., Blettner, M., Friedrich, N., Wang, T. J., Psaty, B. M., van Duijn, C. M., Wichmann, H.-E., Munzel, T. F., Kroemer, H. K., Benjamin, E. J., Rotter, J. I., Witteman, J. C., Schunkert, H., Schmidt, H., Völzke, H. & Blankenberg, S. (2009) Genetic variants associated with cardiac structure and function: A meta-analysis and replication of genome-wide association data. *JAMA*, 302(2): 168–78.

Rao, D. C. (1984) Editorial comment. *Genet Epidemiol*, 1: 5–6.

Risch, N. & Merikangas, K. (1996) The future of genetic studies of complex human diseases. *Science*, 273(5281): 1516–7.

Rogowski, W. H., Grosse, S. D. & Khoury, M. J. (2009) Challenges of translating genetic tests into clinical and public health practice. *Nat Rev Genet*, 10(7): 489–95.

Royston, P. & Sauerbrei, W. (2008) *Multivariable model-building: A pragmatic approach to regression analysis based on fractional polynomials for modelling continuous variables.* Weinheim: WILEY.

Sachs, L. & Hedderich, J. (2006) *Angewandte Statistik - Methodensammlung mit R.* Springer (Zwölfte, vollständig neu bearbeitete Auflage).

Samani, N. J., Erdmann, J., Hall, A. S., Hengstenberg, C., Mangino, M., Mayer, B., Dixon, R. J., Meitinger, T., Braund, P., Wichmann, H.-E., Barrett, J. H., König, I. R., Stevens, S. E., Szymczak, S., Tregouet, D. A., Iles, M. M., Pahlke, F., Pollard, H., Lieb, W., Cambien, F., Fischer, M., Ouwehand, W., Blankenberg, S., Balmforth, A. J., Bässler, A., Ball, S. G., Strom, T. M., Braenne, I., Gieger, C., Deloukas, P., Tobin, M. D., Ziegler, A., Thompson, J. R. & Schunkert, H. (2007) Genomewide association analysis of coronary artery disease. *N Engl J Med*, 357(5): 443–53.

Sandhu, M. S., Waterworth, D. M., Debenham, S. L., Wheeler, E., Papadakis, K., Zhao, J. H., Song, K., Yuan, X., Johnson, T., Ashford, S., Inouye, M., Luben, R., Sims, M., Hadley, D., McArdle, W., Barter, P., Kesaniemi, Y. A., Mahley, R. W., McPherson, R., Grundy, S. M., Bingham, S. A., Khaw, K. T., Loos, R. J., Waeber, G.,

Barroso, I., Strachan, D. P., Deloukas, P., Vollenweider, P., Wareham, N. J. & Mooser, V. (2008) LDL-cholesterol concentrations: A genome-wide association study. *Lancet*, 371(9611): 483–91.

Sasieni, P. D. (1997) From genotypes to genes: Doubling the sample size. *Biometrics*, 53(4): 1253–61.

Sauerbrei, W. & Royston, P. (1999) Building multivariable prognostic and diagnostic models: Transformation of the predictors by using fractional polynomials. *J R Statist Soc A*, 162: 71–94.

Schäfer, A. S., Richter, G. M., Groessner-Schreiber, B., Noack, B., Nothnagel, M., El Mokhtari, N. E., Loos, B. G., Jepsen, S. & Schreiber, S. (2009) Identification of a shared genetic susceptibility locus for coronary heart disease and periodontitis. *PLoS Genet*, 5(2): e1000378.

Schönberger, J. & Ertl, G. (2008) Monogenic heart disease. *Med Klin (Munich)*, 103(3): 166–74.

Schunkert, H., Götz, A., Braund, P., McGinnis, R., Trégouët, D.-A., Mangino, M., Linsel-Nitschke, P., Cambien, F., Hengstenberg, C., Stark, K., Blankenberg, S., Tiret, L., Ducimetière, P., Keniry, A., Ghori, M. J. R., Schreiber, S., El Mokhtari, N. E., Hall, A. S., Dixon, R. J., Goodall, A. H., Liptau, H., Pollard, H., Schwarz, D. F., Hothorn, L. A., Wichmann, H.-E., König, I. R., Fischer, M., Meisinger, C., Ouwehand, W., Deloukas, P., Thompson, J. R., Erdmann, J., Ziegler, A., Samani, N. J. & Consortium, C. (2008a) Repeated replication and a prospective meta-analysis of the association between chromosome 9p21.3 and coronary artery disease. *Circulation*, 117(13): 1675–84.

Schunkert, H., König, I. R. & Erdmann, J. (2008b) Molecular signatures of cardiovascular disease risk: Potential for test development and clinical application. *Mol Diagn Ther*, 12(5): 281–7.

Sebastiani, P., Timofeev, N., Dworkis, D. A., Perls, T. T. & Steinberg, M. H. (2009) Genome-wide association studies and the genetic dissection of complex traits. *Am J Hematol*, 84(8): 504–15.

Shen, G. Q., Li, L., Girelli, D., Seidelmann, S. B., Rao, S., Fan, C., Park, J. E., Xi, Q., Li, J., Hu, Y., Olivieri, O., Marchant, K., Barnard, J., Corrocher, R., Elston, R., Cassano, J., Henderson, S., Hazen, S. L., Plow, E. F., Topol, E. J. & Wang, Q. K. (2007) An LRP8 variant is associated with familial and premature coronary artery disease and myocardial infarction. *Am J Hum Genet*, 81(4): 780–91.

Shen, G. Q., Li, L., Rao, S., Abdullah, K. G., Ban, J. M., Lee, B. S., Park, J. E. & Wang, Q. K. (2008a) Four SNPs on chromosome 9p21 in a South Korean population implicate a genetic locus that confers high cross-race risk for development of coronary artery disease. *Arterioscler Thromb Vasc Biol*, 28(2): 360–5.

Shen, G. Q., Rao, S., Martinelli, N., Li, L., Olivieri, O., Corrocher, R., Abdullah, K. G., Hazen, S. L., Smith, J., Barnard, J., Plow, E. F., Girelli, D. & Wang, Q. K. (2008b) Association between four SNPs on chromosome 9p21 and myocardial infarction is replicated in an Italian population. *J Hum Genet*, 53(2): 144–50.

Sherr, C. J. (2000) Cell cycle control and cancer. *Harvey Lect*, 96: 73–92.

Sidàk, Z. (1967) Rectangular confidence regions for the means of multivariate normal distributions. *J Am Stat Assoc*, 62: 626–33.

Singh, J. P., Larson, M. G., O'Donnell, C. J. & Levy, D. (2001) Genetic factors contribute to the variance in frequency domain measures of heart rate variability. *Auton Neurosci*, 90(1-2): 122–6.

Singh, J. P., Larson, M. G., O'Donnell, C. J., Tsuji, H., Evans, J. C. & Levy, D. (1999) Heritability of heart rate variability: The Framingham Heart study. *Circulation*, 99 (17): 2251–4.

Sinnreich, R., Friedlander, Y., Luria, M. H., Sapoznikov, D. & Kark, J. D. (1999) Inheritance of heart rate variability: The Kibbutzim Family study. *Hum Genet*, 105(6): 654–61.

Sinnreich, R., Friedlander, Y., Sapoznikov, D. & Kark, J. D. (1998) Familial aggregation of heart rate variability based on short recordings - The Kibbutzim Family study. *Hum Genet*, 103(1): 34–40.

Literaturverzeichnis

Skol, A. D., Scott, L. J., Abecasis, G. R. & Boehnke, M. (2006) Joint analysis is more efficient than replication-based analysis for two-stage genome-wide association studies. *Nat Genet*, 38(2): 209–13.

Spencer, C. C., Su, Z., Donnelly, P. & Marchini, J. (2009) Designing genome-wide association studies: Sample size, power, imputation, and the choice of genotyping chip. *PLoS Genet*, 5(5): e1000477.

Steffens, M., Lamina, C., Illig, T., Bettecken, T., Vogler, R., Entz, P., Suk, E. K., Toliat, M. R., Klopp, N., Caliebe, A., König, I. R., Kohler, K., Ludemann, J., Diaz Lacava, A., Fimmers, R., Lichtner, P., Ziegler, A., Wolf, A., Krawczak, M., Nürnberg, P., Hampe, J., Schreiber, S., Meitinger, T., Wichmann, H.-E., Roeder, K., Wienker, T. F. & Baur, M. P. (2006) SNP-based analysis of genetic substructure in the German population. *Hum Hered*, 62(1): 20–9.

Strauch, K. (2002) *Kopplungsanalyse bei genetisch komplexen Erkrankungen mit genomischem Imprinting und Zwei-Genort-Krankheitsmodellen.* Medizinische Informatik, Biometrie und Epidemiologie 87.

Stricker, C., Fernando, R. L. & Elston, R. C. (1995) An algorithm to approximate the likelihood for pedigree data with loops cutting. *Theor Appl Genet*, 91: 1054–63.

Sun, L., Wilder, K. & McPeek, M. S. (2002) Enhanced pedigree error detection. *Hum Hered*, 54(2): 99–110.

Sutton, A. J., Abrams, K. R., Jones, D. R., Sheldon, T. A. & Song, F. (2000) *Methods for meta-analysis in medical research.* New York: John Wiley and Sons, Ltd.

Teo, Y. Y. (2008) Common statistical issues in genome-wide association studies: A review on power, data quality control, genotype calling and population structure. *Curr Opin Lipidol*, 19(2): 133–43.

Teo, Y. Y. (2010) Exploratory data analysis in large-scale genetic studies. *Biostatistics*, 11(1): 70–81.

Terwilliger, J. D. & Ott, J. (1994) *Handbook of human genetic linkage.* Baltimore (MD): Johns Hopkins University Press.

Trégouët, D.-A., König, I. R., Erdmann, J., Munteanu, A., Braund, P. S., Hall, A. S., Großhennig, A., Linsel-Nitschke, P., Perret, C., DeSuremain, M., Meitinger, T., Wright, B. J., Preuss, M., Balmforth, A. J., Ball, S. G., Meisinger, C., Germain, C., Evans, A., Arveiler, D., Luc, G., Ruidavets, J.-B., Morrison, C., van der Harst, P., Schreiber, S., Neureuther, K., Schäfer, A., Bugert, P., El Mokhtari, N. E., Schrezenmeir, J., Stark, K., Rubin, D., Wichmann, H.-E., Hengstenberg, C., Ouwehand, W., Wellcome Trust Case Control Consortium, Cardiogenics Consortium, Ziegler, A., Tiret, L., Thompson, J. R., Cambien, F., Schunkert, H. & Samani, N. J. (2009) Genome-wide haplotype association study identifies the SLC22A3-LPAL2-LPA gene cluster as a risk locus for coronary artery disease. *Nat Genet*, 41(3): 283–5.

Trikalinos, T. A., Salanti, G., Zintzaras, E. & Ioannidis, J. P. (2008) Meta-analysis methods. *Adv Genet*, 60: 311–34.

Uusitalo, A. L., Vanninen, E., Levalahti, E., Battie, M. C., Videman, T. & Kaprio, J. (2007) Role of genetic and environmental influences on heart rate variability in middle-aged men. *Am J Physiol Heart Circ Physiol*, 293(2): H1013–22.

Vasan, R. S., Larson, M. G., Aragam, J., Wang, T. J., Mitchell, G. F., Kathiresan, S., Newton-Cheh, C., Vita, J. A., Keyes, M. J., O'Donnell, C. J., Levy, D. & Benjamin, E. J. (2007) Genome-wide association of echocardiographic dimensions, brachial artery endothelial function and treadmill exercise responses in the Framingham Heart study. *BMC Med Genet*, 8(Suppl 1): S2.

Wain, L. V., Armour, J. A. & Tobin, M. D. (2009) Genomic copy number variation, human health, and disease. *Lancet*, 374(9686): 340–50.

Wang, L., Fan, C., Topol, S. E., Topol, E. J. & Wang, Q. (2003) Mutation of MEF2A in an inherited disorder with features of coronary artery disease. *Science*, 302(5650): 1578–81.

Wang, Q., Rao, S., Shen, G. Q., Li, L., Moliterno, D. J., Newby, L. K., Rogers, W. J., Cannata, R., Zirzow, E., Elston, R. C. & Topol, E. J. (2004) Premature myocardial infarction novel susceptibility locus on chromosome 1p34-36 identified by genomewide linkage analysis. *Am J Hum Genet*, 74(2): 262–71.

Wang, X., Ding, X., Su, S., Li, Z., Riese, H., Thayer, J. F., Treiber, F. & Snieder, H.

(2009) Genetic influences on heart rate variability at rest and during stress. *Psychophysiology*, 46(3): 458–65.

Wang, X., Thayer, J. F., Treiber, F. & Snieder, H. (2005) Ethnic differences and heritability of heart rate variability in African- and European American youth. *Am J Cardiol*, 96(8): 1166–72.

Weeks, D. E. & Lange, K. (1988) The affected-pedigree-member method of linkage analysis. *Am J Hum Genet*, 42(2): 315–26.

Weeks, D. E., Ott, J. & Lathrop, G. M. (1990) SLINK: A general simulation program for linkage analysis. *Am J Hum Genet*, 47: A204 (abstr).

Wellcome Trust Case Control Consortium (2007) Genome-wide association study of 14,000 cases of seven common diseases and 3,000 shared controls. *Nat Genet*, 447 (5): 443–53.

Wellek, S. (2004) Tests for establishing compatibility of an observed genotype distribution with Hardy-Weinberg equilibrium in the case of a biallelic locus. *Biometrics*, 60(3): 694–703.

Willer, C. J., Sanna, S., Jackson, A. U., Scuteri, A., Bonnycastle, L. L., Clarke, R., Heath, S. C., Timpson, N. J., Najjar, S. S., Stringham, H. M., Strait, J., Duren, W. L., Maschio, A., Busonero, F., Mulas, A., Albai, G., Swift, A. J., Morken, M. A., Narisu, N., Bennett, D., Parish, S., Shen, H., Galan, P., Meneton, P., Hercberg, S., Zelenika, D., Chen, W. M., Li, Y., Scott, L. J., Scheet, P. A., Sundvall, J., Watanabe, R. M., Nagaraja, R., Ebrahim, S., Lawlor, D. A., Ben-Shlomo, Y., Davey-Smith, G., Shuldiner, A. R., Collins, R., Bergman, R. N., Uda, M., Tuomilehto, J., Cao, A., Collins, F. S., Lakatta, E., Lathrop, G. M., Boehnke, M., Schlessinger, D., Mohlke, K. L. & Abecasis, G. R. (2008) Newly identified loci that influence lipid concentrations and risk of coronary artery disease. *Nat Genet*, 40(2): 161–9.

World Health Organization (2008) *World health statistics 2008*. World Health Organization.

Wrensch, M., Jenkins, R. B., Chang, J. S., Yeh, R. F., Xiao, Y., Decker, P. A., Ballman, K. V., Berger, M., Buckner, J. C., Chang, S., Giannini, C., Halder, C., Kollmeyer,

T. M., Kosel, M. L., LaChance, D. H., McCoy, L., O'Neill, B. P., Patoka, J., Pico, A. R., Prados, M., Quesenberry, C., Rice, T., Rynearson, A. L., Smirnov, I., Tihan, T., Wiemels, J., Yang, P. & Wiencke, J. K. (2009) Variants in the CDKN2B and RTEL1 regions are associated with high-grade glioma susceptibility. *Nat Genet,* 41(8): 905–8.

Ye, S., Willeit, J., Kronenberg, F., Xu, Q. & Kiechl, S. (2008) Association of genetic variation on chromosome 9p21 with susceptibility and progression of atherosclerosis: A population-based, prospective study. *J Am Coll Cardiol,* 52(5): 378–84.

Zeggini, E. & Ioannidis, J. P. (2009) Meta-analysis in genome-wide association studies. *Pharmacogenomics,* 10(2): 191–201.

Ziegler, A., König, I. R. & Thompson, J. R. (2008a) Biostatistical aspects of genome-wide association studies. *Biom J,* 50(1): 8–28.

Ziegler, A. & König, I. R. (2006) *A statistical approach to genetic epidemiology.* Weinheim: WILEY-VCH.

Ziegler, A., Pahlke, F. & König, I. R. (2008b) Comments on 'Mendelian randomization: Using genes as instruments for making causal inferences in epidemiology' by Debbie A. Lawlor, R. M. Harbord, J. A. Sterne, N. Timpson and G. DaveySmith. *Stat Med,* 27(15): 2974–6; author reply 2976–8.

Teupser, D., Baber, R., Ceglarek, U., Scholz, M., Illig, T., Gieger, C., Holdt, L. M., Leichtle, A., Greiser, K., Huster, D., ., Linsel-Nitschke, P., Schäfer, A., Braund, P., Tiret, L., Stark, K., Raaz-Schrauder, D., G.M., F., Wilfert, W., Beutner, F., Gielen, S., Großhennig, A., König, I., Lichtner, P., Heid, I. M., Kluttig, A., El Mokhtari, N., Rubin, D., Ekici, A. B., Reis, A., Garlichs, C., Hall, A. S., Matthes, G., Wittekind, C., Hengstenberg, C., Cambien, F., Schreiber, S., Werdan, K., Meitinger, T., Loeffler, M., Samani, N.-J., Erdmann, J., Wichmann, H., Schunkert, H. & Thiery, J. (2010) Genetic regulation of serum phytosterol levels and risk of coronary artery disease. *Circ Cardiovasc Genet.,* 3(4): 331–9.

Publikationsverzeichnis

Zeitschriftenartikel

Aherrahrou, Z., Doehring, L. C., Kaczmarek, P. M., Liptau, H., Ehlers, E.-M., Pomarino, A., Wrobel, S., **Götz, A.**, Mayer, B., Erdmann, J. & Schunkert, H. (2007) Ultrafine mapping of DYSCALC1 to an 80-kb chromosomal segment on chromosome 7 in mice susceptible for dystrophic calcification. *Physiol Genomics*, 28(2): 203–12.

Coronary Artery Disease Consortium* (2009) Large scale association analysis of novel genetic loci for coronary artery disease. *Arterioscler Thromb Vasc Biol*, 29(5): 774–80.
*Autoren in alphabetischer Reihenfolge: Amouyel, P.; Arveiler, D. S.; Boekholdt, M.; Braund, P.; Bruse, P.; Bumpstead, S. J.; Bugert, P.; Cambien, F.; Danesh, J.; Deloukas, P.; Döring, A.; Ducimetière, P.; Dunn R. M.; El Mokhtari, N. E.; Erdmann, J.; Evans, A.; Ewels, P.; Ferrières, J.; Fischer, M.; Frossard, P.; Garner, S.; Gieger, C.; Gohri, M. J.R.; Goodall, A. H.; **Großhennig, A.**; Hall, A.; Hardwick, R.; Haukijärvi, A.; Hengstenberg, C.; Illig, T.; Karvanen, J.; Kastelein, J.; Kee, F.; Khaw, K.-T.; Klüter, H.; König, I. R.; Kuulasmaa, K.; Laiho, P.; Luc, G.; März, W.; McGinnis, R.; McLaren, W.; Meisinger, C.; Morrison, C.; Ou, X.; Ouwehand, W. H.; Preuss, M.; Proust, C.; Ravindrarajah, R.; Renner, W.; Rice, K.; Ruidavets, J.-B.; Saleheen, D.; Salomaa, V.; Samani, N. J.; Sandhu, M. S.; Schäfer, A.; Scholz, M.; Schreiber, S.; Schunkert, H.; Silander, K.; Singh, R.; Soranzo, N.; Stark, K.; Stegmayr, B.; Stephens, J.; Thompson, J. R.; Tiret, L.; Trip, M. D.; van der Schoot, E.; Virtamo, J.; Wareham, N. J.; Wichmann, H.-E.; Wiklund, P.-G.; Wright, B.; Ziegler, A.; Zwaginga, J.-J.

Erdmann, J., **Großhennig, A.**, Braund, P. S., König, I. R., Hengstenberg, C., Hall, A. S., Linsel-Nitschke, P., Kathiresan, S., Wright, B., Trégouët, D.-A., Cambien, F.,

Bruse, P., Aherrahrou, Z., Wagner, A. K., Stark, K., Schwartz, S. M., Salomaa, V., Elosua, R., Melander, O., Voight, B. F., O'Donnell, C. J., Peltonen, L., Siscovick, D. S., Altshuler, D., Merlini, P. A., Peyvandi, F., Bernardinelli, L., Ardissino, D., Schillert, A., Blankenberg, S., Zeller, T., Wild, P., Schwarz, D. F., Tiret, L., Perret, C., Schreiber, S., El Mokhtari, N. E., Schäfer, A., März, W., Renner, W., Bugert, P., Klüter, H., Schrezenmeir, J., Rubin, D., Ball, S. G., Balmforth, A. J., Wichmann, H.-E., Meitinger, T., Fischer, M., Meisinger, C., Baumert, J., Peters, A., Ouwehand, W. H., Italian Atherosclerosis, Thrombosis, and Vascular Biology Working Group, Myocardial Infarction Genetics Consortium, Wellcome Trust Case Control Consortium, Cardiogenics, Deloukas, P., Thompson, J. R., Ziegler, A., Samani, N. J. & Schunkert, H. (2009) New susceptibility locus for coronary artery disease on chromosome 3q22.3. *Nat Genet*, 41(3): 280–2.

Lieb*, W., Graf*, J., **Götz, A.**, König, I. R., Mayer, B., Fischer, M., Stritzke, J., Hengstenberg, C., Holmer, S. R., Döring, A., Löwel, H., Schunkert, H. & Erdmann, J. (2006) Association of angiotensin-converting enzyme 2 (ACE2) gene polymorphisms with parameters of left ventricular hypertrophy in men. Results of the MONICA Augsburg echocardiographic substudy. *J Mol Med*, 84(1): 88–96.
*geteilte Erstautorenschaft

Lieb, W., Mayer, B., König, I. R., Borwitzky, I., **Götz, A.**, Kain, S., Hengstenberg, C., Linsel-Nitschke, P., Fischer, M., Döring, A., Wichmann, H.-E., Meitinger, T., Kreutz, R., Ziegler, A., Schunkert, H. & Erdmann, J. (2008) Lack of association between the MEF2A gene and myocardial infarction. *Circulation*, 117(2): 185–91.

Lieb*, W., Zeller*, T., Mangino*, M., **Götz, A.**, Braund, P., Wenzel, J. J., Horn, C., Proust, C., Linsel-Nitschke, P., Amouyel, P., Bruse, P., Arveiler, D., König, I. R., Ferrières, J., Ziegler, A., Balmforth, A. J., Evans, A., Ducimetière, P., Cambien, F., Hengstenberg, C., Stark, K., Hall, A. S., Schunkert, H., Blankenberg, S., Samani, N. J., Erdmann**, J. & Tiret**, L. (2008) Lack of association of genetic variants in the LRP8 gene with familial and sporadic myocardial infarction. *J Mol Med*, 86 (10): 1163–70.
*geteilte Erstautorenschaft, ** geteilte und Letztautorenschaft

Linsel-Nitschke, P., **Götz, A.**, Erdmann, J., Braenne, I., Braund, P., Hengstenberg, C., Stark, K., Fischer, M., Schreiber, S., El Mokhtari, N. E., Schäfer, A., Schrezenmeier,

J., Rubin, D., Hinney, A., Reinehr, T., Roth, C., Ortlepp, J., Hanrath, P., Hall, A. S., Mangino, M., Lieb, W., Lamina, C., Heid, I. M., Döring, A., Gieger, C., Peters, A., Meitinger, T., Wichmann, H.-E., König, I. R., Ziegler, A., Kronenberg, F., Samani, N. J., Schunkert, H., Wellcome Trust Case Control Consortium & Cardiogenics Consortium (2008) Lifelong reduction of LDL-cholesterol related to a common variant in the LDL-receptor gene decreases the risk of coronary artery disease - A mendelian randomisation study. *PLoS ONE*, 3(8): e2986.

Linsel-Nitschke*, P., **Götz***, **A.**, Medack, A., König, I. R., Bruse, P., Lieb, W., Mayer, B., Stark, K., Hengstenberg, C., Fischer, M., Bässler, A., Ziegler, A., Schunkert, H. & Erdmann, J. (2008) Genetic variation in the arachidonate 5-lipoxygenase-activating protein (ALOX5AP) is associated with myocardial infarction in the German population. *Clin Sci (Lond)*, 115(10): 309–15.
*geteilte Erstautorenschaft

Mayer, B., Lieb, W., **Götz, A.**, König, I. R., Aherrahrou, Z., Thiemig, A., Holmer, S., Hengstenberg, C., Doering, A., Loewel, H., Hense, H.-W., Schunkert, H. & Erdmann, J. (2005) Association of the T8590C polymorphism of CYP4A11 with hypertension in the MONICA Augsburg echocardiographic substudy. *Hypertension*, 46(4): 766–71.

Mayer*, B., Lieb*, W., **Götz, A.**, König, I. R., Kauschen, L. F., Linsel-Nitschke, P., Pomarino, A., Holmer, S., Hengstenberg, C., Döring, A., Löwel, H., Hense, H.-W., Ziegler, A., Erdmann, J. & Schunkert, H. (2006) Association of a functional polymorphism in the CYP4A11 gene with systolic blood pressure in survivors of myocardial infarction. *J Hypertens*, 24(10): 1965–70.
*geteilte Erstautorenschaft

Mayer, B., Lieb, W., Radke, P. W., **Götz, A.**, Fischer, M., Bässler, A., Döhring, L. C., Aherrahrou, Z., Liptau, H., Erdmann, J., Holmer, S., Hense, H.-W., Hengstenberg, C. & Schunkert, H. (2007) Association between arterial pressure and coronary artery calcification. *J Hypertens*, 25(8): 1731–8.

Myocardial Infarction Genetics Consortium* (2009) Genome-wide association of early-onset myocardial infarction with single nucleotide polymorphisms and co-

py number variants. *Nat Genet*, 41(3): 234–41.
*Autoren in alphabetischer Reihenfolge: Altshuler, D.; Anand, S.; Ardissino, D.; Asselta, R.; Ball, S. G.; Balmforth, A. J.; Berger, K.; Berglund, G.; Bernardi, F.; Bernardinelli, L.; Berzuini, C.; Braund, P. S.; Burnett, M.-S.; Burtt, N.; Cambien, F.; Casari, G.; Celli, P.; Chen, Z.; Corrocher, R.; Daly, M. J.; Deloukas, P.; Devaney, J.; Do, R.; Duga, S.; Elosua, R.; Engert, J. C.; Epstein, S. E.; Erdmann, J.; Ferrario, M.; Fetiveau, R.; Fischer, M.; Friedlander, Y.; Gabriel, S. B.; Galli, M.; Gianniny, L.; Girelli, D.; **Großhennig, A.**; Guiducci, C.; Hakonarson, H. H.; Hall, A. S.; Havulinna, A. S.; Hengstenberg, C.; Hirschhorn, J. N. ; Hólm, H.; Huge, A.; Kathiresan, S.; Kent, K. M.; Knouff, C. W.; König, I. R.; Korn, J. M.; Li, M.; Lieb, W.; Lindsay, J. M.; Linsel-Nitschke, P.; Lucas, G.; MacRae, C. A.; Mannucci, P. M.; Marrugat, J.; Martinelli, N.; Marziliano, N.; Matthai, W.; McCarroll, S. A.; McKeown, P. P.; Meigs, J. B.; Melander, O.; Merlini, P. A.; Mirel, D.; Mooser, V.; Morgan, T.; Musunuru, K.; Nathan, D. M.; Nemesh, J.; O'Donnell, C. J.; Olivieri, O.; Ouwehand, W. ; Parkin, M.; Patterson, C. C.; Peltonen, L.; Peyvandi, F.; Piazza, A.; Pichard, A. D.; Preuss, M. ; Purcell, S.; Qasim, A.; Rader, D. J.; Ramos, R.; Reilly, M. P.; Ribichini, F.; Rossi, M.; Sala, J.; Salomaa, V.; Samani, N. J.; Satler, L.; Scheffold, T.; Scholz, M.; Schreiber, S.; Schunkert, H.; Schwartz, S. M.; Siscovick, D. S.; Spertus, J. A.; Spreafico, M.; Stark, K.; Stefansson, K.; Stoll, M.; Subirana, I.; Surti, A.; Thompson, J. R.; Thorleifsson, G.; Thorsteinsdottir, U.; Tubaro, M.; Voight, B. F.; Waksman, R.; Walker, M. C.; Waterworth, D. M.; Wichmann, H.-E.; Wilensky, R.; Williams, G.; Wright, B. J.; Xie, C.; Yee, J.; Ziegler, A.; Zonzin, P.

Ramachandran, V. S., Glazer, N. L., Felix, J. F., Lieb, W., Wild, P. S., Felix, S. B., Watzinger, N., Larson, M. G., Smith, N. L., Dehghan, A., **Großhennig, A.**, Schillert, A., Teumer, A., Schmidt, R., Kathiresan, S., Lumley, T., Aulchenko, Y. S., König, I. R., Zeller, T., Homuth, G., Struchalin, M., Aragam, J., Bis, J. C., Rivadeneira, F., Erdmann, J., Schnabel, R. B., Dörr, M., Zweiker, R., Lind, L., Rodeheffer, R. J., Greiser, K. H., Levy, D., Haritunians, T., Deckers, J. W., Stritzke, J., Lackner, K. J., Völker, U., Ingelsson, E., Kullo, I., Haerting, J., O'Donnell, C. J., Heckbert, S. R., Stricker, B. H., Ziegler, A., Reffelmann, T., Redfield, M. M., Werdan, K., Mitchell, G. F., Rice, K., Arnett, D., Hofman, A., Gottdiener, J. S., Uitterlinden, A. G., Meitinger, T., Blettner, M., Friedrich, N., Wang, T. J., Psaty, B. M., van Duijn, C. M., Wichmann, H.-E., Munzel, T. F., Kroemer, H. K., Benjamin, E. J., Rotter, J. I., Witteman, J. C., Schunkert, H., Schmidt, H., Völzke, H. & Blankenberg, S. (2009) Genetic variants associated with cardiac structure and function: A meta-analysis and replication of genome-wide association data. *JAMA*, 302(2): 168–78.

Samani*, N. J., Braund*, P. S., Erdmann*, J., **Götz, A.**, Tomaszewski, M., Linsel-Nitschke, P., Hajat, C., Mangino, M., Hengstenberg, C., Stark, K., Ziegler, A., Caulfield, M., Burton, P. R., Schunkert, H. & Tobin, M. D. (2008) The novel genetic variant predisposing to coronary artery disease in the region of the PSRC1 and CELSR2 genes on chromosome 1 associates with serum cholesterol. *J Mol Med*, 86(11): 1233–41.
*geteilte Erstautorenschaft

Schunkert, H., **Götz, A.**, Braund, P., McGinnis, R., Trégouët, D.-A., Mangino, M., Linsel-Nitschke, P., Cambien, F., Hengstenberg, C., Stark, K., Blankenberg, S., Tiret, L., Ducimetière, P., Keniry, A., Ghori, M. J. R., Schreiber, S., El Mokhtari, N. E., Hall, A. S., Dixon, R. J., Goodall, A. H., Liptau, H., Pollard, H., Schwarz, D. F., Hothorn, L. A., Wichmann, H.-E., König, I. R., Fischer, M., Meisinger, C., Ouwehand, W., Deloukas, P., Thompson, J. R., Erdmann, J., Ziegler, A., Samani, N. J. & Consortium, C. (2008) Repeated replication and a prospective meta-analysis of the association between chromosome 9p21.3 and coronary artery disease. *Circulation*, 117(13): 1675–84.

Teupser, D., Baber, R., Ceglarek, U., Scholz, M., Illig, T., Gieger, C., Holdt, L. M., Leichtle, A., Greiser, K., Huster, D, ., Linsel-Nitschke, P., Schäfer, A., Braund, P., Tiret, L., Stark, K., Raaz-Schrauder, D., G.M., F., Wilfert, W., Beutner, F., Gielen, S., **Großhennig, A.**, König, I., Lichtner, P., Heid, I. M., Kluttig, A., El Mokhtari, N., Rubin, D., Ekici, A. B., Reis, A., Garlichs, C., Hall, A. S., Matthes, G., Wittekind, C., Hengstenberg, C., Cambien, F., Schreiber, S., Werdan, K., Meitinger, T., Loeffler, M., Samani, N.-J., Erdmann, J., Wichmann, H., Schunkert, H. & Thiery, J. (2010) Genetic regulation of serum phytosterol levels and risk of coronary artery disease. *Circ Cardiovasc Genet.*, 3(4): 331–9.

Trégouët, D.-A., König, I. R., Erdmann, J., Munteanu, A., Braund, P. S., Hall, A. S., **Großhennig, A.**, Linsel-Nitschke, P., Perret, C., DeSuremain, M., Meitinger, T., Wright, B. J., Preuss, M., Balmforth, A. J., Ball, S. G., Meisinger, C., Germain, C., Evans, A., Arveiler, D., Luc, G., Ruidavets, J.-B., Morrison, C., van der Harst, P., Schreiber, S., Neureuther, K., Schäfer, A., Bugert, P., El Mokhtari, N. E., Schrezenmeir, J., Stark, K., Rubin, D., Wichmann, H.-E., Hengstenberg, C., Ouwehand,

W., Wellcome Trust Case Control Consortium, Cardiogenics Consortium, Ziegler, A., Tiret, L., Thompson, J. R., Cambien, F., Schunkert, H. & Samani, N. J. (2009) Genome-wide haplotype association study identifies the SLC22A3-LPAL2-LPA gene cluster as a risk locus for coronary artery disease. *Nat Genet*, 41(3): 283–5.

Kongressbeiträge (Auszug)

Aherrahrou, Z., Döhring, L. C., Kaczmarek, P. M., Ehlers, E.-M., Pomarino, A., **Götz, A.**, Mayer, B., Erdmann, J. & Schunkert, H. (2006) Identification of candidate genes within the DYSCALC1 region using a chromosomal segment expression profile. *Circulation*, 114(18): II–304.

Braund, P. S., Erdmann, J., D., T. M., **Götz, A.**, Tomaszewski, M., Linsel-Nitschke, P., Hajat, C., Hengstenberg, C., Schunkert, H. & J., S. N. (2008) A recently identified genetic variant for coronary artery disease risk on chromosome 1p13.3 in the region of the PSRC1 and CELSR2 genes associates with serum cholesterol. *European Heart Journal*, 29 (abstract supplement): 790.

Eifert, S., **Götz, A.**, Linsel-Nitschke, P., Medack, A., Hengstenberg, C., Reichart, B., Schunkert, H. & Erdmann, J. (2008) Pathway-analysis of kinesin protein family (KIF) using genome-wide SNP data in patients with myocardial infarction. *Circulation*, 118(18): S–389.

Erdmann, J., **Götz, A**, Bruse, P., Medack, A., Lieb, W., Fischer, M., Bässler, A., Stark, K., Hengstenberg, C., Ziegler, A. & Schunkert, H. (2007a) The common variant rs9939609 in the FTO gene is associated with myocardial infarction in two large German populations (German Family MI study and KORA-B). *Circulation*, 116 (16): II–780–81.

Erdmann, J., **Götz, A**, Lieb, W., König, I. R., Bruse, P., Stark, K., Mayer, B., Linsel-Nitschke, P., Ziegler, A., Hengstenberg, C. & Schunkert, H. (2007b) Assoziation der häufigen Genvariante rs9939609 im FTO Gen mit Myokardinfarkt in der deutschen Herzinfarkt-Familienstudie und KORA-B. *Clin Res Cardiol*, 97 (Suppl 1): P1218.

Erdmann, J., **Götz, A.**, Braund, P. S., Linsel-Nitschke, P., Hengstenberg, C., Stark, K., Wichman, H.-E., König, I. R., J., S. N. & Schunkert, H. (2008) Repeated replication and a prospective meta-analysis of the association between chromosome 9p21.3 and coronary artery disease. *European Heart Journal*, 29 (abstract supplement): 597.

Götz, A., Mayer, B., König, I. R., Lieb, W., Fischer, M., Hengstenberg, C., Nürnberg, P., Ziegler, A., Schunkert, H. & Erdmann, J. (2005) Genetic analysis in extended families with myocardial infarction showing an autosomal-dominant mode of inheritance. *Jahrestagung des Nationalen Genomforschungsnetzes*, Bonn (19.-20. November).

Götz, A., Mayer, B., König, I. R., Lieb, W., Fischer, M., Hengstenberg, C., Nürnberg, P., Ziegler, A., Schunkert, H. & Erdmann, J. (2006a) Genetische Analysen in Großfamilien mit Myokardinfarkt. *Biometrisches Kolloquium*, Bochum (06.-09. März).

Götz, A., Mayer, B., König, I. R., Lieb, W., Fischer, M., Hengstenberg, C., Nürnberg, P., Ziegler, A., Schunkert, H. & Erdmann, J. (2006b) Genetic analysis in multiplex families with myocardial infarction: Identification of novel chromosomal loci. *Deutscher Atherosklerosekongress*, Münster (22.-23. September).

Götz, A., Berndt, M., König, I. R., Lieb, W., Mayer, B., Hengstenberg, C., Döhring, A., Ziegler, A., Schunkert, H. & Erdmann, J. (2007a) Lack of association between PSMA6 gene polymorphisms and myocardial infarction - Results of the German Family Heart study. *European Heart Journal*, 28 (abstract supplement): 690–91.

Götz, A., Krüger, S., Oennig, E. M., König, I. R., Lieb, W., Ketteler, M., Brandenburg, V. M., Mayer, B., Schunkert, H. & Erdmann, J. (2007b) Strong association between human Fetuin-A and lipid profile - Results of the German Family Heart study. *European Heart Journal*, 28 (abstract supplement): 695.

Götz, A., Lieb, W., König, I. R., Schwarz, D. F., Pahlke, F., Szymczak, S., Gieger, C., Heid, I., Meitinger, T., Ziegler, A., Schunkert, H. & Erdmann, J. (2007c) Genetic determinants of cardiac mass and structure - Preliminary results of the first GWA study. *Genet Epidemiol*, 31(6): 628.

Götz, A., Mayer, B., König, I. R., Lieb, W., Fischer, M., Hengstenberg, C., Nürnberg, P., Ziegler, A., Schunkert, H. & Erdmann, J. (2007d) Genetic analysis in multiplex families with myocardial infarction: Identification of novel chromosomal loci. *Deutsche Gesellschaft für Humangenetik*, Bonn (07.-10. März).

Götz, A., Krüger, T., Oennig, E.-M., König, I. R., Lieb, W., Bruse, P., Hengstenberg, C., Ketteler, M., Brandenburg, V., Ziegler, A., Mayer, B., Schunkert, H. & Erdmann, J. (2007e) Lack of association between fetuin-a levels and coronary artery calcification. *Jahrestagung der Deutschen Gesellschaft für Kardiologie*, Mannheim (12.-14. März).

Götz, A., Lieb, W., König, I. R., Schwarz, D. F., Pahlke, F., Szymczak, S., Gieger, C., Heid, I., Meitinger, T., Ziegler, A., Schunkert, H. & Erdmann, J. (2007f) Genetic determinants of cardiac mass and structure - Preliminary results of the first GWA study. *Jahrestagung des Nationalen Genomforschungsnetzes*, Heidelberg (10.-11. November).

Götz, A., König, I. R., Erdmann, J., Hothorn, L. H., Wichmann, H.-E., Samani, N., Schunkert, H. & Ziegler, A. (2008a) A prospectively planned pooled meta-analysis of the association between chromosome 9p21.3 and coronary artery disease. *Biometrisches Kolloquium*, München (10.-13. März).

Götz, A., König, I. R., Erdmann, J., Hothorn, L. H., Wichmann, H.-E., Samani, N., Schunkert, H. & Ziegler, A. (2008b) Repeated replication and a prospective meta-analysis of the association between chromosome 9p21.3 and coronary artery disease. *Deutsche Gesellschaft für Humangenetik*, Hannover (08.-10. April).

Lieb, W., **Götz, A**, Fischer, M., Pomarino, A., Hengstenberg, C., Erdmann, J., Mayer, B. & Schunkert, H. (2006) Determinants of differential patterns of coronary calcification - Results from the German Myocardial Infarction Family study. *Circulation*, 114(18): II–576.

Lieb, W., Mayer, B., Borwitzky, I., Kain, S., **Götz, A.**, Hengstenberg, C., Döhring, A., Kreutz, R., Schunkert, H. & Erdmann, J. (2007a) Lack of association between the MEF2A gene and myocardial infarction. *European Heart Journal*, 28 (abstract supplement): 690.

Lieb, W., **Götz, A.**, Fischer, M., Hense, H.-W., Pomarino, A., Hengstenberg, C., Döhring, L., Ehlers, E., Liptau, H., Aherrahrou, Z., , Erdmann, J., Schunkert, H. & Mayer, M. (2007b) Determinanten der koronaren Kalzifizierung - Ergebnisse der Deutschen Herzinfarkt Familienstudie. *Clin Res Cardiol*, 97 (Suppl 1): P521.

Linsel-Nitschke, P., **Götz, A**, Mayer, B., Lieb, W., König, I. R., Hengstenberg, C., Stark, K., Fischer, M., Meitinger, T., Wichmann, H.-E., Ziegler, A., Samani, N. J., Schunkert, H. & Erdmann, J. (2007a) Evidence for genetic variations associated with increased risk of left main disease at chromosome 9p21. *Circulation*, 116(16): II–56.

Linsel-Nitschke, P., Jansen, H., Lieb, W., **Götz, A.**, Mayer, B., Erdmann, J. & Schunkert, H. (2007b) Cholesterol efflux from human monocyte-derived macrophages: Association with severity of coronary artery disease and concentration of pre-beta HDL in 142 patients. *European Heart Journal*, 28 (abstract supplement): 707.

Linsel-Nitschke, P., **Götz, A.**, Mayer, B., Lieb, W., König, I. R., Hengstenberg, C., Döring, A., Samani, N. J., Meitinger, T., Ziegler, A., Schunkert, H. & Erdmann, J. (2007c) Genetische Variabilität im chromosomalen Lokus 9p21 ist signifikant mit dem Risiko einer Hauptstammstenose assoziiert. *Clin Res Cardiol*, 97 (Suppl 1): P500.

Linsel-Nitschke, P., **Götz, A.**, Medack, A., König, I. R., Bruse, P., Lieb, W., Mayer, B., Stark, K., Hengstenberg, C., Fischer, M., Bäßler, A., Döring, A., Meitinger, T., Ziegler, A., Schunkert, H. & Erdmann, J. (2007d) Signifikante Assoziation des Haplotyp B im ALOX5AP-Gen mit Myokardinfarkt in der Deutschen Herzinfarkt-Familienstudie. *Clin Res Cardiol*, 97 (Suppl 1): P1150.

Linsel-Nitschke, P., **Götz, A.**, Braenne, I., Lieb, W., König, I. R., Gieger, C., Heid, I., Peters, P., Meitinger, T., Wichmann, H.-E., Hengstenberg, C., Kronenberg, F., Erdmann, J. & Schunkert, H. (2007e) Identifizierung von Kandidatengenen für Koronare Herzkrankheit und Hyperlipidämie durch genomweite Assoziationsstudien. *Clin Res Cardiol*, 97 (Suppl 1): P1217.

Linsel-Nitschke, P., **Götz, A.**, Erdmann, J., El Mokhtari, N. E., Hengstenberg, C., Peters, A., Wichmann, H.-E., Kronenberg, F., Samani, N. J. & Schunkert, H. (2008a) Lifelong reduction of LDL-cholesterol related to a common variant in the LDL-receptor gene decreases the risk of coronary artery disease - A mendelian randomisation study. *European Heart Journal*, 29 (abstract supplement): 112.

Linsel-Nitschke, P., **Götz, A.**, Peters, A., Prokisch, H., Meitinger, T., Wichmann, H.-E., Ortlepp, J. R., Kronenberg, F., Erdmann, J. & Schunkert, H. (2008b) Genetic variation at chromosome 1p13.3 modulates low density lipoprotein levels and risk of coronary artery disease across multiple populations. *European Heart Journal*, 29 (abstract supplement): 790.

Mayer, B., Lieb, W., **Götz, A**, König, I. R., Hengstenberg, C., Döhring, A., Schunkert, H. & Erdmann, J. (2005) Association between a functional polymorphism of CYP4A11 (T8590C) and hypertension but not with left ventricular structure in a population based sample (MONICA-Augsburg LVH substudy 1994/95). *European Society of Cardiology Annual Meeting*, Stockholm (03.-07. September): P-3482.

Mayer, B., Lieb, W., **Götz, A**, Fischer, M., Pomarino, A., Hengstenberg, C., Erdmann, J. & Schunkert, H. (2006a) Determinants of differential patterns of coronary calcification - Results from the German Myocardial Infarction Family study. *European Society of Cardiology Annual Meeting*, Barcelona (02.-06. September): P-2176.

Mayer, B., **Götz, A**, Fischer, M., Lieb, W., Hengstenberg, C., Erdmann, J., , Hartmann, F. & Schunkert, H. (2006b) Increased incidence and prevalence of coronary artery disease in siblings of patients with left main disease - Implications for primary prevention? *European Society of Cardiology Annual Meeting*, Barcelona (02.-06. September): P-4009.

Medack, A., **Götz, A.**, König, I. R., Lieb, W., Mayer, B., Hengstenberg, C., Wichmann, H.-E., Meitinger, T., Schunkert, H. & Erdmann, J. (2007) Lack of association between ALOX5AP and myocardial infarction - Results of the German Family Heart study. *European Heart Journal*, 28 (abstract supplement): 692.

Schwarz, D. F., König, I. R., Szymczak, S., **Götz, A.**, Pahlke, F., Strom, T., Lieb, W., Mayer, B., Meitinger, T., Wichmann, H. E., Erdmann, J., Schunkert, H. & Ziegler, A. (2007) Genome-wide association studies get in a flow. *Genet Epidemiol*, 31(6): 643.

Stark, K., **Götz, A**, Lieb, W., Mayer, B., Hengstenberg, C., Riegger, G., Schunkert, H. & Erdmann, J. (2006) Polymorphisms in TNFSF4, encoding OX40L protein, are associated with susceptibility to coronary artery disease and myocardial infarction in Caucasian women. *European Society of Cardiology Annual Meeting*, Barcelona (02.-06. September): P-2790.

I want morebooks!

Buy your books fast and straightforward online - at one of world's fastest growing online book stores! Environmentally sound due to Print-on-Demand technologies.

Buy your books online at
www.morebooks.shop

Kaufen Sie Ihre Bücher schnell und unkompliziert online – auf einer der am schnellsten wachsenden Buchhandelsplattformen weltweit! Dank Print-On-Demand umwelt- und ressourcenschonend produziert.

Bücher schneller online kaufen
www.morebooks.shop

KS OmniScriptum Publishing
Brivibas gatve 197
LV-1039 Riga, Latvia
Telefax +371 686 204 55

info@omniscriptum.com
www.omniscriptum.com

Printed by Books on Demand GmbH, Norderstedt / Germany